U0303640

中国灾害防御协会灾害史专业委员会
中国人民大学清史研究所暨生态史研究中心

灾害与历史

第 二 辑

总主编　夏明方　朱　浒

执行主编　杨学新　陈志国

商務印書館
The Commercial Press
创于1897

图书在版编目（CIP）数据

灾害与历史 . 第 2 辑 / 夏明方，朱浒总主编 . —北京：商务印书馆，2021

ISBN 978-7-100-19504-1

Ⅰ . ①灾… Ⅱ . ①夏… ②朱… Ⅲ . ①灾害—历史—研究—世界 Ⅳ . ① X4

中国版本图书馆 CIP 数据核字（2021）第 031059 号

权利保留，侵权必究。

本成果受到中国人民大学 2019 年度"中央高校建设世界一流大学（学科）和特色发展引导专项资金"支持

灾害与历史

第二辑

夏明方 朱 浒 总主编

杨学新 陈志国 执行主编

商 务 印 书 馆 出 版
（北京王府井大街 36 号 邮政编码 100710）
商 务 印 书 馆 发 行
北京艺辉伊航图文有限公司印刷
ISBN 978-7-100-19504-1

2021 年 4 月第 1 版 开本 787×1092 1/16
2021 年 4 月北京第 1 次印刷 印张 20 ¼
定价：96.00 元

《灾害与历史》（第二辑）编辑委员会

学术顾问： 高建国

主　　任： 夏明方　朱　浒

编　　委： Andrea Yanku（英国伦敦大学亚非学院）

艾志端（美国圣地亚哥州立大学）

邓海伦（澳大利亚悉尼大学）

方修琦（北京师范大学）

郝　平（山西大学）

吕　娟（中国水利水电科学研究院）

夏明方（中国人民大学）

余新忠（南开大学）

赵晓华（中国政法大学）

朱　浒（中国人民大学）

执行主编： 杨学新　陈志国

主办单位： 中国灾害防御协会灾害史专业委员会

中国人民大学清史研究所暨生态史研究中心

投稿信箱： xiamf@ruc.edu.cn

目　录

灾害记忆

研究动态

编者弁言

为"无为"：生态文明建设的新时代

夏明方

（中国人民大学清史研究所暨生态史研究中心）

2018 年 4 月 21 日至 22 日，正值国家向全世界正式公布雄安新区建设规划之际，中国人民大学清史研究所暨生态史研究中心、中国灾害防御协会灾害史专业委员会与河北大学白洋淀流域生态保护与京津冀可持续发展协同创新中心、河北省生态与环境发展研究中心等单位在河北保定联合召开了"生态修复与白洋淀流域环境治理"国际学术研讨会。会议最初的目标是希望通过海内外专家对相关问题的讨论与交流，为我国当前的生态修复事业和白洋淀的环境治理献计献策。

这次会议的召开，源自 2017 年 10 月我们在安徽大学召开的中国灾害防御协会灾害史专业委员会第十四届年会。我在会议开幕式上做了一场题为"无为而治：历史视野下的生态修复与当代中国生态文明建设的再思考"的主题报告，当时莅临会议的杨学新教授（时任河北大学副校长，现任廊坊师范学院党委副书记、院长），认为这个主题不论从学术还是实践意义来说都还有点价值，建议双方合作，依托河北大学京津冀协同创新中心，召开一个小型学术论坛，对这一主题展开相对深入的讨论。恰好其时我正在东京大学东洋文化研究所担任客座教授，于当年（2017 年）8 月份在东京大学社会生态史家安富步教授的带领下考察了 2011 年东日本大地震的福岛、仙台、石卷等重灾区灾后实况，以及东京郊区民间性的湖泊修复工作，对日本灾后重建和生态修复的成功与教训印象深刻，再加上我的诸多朋友大多从事这一方面研究和实践工作，我也很想以此为题，请大家聚集在一起，进行对话和交流。于是双方一拍即合，便有了此次会议。

我们给此次会议商定了两个具体的目标：一是希望与会学者能将自己的发言扩展成文，我们将其汇编成集，发表于由商务印书馆出版的中国灾害防御协会灾害史专业委员会会刊《灾害与历史》第二辑；二是希望与会专家以白洋淀的环境治理为中心，提出各自的感想和建议，经汇总之后，通过适当的方式予以刊布或上报，从而为当前中国的生态修复工作和生态文明建设贡献绵薄之力。一年多来，在杨学新教授和他的助手郑清坡教授的辛勤努力之下，这一任务总算有了着落。我也想借此机会，向本辑两位执行主编、郑教授以及各位作者表示衷心的感谢。

在中国，"生态修复"这个概念是最近十几年才流行开来的，它是针对当前的环境破坏、资源枯竭和生态恶化而采取的补救之道，通常涉及自然科学，尤其是生态学和环境科学方面的事情，采行的是工程技术手段，而且往往用一种隔离式的做法，把人与自然分开，试图单纯借助自然之力以恢复自然，也就是恢复所谓的原生态。即便是防灾减灾，包括灾后重建，在我们国家也同样是以科技为主导。既然如此，多数人可能会觉得很奇怪，这样的生态修复、灾后重建，与你历史学或人文社会学科到底有多大的关联呢？要回答这一问题，当然不是现在这个场合可以完成的，而且即便是做了长篇大论，也不见得会给出一个让大家满意的答案，但是我还是想借此机会表达一下个人的几点想法。

首先，尽管通行意义上的生态修复在中国的历史并不长，但它已经成为当前中国国家发展战略中不可分割的重要组成部分，或者是宏大远景之一，用习近平主席的话来说，就是"绿水青山就是金山银山"，因此它对当代中国的未来发展至关紧要，是关乎中国命运的百年大计、千年大计，对这样的历史进行追踪、记录、考察和研究，是当代历史学者义不容辞的责任。反过来讲，我们的生态修复工作，即便是在自然科学的层面，也需要有历史的眼光。我们至少应该知道被破坏的生态系统在此之前是个什么样子，这就少不了要做一点类似历史学家的考证工作吧。

其次，也是更重要的，就是我们对于生态系统的理解，长期以来存在一个普遍而又不自知的矛盾。一方面我们不停地强调，人是自然的一部分，人类应该尊重自然，热爱自然；另一方面，不管是在学理的探讨，还是在具体的实践中，我们又总是把人与生态系统隔离开来。我们总是忽略掉了，这样的生态系统实际上是包括人在内的生态系统，是人与自然交互作用共同构成并始终推动其变化的生态系统；而且，如今在这个地球上，我们已经很难找到没有人类影响的纯自然的原生态系统，欧美学者之所以称其为"人新世"，也就是这个道理。生态系统任何的衰退、破坏，都不只是自然生态系统本身的危机，也不只是人与自然之间的关系的紧张与冲突，同样也是以人与人之间的关系所构成之社会的危机，当然也是人之自我主客体之间紧张、冲突导致的精神和心理状态的危机。所以，对于生态修复，我们需要有一个更加广泛的理解，需要在纯自然的科学之外引入人文的视角，确切地说，需要将一种人文精神灌注其中，且使其行之久远。我们召开的论坛以及之后征集的论文，它们追求的方向正是基于这种对生态系统及其修复的完整理解。

第三，如果上述理解大体不差的话，我们可以把它在时间之轴上延伸到整个中国历史的范围，从而对中华文明的演进史形成一种新的解释，这种解释反过来也会对今日中国的生态修复和生态文明建设提供宝贵的鉴戒。

即以所谓的自然灾害而论，毫无疑问，中国自古以来就是一个灾害大国，对灾害的应对是中华文明的基本内容之一，也是推动其前进的根本动力之一；可以说，一部中华文明史，就是一部与自然灾害不绝斗争的历史。这是一个不容否认的事实。

对于这样的自然灾害，我们习惯上把它们归结为纯粹的自然力的异常变动，亦即所谓的天灾。我们往往忽略了这样一个事实，如果没有人类的存在，灾害也就不复发生；我们也会忽略另外一个事实，在灾害的形成过程中，人往往不仅是一个受害者的角色，同时也是施害者的角色，而且愈到后来，这样的干扰不仅加剧自然界原有的自然灾害，还会形成新的灾害，这就是今日所谓的环境灾害或技术灾害，也就是说，对人类社会造成冲击的自然力实际上往往是人与自然共同作用的结果。即便是作为中华五千年文明起源的良渚文化，其在高度繁荣之际突然的衰亡或消失，并不仅仅是由于那一时代遭遇了空前规模的天降奇祸，而与良渚社会自身的畸形发展及其带来的环境效应也有莫大的关联。

由此，我们对于灾害的探讨和研究，包括所谓的自然灾害、环境灾害，乃至所谓的人为灾害等等，就不能仅仅从自然的或社会的那一面去理解，还应该从两者及其关系去理解，亦即从人与自然的相互关系这一方面去理解。灾害，并不是某种外在于人或人类社会的自然力从人类社会外部施加非正常力量导致的结果，实际上是人与自然共同构建的生态系统之自身内在的变化过程或事件。应对这样的灾害，不仅涉及自然内部关系的修复、调整，即所谓"重整河山"，也涉及对人与自然之间的关系进行调整，这就是今日所谓的生态文明建设，更重要的是还要涉及以这样一种人与自然互动复合而成的生态系统为背景的人与人之间的关系，包括社会和心理的层面。可以说，对自然环境的任何处置，对人与自然关系的任何调整，都离不开人与人关系的变化，也必然会对人与人之间的关系产生巨大的影响。此三者如影随形，无从割裂。因此，对于生态修复，我们完全可以从一个更加广泛的角度进行理解，可以把它推之于整个中国历史。也就是说，一部中华文明史，就是一部持续不断的生态修复史。

当然，在不同的时期，这样的历史各有其不同的时代内涵和特点。就明清以降之五六百年而言，中国大体上经历了三次比较重大的生态危机，这些危机，或导致改朝换代，或引发中国社会的大转型。这就是：17世纪的明清易代，其主要驱动力是气候变化；19世纪的嘉道困局，主要驱动力系人口压力；以及20世纪末以降，迄今愈演愈烈的全球生态危机，此乃技术驱动下的现代化危机，号称"人新世"，经济繁荣与环境破坏同时上演，代价巨大。相应地，对于危机的应对，大体上也经历了三个阶段性的转换，或可视为三大阶梯，即传统的生物革命时代，近代的技术革命时代，以及今日工业化的生态革命之新时代。

总而言之，我们已经踏入了这样的一个新时代，生存于其中的我们，一方面可以真真切切地感受到席卷全球的整个生态系统的总体性危机，另一方面同样也会越来越清晰地观察到，由这样的危机而激发出来的遍及全球的生态修复运动，这样的运动激荡汇聚，已然成为全球人类的总体性使命。对于这样的工作，它不能仅仅被理解为自然的再生，而应同时看做是一种文明的再造，是自然与文化的双重变换，是整个生态系统的重建；它不仅是自然科学和工程技术的一头沉，还需要人文社会科学的参与、合作，需要跨学科的整合，它需要摒弃单纯的科技主导的工程性思维，需要将工程性思维与非工程性思维相结合，更需要将以人民为中心的人文精神灌注其中，简言之，我们需要倡导一种融合人文与科学为一体的新生态修复理念；它当然需要国家强有力的介入，反过来也须对国家权力本身进行生态主义的改造，但更重要的是不能忽视来自地方和社区的、民间的、本土的社会力量的保护、培育和扶持，只有这种地方性力量蔚然而起，且长盛不衰，所谓的生态修复才能真正找到它的源头活水，也才能真正落地生根；它当然需要市场机制的适当调节，但必须在以无止境的逐利为唯一目标的资本逻辑与以互通有无、互利互惠之市场交易之间做出区分，反对新自由主义的极端市场逻辑；它需要改变对于生态系统的纯经济尺度的价值衡量态度，也需要改变或放弃长期以来形成的对物质财富极大丰富之理想社会的追求，也就是说，它需要以综合性人与自然的协调发展取代单一化的经济增长之路；这种新发展观，意在物质财富一旦达到可以满足基本生存需求的水平之时，重点转向对于"美好生活的向往"和追求，不求金山银山，但求不饥不寒，守护相望，在绿水青山之中寻求诗意人生。除此之外，在这样的生态修复过程之中，须辩证地处理中华文明与西方文明的关系问题，应该超越民粹之见，打破民族、国家的界限，对话合作，兼收并蓄，携手共进，为建立人与自然和谐共生的生态共同体各尽己力。

这是一个亟需休养生息的时代，我们亟需给自己赖以生存的环境以喘息之机，亦即给自然松绑，我们同样也需要将我们自己从物欲恣肆的文化中解放出来，也就是给自我松绑。但是需要强调的是，欲解放自然，必先解放人类，惟此方为解放自然的前提。然而，我们必须认识到其中的悖论，从一定意义上来说，也是一种绕不开的铁律：在这样一个大松绑的时代，我们还必须给人类套上不可解脱的紧箍咒，没有束缚的解放是任意妄为，没有自由的束缚更是人类的悲剧，束缚与松绑不可缺一。无为而治并非放任自流，无所作为，而是大有为，是谓为"无为"。这也是历史的辩证法。

理论探讨与专题研究

灾害风险科学如何促进可持续发展：
STEM–HASS 交互作用与生态及社区韧性的改善

［澳］海伦·詹姆斯[①]　著

（澳洲国立大学亚太学院）

左承颖　译

（中国人民大学历史学院）

【摘要】本文以"灾害风险科学"为背景，探讨如何融合科学、技术、工程及数学（STEM）领域与人文社会科学领域（HASS）的专业知识，共同参与研发更加有效的预警系统，以减少自然灾害造成的人类和社会损失，获取更好的生态和社会效应。

【关键词】预警系统；自然科学和人文社会科学；仙台海岸；滑坡；地震；海啸

一、引言

联合国国际减灾战略署（UNISDR，2013）[②]通常将科学概括为"源自理论与实践的知识"。那么，什么是灾害风险科学呢？如果灾害风险指的是："特定时期内某一系统、社会或社区可能遭受的生命伤亡和财产损失，在很大程度上被视为危险性（Hazard）、暴露度（Exposure）、脆弱性（Vulnerability）及防灾减灾能力（Capacity）4个因素相互作用的结果"，（联合国减少灾害风险办公室，2017.2）我们或许就能把灾害风险科学定义为"可减少因危险性和脆弱性所造成的人类及社会损失的理论与应用性知识"。预防网（Prevention Web，2018.3.19）曾指出，"灾害风险的界定反映了危险事件和灾害的生成是风险状态持续存在的产物"。换言之，人口与社会经济发

---

① 海伦·詹姆斯（Helen James）现任澳洲国立大学亚太学院文化、历史、语言研究院人类学系荣誉教授。

② R.J. Southgate, C. Roth, J. Schneider, P. Shi, T. Onishi, D. Wenger, W. Amman, L. Ogallo, J. Beddington, V. Murray, *Using Science for Disaster Risk Reduction*, UNISDR, 2013.

展的互动愈发导致了灾害风险的产生，而灾害风险又能根据两者所面临的未来风险进行评估。

事实上，即使同一人口群体居住在具有相似环境景观和存有同样潜在风险因素的相同区域，他们的风险感知仍有很大差异。不过，风险或致灾因子并不等同于灾害，只有在人类面对风险，且灾害治理能力弱——一般为当地防灾减灾能力不足、难以预测风险或无法有效地进行灾后处理——的情况下，才会转化为灾害。在这一概念框架下，我们将着眼于自然科学与人文社会科学的交叉，以更好地进行风险管理，并减少风险对社会的负面影响。而这一交叉逐渐被看作是科学、技术、工程及数学（STEM）领域与人文社会科学领域（HASS）专业知识的有效融合，以产生更好的社会效应。因此，本文拟以 2008 年缅甸纳吉斯飓风、2009 年台湾小林村滑坡和 2011 年东日本大地震及海啸后仙台地区的防灾工作为例，探讨处于竞争常态下的两大专业领域之间的共存关系。

二、从灾害风险科学的角度审视可持续发展目标

2015 年 9 月（千年发展目标到期后），17 项可持续发展目标（SDGs）在联合国正式通过，旨在消除贫困、减少不平等和保护地球。同时，根据发布的 169 项具体目标，可持续发展还包括缓解气候变化的影响、提高城市生活质量、保护生物多样性、减少动植物群损失、改善水质和海洋环境以及增加森林覆盖率。如果这些可持续发展目标没有实现，未来会发生什么呢？结果或许是这众多欲望背后所隐藏的达摩克利斯之剑将悬挂在地球上所有生命的头顶。倘若气候变化与资源的非持续性消耗所造成的影响未被抑制，其他有关生态和社区的可持续发展目标亦会引起人们对水灾、饥饿和食品不安全的担忧，并导致荒漠化、城市因工业和能源排放污染让人无法生存、不平等日益严重以及机构不完整等现象的增加。

随着整个世界不断遭受水文气象灾害、衍生地质灾害及技术灾害的折磨，自然与人相互作用产生的灾害也愈发频繁，这些灾害或许最终将渗透于我们的日常生活之中。可持续发展目标含蓄地将自然科学与人文社会科学的研究聚集起来，试图以此作为有效路径，共同抵御未来风险不断滋长的灾难世界。而要考察可持续发展目标与灾害风险科学的关系，我们就不得不提及《2015—2030 年仙台减少灾害风险框架》（简称《仙台框架》，SFDRR）。这一框架的 7 项指标、4 个优先行动事项的有效实行，便是以科学、技术、工程及数学（STEM）领域和人文社会科学领域（HASS）的结合为前提。下文即对其各方面进行阐述。

（一）预警系统（EWS）——灾害风险科学的应用

包括技术性与非技术性两大类的预警系统可用来防范形式各异的灾害。饥荒预警系统能应对食品市场供应短缺及价格上涨，多年旱灾背景下治理能力不足，以及交通与通讯系统不完善等情况。而针对海啸或气旋等其他灾害，预警系统则需与科学机制建立更紧密的联系，以便传输即将发生事件的相关数据。2004 年的印度洋海啸导致其沿岸 10 个国家超过 23.5 万人死亡，此后人们呼吁专门建立一套以人为本、快速有效的海啸预警系统。2006 年，联合国国际减灾战略署将预警定义为"由专门机构及时输送有效信息，使面临危险的个人能快速采取行动以避免或减少风险，并做好有效的应对措施"。联合国在发布的《全球预警系统调查》报告中肯定了 2004 年以来预警系统领域的发展，但也指出这一系统仍有很大的成长空间。若将自然科学与人文社会科学有效结合，这一领域将会为防灾减灾作出巨大贡献。2017 年，联合国国际减灾战略署进一步完善了预警系统概念，将其界定为"一套包括危险监测及预报、灾害风险评估、通讯与防灾活动于一体的综合系统，能使个人、社区、政府、企业及其他组织在危险事件发生之前及时采取行动，从而减少灾害风险"。这更加全面地阐述了有效预警系统的发展及实践如何与自然科学和人文社会科学紧密结合，从而促进综合机制的建立。这一综合系统不仅可以推动危险识别和脆弱性检测，还能给人们采取合理的应对行动提供指导。显然，在人文社会科学背景下，风险传播与危险的监测、预报及其潜在后果同等重要。

当两大专业领域各持一端、相互抵牾之时，又会产生什么后果呢？从 2008 年缅甸纳吉斯飓风、2009 年台湾小林村滑坡和 2011 年东日本大地震的案例中，我们或许可以找到答案。2008 年纳吉斯飓风事件中，缅甸政府灾害管理部门通过世界气象组织（WMO）接收到的科学预警在伊洛瓦底三角洲及全国广泛传播。然而，由于文化、经济等多种因素，预警信息未被当地人接收或理解。因此，这一预警系统没有激发任何疏散和挽救生命的行动。在一个极度贫穷的国家，飓风波及范围内的许多地区没有收音机，亦无电视机，无法收到预警；而居住在海拔不到一米的低洼地区的人们，更是无处可逃。若此前没有经历过此类重大事件，缅甸三角洲地区的居民对其所面临的风险将一无所知。如坡加里（Bogale）和壁磅（Pyapon）等比较大的乡镇，当地人颇为自信地认为拉普塔（Laputta）等地的遭遇并不会发生在他们身上。[①]
2009 年，红十字会与红新月会国际联合会（IFRCRCS）发布的《世界灾害年度报告》

① Helen James, Douglas Paton, Social Capital and the Cultural Contexts of Disaster Recovery Outcomes in Myanmar and Taiwan, *Global Change, Peace and Security*, 27(2), 2015, pp. 207—228.

中指明了预警早期行动的基本准则，即走完最后一英里并传达风险警报，只为鼓励拯救生命的行动。[①] 很显然，在纳吉斯事件中，这一准则并未被人们所理解。

表 1　以人为本预警系统的四大要素

风险知识	监测和警报服务
系统收集数据并进行风险评估	完善危险监测及警报服务
发布与传播	**响应能力**
传达风险信息和预警	提高国家与社区的响应能力

（来源：整理自国际减灾战略预警推广平台）

表 1 中的四个要素呈现出未来灾害风险科学中预防文化的发展需要依托自然科学与人文社会科学的交互作用。在各项要素之下，还存在一系列问题：就风险知识与监测及警报服务而言，风险图和风险数据可否被广泛运用？依托科学知识生成的危险性与脆弱性记录是否能使人所共知？及时准确的警报能否产生？事实上，这些知识并不足以有效地减少社会和人类的损失。此外，警报是否能传达给所有身处风险之中的人？风险信息和警报是否能被人们所理解？警报信息是否清晰可用？这些关乎发布与传播方式的问题直接表明自然科学与人文社会科学的交互是完善有效预警系统的关键。最后关于响应能力，还涉及两个基于文化的重要问题，即地方防灾减灾能力和地方知识能否被利用？人们是否已准备好应对警报？对 2008 年缅甸三角洲地区的民众来说，这些有效预警行动的准则均未实践。

自纳吉斯飓风以来，非政府组织和政府机构一直致力于解决此类问题，以期减少飓风再次突袭三角洲时造成的生命及财产损失。其中，灾害教育项目的开展与预警系统的广泛建设，社区层级疏散需求的深入了解，以及避难所的勘定——如修建具有多功能建筑的学校——等多项措施齐头并进。联合国国际减灾战略署曾就预警系统中有关人文社会科学的内容做了如下说明：

> 社区必须重视警报服务并知晓如何应对警报。灾害管理机构应牵头开展系统性的教育和防范项目；同时要确保灾害管理计划的制定、实践及检验。社区应熟悉安全行为的选择并掌握避免财产损失的方法，还需通过包括良好传播实践在内的有效治理和制度安排，以推动四大要素的有机结合。这便呼吁更多超越传统意义上的行动者广泛参与防灾活动，并强调要将视为技术性

---

① IFRCRCS, *World Disasters Report: Early Warning, Early Action*, IFRCRCS, 2009.

的问题与可持续发展、社区发展及减少灾害风险等事宜紧密连接。[①]

由此，灾害风险科学与我们现在所说的可持续发展目标明确地联系了起来，其必不可少的综合性亦得以彰显。不过，这一综合性科学的宗旨并不在于创造新的科学本身，而是为了使个人和社区在面对危险时能及时采取行动，从而拯救生命和减少损失（包括通常作为农业社区主要资产的农场动物在内）。

当气旋、台风或飓风袭来时，预警系统虽一般可通过世界气象组织和国家灾害管理机构获取技术支持，但仍难以预测人们对警报的反应。面对灾害，一些人会原地停留，另一些人则选择离开，这便使应急管理人员不得不面对复杂的实际情况。例如孟加拉国，各种各样的原因（包括文化因素）决定了人们是否逃离至避难所。[②]但就山体滑坡而言，正如 2015 年缅甸钦邦地区和 2009 年台湾所遭遇的那样，几乎没有预警。下图 1 显示了自 2000 年到 2010 年的十年间，全球发生的 3,638 起重大灾害中，山体滑坡仅 224 起，其中洪水和风暴比重最大。然而，山体滑坡很难预测，为其开发有效的预警系统亦是一项巨大挑战。不仅如此，山体滑坡具有致命性，往往与不合理的土地利用、规划和实践以及气候变化影响下的异常暴雨有关。下面则以 2009 年台湾小林村事件为例，做进一步探讨。

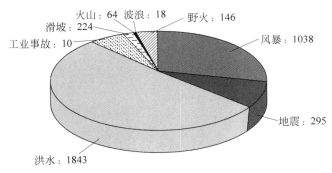

*数据来源：OFDA/CRED国际灾害数据库-www.emdat.be
Universite catholique de Louvain-Brussels-Belgium

图 1　2000—2010 年世界重大灾害发生次数统计（国际灾害数据库 EM-DAT）

2009 年台风侵袭期间，台湾南部小林村遭受暴雨——三日总降雨量相当于年降雨总量，从而引发了大规模的山体滑坡，导致 500 多人死亡。在整个台风事件中，

---

①　UNISDR, *Global Survey of Early Warning Systems*, UNISDR, 2006, p. 3.

②　Sebak Kumar Saha, Helen James, Reasons for Non-compliance with Cyclone Evacuation Orders in Bangladesh, *International Journal of Disaster Risk Reduction*, 21(1), 2017, pp. 196—264.

小林村遇难人数最多。此次灾害没有任何警报，山体滑坡留下的泥石堵塞了村庄的河流，进一步破坏了下游的生态环境。如今，一座悼念遇难者的纪念碑耸立于此，俯视着这座寂静的村庄。

有鉴于此，迫切需要的是一套有效的滑坡预警系统，使其能提前三日或两周内监测到土壤是否松动以及在风暴、暴雨期间土地是否流失等征兆。此外，在探寻发展有效的滑坡预警系统时，有关土地利用、土壤构成及其对暴雨或地震可能产生的反应和在不稳定斜坡上修建建筑等多方面的知识需优先综合考虑。不过，在这一系列情形下，仍需将自然科学与人文社会科学结合起来。因为即便政府设立了可供选择的安置点，住在滑坡易发地带的居民并非都愿意搬离。

（二）2011 年东日本大地震后仙台的防灾工作

在 2011 年东日本大地震后的仙台案例中，这一沿海地区事实上早已建立颇为成熟的应急计划和防灾措施。居住在这一"海啸沿岸"地带的民众对此类事件也具备了较强且富于经验性的风险意识。而 9 级大地震后的海啸还是导致 22,000 人死亡及失踪。尤为讽刺的是，结构性防范措施却促成了这场灾难的发生：当预警系统启动后，许多人逃至避难所，而超过 133 英尺深的巨大海啸淹没了这些安全区，使逃离至此的人们溺水身亡。一张捕捉到石卷市高大的海堤被巨浪吞噬瞬间的图像展现了基于科学工程的结构性措施的失败。在气仙沼等城市，木制房屋全被摧毁，仅有一些钢筋混凝土建筑在海啸中保存了下来。而整个仙台沿岸的海堤、港口设施及防浪堤均被冲毁。这一事件中，基于风险传播的非结构性社会科学挽救了结构性措施失败地区的大量生命。因此，对于海洋防御构造的失效，日本海岸工程师开始反思应用于此次地震和海啸易发地区设计方案的机制，试图探寻新的方法重新规划仙台沿岸的港口设施、机场和公私建筑。[①]

未能抵御海啸巨浪的石卷市海堤

于是，他们不再依托历史数据预测海啸

① Alison Raby, Joshua Macabuag, Antonios Pomonis, Sean Wilkinson, Tiziana Rossetto, Implications of the 2011 Great East Japan Tsunami on Sea Defence Design, *International Journal of Disaster Risk Reduction*, 14, 2015, pp. 332—346.

抵达的距离及深度，而是转向科学建模，为决策者防范未来风险提供依据。[①] 日本一般将海啸防备措施分为一级事件（即五六十年至一百五六十年间屡次发生）和二级事件（几百年至几千年间偶有发生）。重新设计的方案规定所有的海防设施不可在一级事件中被吞没；在二级事件中需承受结构性破坏，但无法避免海浪越堤（成本过高）。这一方案便凸显出自然科学与人文社会科学的交互作用：二级事件中要求通过非结构性措施（防灾、预警系统、风险传播及撤离）来拯救生命；在防范一级事件时需实行"综合防御"政策或建设"海啸韧性城市"的结构性和非结构性措施。[②] 虽然新的结构性措施规定防波堤要保护重要基础设施免受二级事件的影响，但也不得不承认 2011 年事件中人们因过度依赖结构性措施的自负心态造成了重大人员伤亡。美国地震工程研究学会曾对防御措施失败的复杂机理进行了分析：

> 诸多社区具有较强的海啸意识、防灾经验（包括结构性工程）及抗灾能力；然而，地震学家们仅假设并模拟了一场规模较小的海啸，部分原因在于他们对所在的俯冲带可能发生最大海啸的规模设定了预期值。但实际事件的规模则远超于此，从而覆没了社区在灾前为减少风险所做的一系列努力。

> 此外，海啸使许多社区领导者丧生并摧毁了政府大楼、紧急中心、指定的应急避难所、医院及其他应急设施和资源，导致地方政府部门难以快速有效地作出响应。[③]

在南三陆町，当应急指挥及海啸预警中心的工作人员正发布撤离指令时，海啸的巨浪吞没了他们所在的大楼，仅有 10 人紧紧抓住屋顶上的天线杆才得以生还。[④] 2011 年的东日本大地震现今被确认为日本历史上第一个"三级"事件，以推促人们重新审视海啸应急计划和备灾预设。

[①] Raby et al., 2015; Jeffrey Peter Newman et al., Review of Literature on Decision Support Systems for Natural Hazard Risk Reduction: Current Status and Future Research Directions, *Environmental Modelling and Software*, 96, 2017, pp. 378—409.

[②] Raby et al., 2015.

[③] EERI, *The March 11, 2011 Great East Japan (Tohoku) Earthquake and Tsunami: Societal Dimensions*, EERI, 2011, p. 1.

[④] EERI, 2011, p. 2.

三、依托 STEM-HASS 交互作用以
改善生态及社区效应

在灾后重建过程中，韧性（Resilience）、适应力（Adaptation）及随后的转变力（Transformation）等概念彰显了获取更好的生态及社区效应这一目标的核心理念，亦建立起了自然科学（物理和数学）与人文社会科学（生态学和心理学）通达彼此的桥梁。需要指出的是，韧性不等同于"复制"，并非指恢复原有状态，亦不是脆弱性的对立面，它是指个人或社区面对灾害时具有适应并积极转变的能力，从而能在未来取得更为优势的地位。诺里斯等人（2008）将韧性视为防范未来灾害风险的一种隐喻、一套理论、一系列能力的集合和一项策略。下方图标显示了他们认为能构建这一框架的四组网络化资源：经济发展、社会资本、社区能力和信息与传播。

表 2　作为网络化适应能力集合的社区韧性

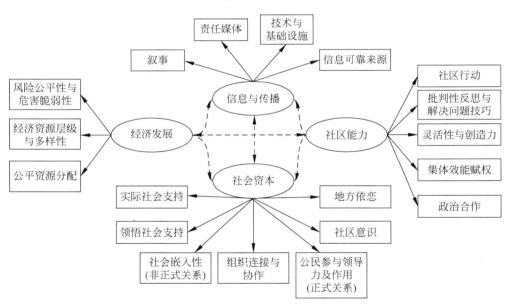

显然，这四组网络化资源更强调生态和社区韧性的社会科学方面。只有面对灾害风险及脆弱性时，自然科学才嵌入其中；同时，其亦未明确指出气候变化带来的危害以及自然科学与人文社会科学不同知识平台之间协同效应的机制。不过，这一框架确实推动了理论的钟摆，使人们更加意识到地方参与和地方性知识在改善生态及社区效应过程中的重要性。因此，继《2005—2015 兵库行动框架：加强国家和社

区的抗灾能力》（简称《兵库行动框架》，HFA）之后，《仙台框架》（SFDRR）得以问世。

虽然这两大框架均力图取得更好的灾后重建效果，但两者的核心路径颇为不同。《兵库行动框架》高度重视在减少灾害风险过程中有关文化背景、地方性及本土知识的认知。它关注世界灾害影响下日益增长的生态、人类、经济及结构性工程等多方面损失的同时，还强调社区范围内自上而下的参与性方法。这一方式在《仙台框架》中亦有承续。波特里和博杜安追溯了自"让世界更安全的横滨战略与行动计划"（The Yokohama Strategy and Plan of Action for a Safer World，1994）实施以来的变化，[①]从中发现了国际灾害政策的转变，即从考虑地方性及本土知识和鼓励社区参与，到创建能使外部专家了解目标受众（即受灾社区）脆弱性以获得"社区赋权"的信息系统。但他们指出，《兵库行动框架》及其后的《仙台框架》并未让科学家、发展实践者与地方社区建立伙伴关系，反而摒弃外部与地方行动者及社区合作，忽视了对地方个人及社区脆弱性的了解。这便造成在最需要有效减少灾害风险的地方层级防灾效率的降低——包括可用资金的削减。与之相伴的是，地方社区层级减少灾害风险资源的全面匮乏，进而缺少增强韧性的能力。[②]

然而，《仙台框架》则通过强调利益相关者的作用展现其对社会弱势群体的包容，认为需要考虑减少灾害风险实践中性别不平衡的同时，还必须将以前相关政策框架中并未优先考虑的儿童和残疾人纳入新的体系之中。依据《仙台框架》，减少灾害风险的良好效果并不是通过强化与社区利益相关者的合作及自下而上的社区参与来获取，而是以增加对新技术（如用于防灾和预警的手机）的使用来实现。不过，波特里和博杜安认为这是不合理地强调自上而下的政策，故呼吁地方、区域、国家和全球机构之间的"跨尺度合作"，使减少灾害风险及灾后重建取得更好的效果。[③]

就地方社区而言，各地的灾后重建是零碎的未竟事业，且时常陷入负面后果的泥潭之中，而其在推动社会恢复的同时仍缺乏对生态修复的重视。仙台沿海地区就是力证之一：海啸在破坏区域留下的数百万吨垃圾（某种程度上相当于100多年的

---

① Arielle Tozier de la Poterie, Marie-Ange Baudoin, From Yokohama to Sendai: Approaches to Participation in International Disaster Risk Reduction Frameworks, *International Journal of Disaster Risk Science*, 6(2), 2015, p. 133.

② Riyanti Djalante, Frank Thomalla, Muhammad Sabaruddin Sinapoy, Michelle Carnegie, Building Resilience to Natural Hazards in Indonesia: Progress and Challenges in Implementing the Hyogo Framework for Action, *Natural Hazards*, 62(3), 2012, pp. 779—803.

③ Poterie et al., 2015, p. 136.

垃圾总量）如今仍处于收集阶段。[①] 老年人在前往社区中心或临时安置点的路上，不得不小心翼翼地绕过废墟以及坍塌的建筑材料。然而，在每一场灾难中，不仅人类的居住环境会遭到破坏，动物的生命及习性亦受影响。作为农民和城市居民营运资本及食品保障的一部分，许多动物与人类及社区韧性紧密相连。随着应对未来风险新方法的开拓，灾害风险和抗灾能力的生态及社区框架也应同时纳入考虑范围。因此，依托于灾害风险科学的综合性研究，自然科学与人文社会科学的结合将为减少灾害风险和取得更好的灾后重建效果提供有效路径。

---

① EERI, 2011, p. 16.

基于韧性分析方法的中国灾后重建规划研究

徐　江

（香港中文大学地理与资源管理学系）

邵亦文

（深圳大学建筑与城市规划学院）

【摘要】本文通过实证研究探索了直接参与我国灾后重建工作的规划师的韧性思维。首先，通过全面的批判性文献综述，挖掘出三种韧性模式，即工程韧性、生态韧性和演进韧性，以及与三种模式相对应的规划指标体系。其次，通过问卷调查和半结构化访谈，调研了规划师群体对于灾后重建规划的理解以及规划编制过程中所体现的韧性思维。研究发现，虽然政府的规划文本里没有提及韧性一词，但规划师在重建过程中仍然具有明显的韧性思维。这些韧性思维处于不同的层次，有些是源于政府的强制性要求，有些是源于下意识的自主行为。鲁棒性、时效性两个韧性指标最为显著，多样性、冗余性、灵活性、资本营造等指标相对薄弱。由此可见，灾后重建规划主要是为了降低受灾地区的不稳定性、脆弱性和灾难影响，而对当地的适应性和应变力考虑不足。不过，随着规划师群体越来越多地关注应变式创新规划，韧性思维逐渐从单一的工程韧性向复杂的生态韧性和演进韧性方向转变。本文认为，灾后重建规划在中国政策环境中的重要性，主要是由于它在应对重大社会挑战和灾后快速恢复等方面的巨大作用和社会效益，而并不是因为我们已经建立起了一套完善的灾后重建规划体系。

【关键词】灾后重建规划；韧性理论；地震；规划师群体

一、绪论

我国国土面积辽阔，部分地区地质和生态脆弱性较强，易受多种自然灾害的威胁。灾害的发生通常伴随着惨重的经济损失和社会代价，为灾区重建工作带来挑战。地震就是其中一种带来巨大创伤和惨重代价的频发灾害。尤其，在我国经历了1976

本文作者感谢香港研究资助局优配研究金对本研究的资助（项目编号：CUHK14413014）。

年的唐山地震、2008 年的汶川地震、2010 年的玉树地震和 2013 年的芦山地震之后，各级政府和人民都意识到城市规划对于降低国土脆弱性、重建灾区城镇和安置居民生活的重要性。因此，国家开始创建和完善灾后重建规划体系。

灾后重建规划体系和应急管理体制的研究是当今的学术热点。[①]韧性作为应对灾害不确定性和指导灾后重建规划的重要理论框架，受到越来越多人的关注。[②]城市规划作为指导灾后重建和灾区复兴的政策工具，其重要性不言而喻。如何提升规划体系在灾害危机中的及时应变能力，如何积累规划经验成为灾害研究领域中不可回避的重要议题。2008 年汶川地震后，虽然一些学者开始应用韧性理论来评估灾后重建规划的成果，但是基于韧性思维的灾后重建规划研究还没有达到预期的深度，韧性理论对于灾后重建规划的指导意义还没有被充分挖掘。这主要表现在三个方面。

第一，虽然韧性理论已经被认定为评估规划实践的有效标准，[③]但对于韧性内涵的探讨还需要进一步加深。[④]目前，韧性概念的模糊性和不确定性导致了韧性理论的空洞化，甚至还存在相互矛盾的论断。[⑤]为了避免使"韧性"仅仅成为一个流行热

[①]　Yue Ge, Yongtao Gu, Wugong Deng, Evaluating China's National Post-disaster Plans: The 2008 Wenchuan Earthquake's Recovery and Reconstruction Planning, *International Journal of Disaster Risk Science*, 1(2), 2010; Michael Dunford, Li Li, Earthquake Reconstruction in Wenchuan: Assessing the State Overall Plan and Addressing the 'Forgotten Phase', *Applied Geography*, 31(3), 2011.

[②]　Yan Guo, Urban Resilience in Post-disaster Reconstruction: Towards a Resilient Development in Sichuan, China, *International Journal of Disaster Risk Science*, 3(1), 2012; Yiwen Shao, Jiang Xu, Regulating Post-disaster Reconstruction Planning in China: Towards a Resilience-based Approach? *Asian Geographer*, 34(1), 2017.

[③]　Yan Guo, Urban Resilience in Post-disaster Reconstruction: Towards a Resilient Development in Sichuan, China, *International Journal of Disaster Risk Science*, 3(1), 2012.

[④]　Xiaolu Li, Nina Lam, Yi Qiang, Kenan Li, Lirong Yin, Shan Liu, Wenfeng Zheng, Measuring County Resilience After the 2008 Wenchuan Earthquake, *International Journal of Disaster Risk Science*, 7(04), 2016.

[⑤]　Yue Ge, Yongtao Gu, Wugong Deng, Evaluating China's National Post-disaster Plans: The 2008 Wenchuan Earthquake's Recovery and Reconstruction Planning, *International Journal of Disaster Risk Science*, 1(2), 2010; Michael Dunford, Li Li, Earthquake reconstruction in Wenchuan: Assessing the State Overall Plan and Addressing the 'Forgotten Phase', *Applied Geography*, 31(3), 2011; Yan Guo, Urban Resilience in Post-disaster Reconstruction: Towards a Resilient Development in Sichuan, China, *International Journal of Disaster Risk Science*, 3(1), 2012; Yiwen Shao, Jiang Xu, Regulating Post-disaster Reconstruction Planning in China: Towards a Resilience-based Approach? *Asian Geographer*, 34(1), 2017; Xiaolu Li, Nina Lam, Yi Qiang, Kenan Li, Lirong Yin, Shan Liu, Wenfeng Zheng, Measuring County Resilience After the 2008 Wenchuan Earthquake, *International Journal of Disaster Risk Science*, 7(04), 2016; Huafeng Zhang, Kristin Dalen, Hedda Flatø, Jing Liu, *Recovering from the Wenchuan Earthquake: Living Conditions and Development in Disaster Areas 2008−2011*, FAFO, 2012; Xiaojiang Hu, Miguel A. Salazar, Qiang Zhang, Qibin Lu and Xiulan Zhang, Social Protection During Disasters: Evidence from the Wenchuan Earthquake, *IDS Bulletin*, 41(4), 2010.

词，[①] 我们就必须建立韧性指标来表述其内涵。

第二，目前对于重建规划的研究偏重于技术视角，探索规划技术层面的问题，如公众参与[②]、重建速度和质量[③]、社会资本的形成和积累[④]和风险预测[⑤]等。诚然，这些研究成果对于重建规划体系的建构意义重大。但是，目前缺少从整体层面和理论体系构建角度出发，对灾后重建规划进行全局审视的研究。

第三，现有的研究倾向于将韧性概念应用于建筑结构中，将某种物质空间形态界定为"韧性的"或"非韧性的"。事实上，城市空间是一系列规划实践和利益主体共同作用和博弈的结果。韧性概念是在特定的政治环境下提出的复杂概念，关乎于对利益主体和规划决策环境的清晰界定。因此，韧性理论在重建规划中的应用必须紧密结合当下的决策环境。

针对现有研究的不足，本文将韧性概念提升到理论高度，明确韧性的定义和指标，并应用这些指标来评估规划师在重建规划过程中体现的韧性思维。研究发现，虽然"韧性"一词没有被明确地书写进规划文件中，规划师也并不熟悉韧性的涵义，但他们在重建过程中或多或少地应用了韧性思维。这种韧性思维有层次上的差异。规划师更多考虑了受灾地区的不确定性、脆弱性和灾后恢复问题，而对这些地区的适应性和应变力考虑不足。综上所述，本文认为，灾后重建规划在中国政策环境中的重要性主要是由于它在应对重大社会挑战和灾后快速恢复等方面的巨大作用和社会效益，而并不是因为我们已建立起一套完善的灾后重建规划体系。

本文共有四部分。在此绪论之后，第二部分介绍韧性概念的演化，并构建韧性思维的规划评估体系。第三部分通过分析问卷和半结构化访谈的结果，探究规划师在灾后重建规划工作中的韧性思维。结论部分对本文的主要研究发现和政策意义进行了梳理。

---

① Simin Davoudi et al., Resilience: A Bridging Concept or a Dead End? *Planning Theory & Practice*, 13(2), 2012; Seville E. Erica Seville, Resilience: Great Concept but What Does it Mean? *US Council on Competitiveness-Risk Intelligence and Resilience Workshop*, 2008. Retrieved from https://ir.canterbury.ac.nz/handle/10092/2966

② Yue Ge, Yongtao Gu, Wugong Deng, Evaluating China's National Post-disaster Plans: The 2008 Wenchuan Earthquake's Recovery and Reconstruction Planning, *International Journal of Disaster Risk Science*, 1(2), 2010.

③ Michael Dunford, Li Li, Earthquake Reconstruction in Wenchuan: Assessing the State Overall Plan and Addressing the 'forgotten phase', *Applied Geography*, 31(3), 2011.

④ Huafeng Zhang, Kristin Dalen, Hedda Flatø, Jing Liu, *Recovering from the Wenchuan Earthquake: Living Conditions and Development in Disaster Areas 2008—2011*, FAFO, 2012.

⑤ Xiaolu Li, Nina Lam, Yi Qiang, Kenan Li, Lirong Yin, Shan Liu, Wenfeng Zheng, Measuring County Resilience After the 2008 Wenchuan Earthquake, *International Journal of Disaster Risk Science*, 7(04), 2016.

二、韧性思维的规划指标体系和分析框架

越来越多的研究在阐明韧性内涵的同时，开始关注韧性在指导灾后重建规划中的作用。根据文献综述，本文总结出三种不同的韧性模式，即工程韧性、生态韧性和演进韧性，它们具有不同的内涵（表1）。

表1　三种韧性模式和内涵

韧性模式	系统特征	目标特征	理论支持
工程韧性	有序的，线性的	恢复单一的初始稳态	工程学思维
生态韧性	复杂的，非线性的	达成复数稳态，强调缓冲能力	生态学思维
演进韧性	混沌的	抛弃了对平衡状态的追求，强调持续不断的适应、学习和创新过程	系统论思维，适应性循环和跨尺度的动态交流效应

1. 工程韧性

工程韧性是由 Holling 在 1973 年提出的。[1] 作为一名理论生态学家，Holling 将韧性定义为某个系统在经历过外部或内在的扰动之后能够回复到之前状态的能力。[2] 工程韧性的概念强调了系统面对扰动的回复力、平衡力和稳定性，这些性能是典型的安全防御（fail-safe）型工程思维。[3] 有鉴于此，工程韧性规划强调城市空间保持平衡的能力，即城市抵抗扰动和危机并迅速恢复到原始状态的能力。[4] 这里的原始状态被认定为唯一的系统平衡状态。工程韧性规划通常依赖自上而下的危机处理机制和危机管理与技术措施。[5]

---

[1]　C. S. Holling, Resilience and Stability of Ecological Systems, *Annual Review of Ecology & Systematics*, 4(4), 1973.

[2]　Simin Davoudi et al., Resilience: A Bridging Concept or a Dead End? *Planning Theory & Practice*, 13(2), 2012; C. S. Holling, Resilience and Stability of Ecological Systems, *Annual Review of Ecology & Systematics*, 4(4), 1973.

[3]　Simin Davoudi et al., Resilience: A Bridging Concept or a Dead End? *Planning Theory & Practice*, 13(2), 2012.

[4]　Yang Zhang, Chun Zhang, William Drake, Robert Olshansky, Planning and Recovery Following the Great 1976 Tangshan Earthquake, *Journal of Planning History*, 14(3), 2015.

[5]　Yue Ge, Yongtao Gu, Wugong Deng, Evaluating China's National Post-disaster Plans: the 2008 Wenchuan Earthquake's Recovery and Reconstruction Planning, *International Journal of Disaster Risk Science*, 1(2), 2010.

2. 生态韧性

生态韧性的提出基于对工程韧性的批判，主张使用新的属性指标来扩展韧性的意义。Adger 指出，韧性不能简单地被理解为系统在经历扰动后恢复到原始状态的能力，而更要考虑系统在跨越临界点之前的坚持力和适应性。[①]Walker 等学者论证了韧性和适应性与可转化性的关系，用以佐证韧性是系统吸收扰动、适应变化，并有可能演进成新的平衡状态的能力。[②]生态韧性承认了多种平衡状态的存在，因而从根本上否定了工程韧性的单一平衡思维。[③]

生态韧性规划代表了一种与工程韧性规划不同的规划方法。它强调系统的可变性，而不是简单的恢复力，[④]因而更看重城市发展的新愿景和可持续性。生态韧性启发规划师慎重思考规划蓝图的多种可能性，各种方案的优先级。[⑤]其规划过程可能是基于多元主体的集体智慧型，[⑥]也可能是精英主导型。[⑦]生态韧性也有其缺陷，主要体现在以下三个方面。首先，生态韧性强调必然有一个事先定义的平衡状态或者新平衡状态的存在；其次，生态韧性过分看重回归正常状态，而没有批判性地衡量该正常状态的内涵；再次，生态韧性只关注紧急状态下的反应能力，而忽略了长期适应能力的必要性。[⑧]这些批评引发了学者们对平衡观点的反击，并呼吁应从动态观点来认识韧性的本质。[⑨]演进韧性概念就此产生。

---

① Rob Hopkins, 'An Interview with Neil Adger: Resilience, Adaptability, Localisation and transition', 2010. Retrieved from http://transitionculture.org/2010/03/26/an-interview-with-neil-adger-resilience-adaptability-localisation-and-transition/

② Brian Walker, C.S. Holling, Stephen R. Carpenter, Ann P. Kinzig, Resilience, Adaptability and Transformability in Social-ecological Systems, *Ecology and Society*, 9(2), 2004.

③ Keith Shaw, Louise Maythorne, Managing for Local Resilience: Towards a Strategic Approach, *Public Policy and Administration*, 28(1), 2013.

④ Melissa Leach ed., *Re-framing Resilience: A Symposium Report*, Brighton: TEPS Centre, 2008.

⑤ Thomas J. Campanella, Urban Resilience and the Recovery of New Orleans, *Journal of the American Planning Association*, 72(2), 2006.

⑥ K. Brown, Rethinking Progress in a Warming World: Interrogating Climate Resilient Development, *EADI-DSA Annual Conference: Working Group on Environment, Climate Change and Sustainable Development*, University of York, 19-22 September, 2011.

⑦ Ayda Eraydin, Tuna Taşan-Kok ed., *Resilience Thinking in Urban Planning*, Pordrecht: Springer, 2013.

⑧ Simin Davoudi et al., Resilience: A Bridging Concept or a Dead End? *Planning Theory & Practice*, 13(2), 2012.

⑨ Carl Folke, Stephen R. Carpenter, Brian Walker, Marten Scheffer, Terry Chapin, Johan Rockström, Resilience Thinking: Integrating Resilience, Adaptability and Transformability, *Ecology and Society*, 15(4), 2010.

3. 演进韧性

Simmie & Martin[①]和Davoudi[②]提出了演进韧性的概念，认为韧性是一种动态过程中的持续应对能力，而不是某种静止状态下的平衡能力。演进韧性代表一种范式转变，因为它抛弃了追求平衡目标的韧性观念，而把韧性理解为面对扰动时能够改变、适应、转化的持续性过程。这种观点承认了环境本身的不确定性，其实和当代城市规划理论颇为相似。上世纪90年代至今，规划理论家不断探索如何应对多变的环境带来的不确定性。[③]他们提倡从关系角度出发来理解空间，并对现代主义者所倡导的稳定空间目标提出挑战。[④]这些规划思想与演进韧性的观点一致，强调无处不在的变化、流动性和创新带来的变革潜力。为了将韧性概念应用于灾后重建规划中，学者们提出要超越传统的"预防、保护、抗灾"的规划模式，引进一种更为全面的动态规划模式，[⑤]积极鼓励参与式、沟通型的规划过程，[⑥]培养各种规划主体的创新能力和学习能力。[⑦]

4. 城市规划实践中的韧性指标

韧性概念被广泛地应用于城市规划领域。[⑧]根据现有文献，本文提取了8项指标，用以评估灾后重建规划所体现的韧性特征（表2）。有些指标其实业已被广泛应用于规

---

① James Simmie, Ron Martin, The Economic Resilience of Regions: Towards an Evolutionary Approach, *Cambridge Journal of Regions Economy & Society*, 3(1), 2010.

② Simin Davoudi et al., Resilience: A Bridging Concept or a Dead End? *Planning Theory & Practice*, 13(2), 2012.

③ Patsy Healey, *Collaborative Planning: Shaping Places in Fragmented Societies*, Macmillan, 1997.

④ Simin Davoudi et al., Resilience: A Bridging Concept or a Dead End? *Planning Theory & Practice*, 13(2), 2012.

⑤ Donald E. Geis, By Design: The Disaster Resistant and Quality-of-life Community, *Natural Hazards Review*, 1(3), 2000; David R. Godschalk, Urban Hazard Mitigation: Creating Resilient Cities, *Natural Hazards Review*, 4(3), 2003; Douglas Paton, David Johnston, *Disaster Resilience: An Integrated Approach*, Charles C Thomas Publisher, 2006.

⑥ Yue Ge, Yongtao Gu, Wugong Deng, Evaluating China's National Post-disaster Plans: The 2008 Wenchuan Earthquake's Recovery and Reconstruction Planning, *International Journal of Disaster Risk Science*, 1(2), 2010; Cathy Wilkinson, Social-ecological Resilience: Insights and Issues for Planning Theory, *Planning Theory*, 11(2), 2012.

⑦ Rob Hopkins, 'An Interview with Neil Adger: Resilience, Adaptability, Localisation and Transition', 2010. Retrieved from http://transitionculture.org/2010/03/26/an-interview-with-neil-adger-resilience-adaptability-localisation-and-transition/

⑧ David R. Godschalk, Urban Hazard Mitigation: Creating Resilient Cities, *Natural Hazards Review*, 4(3), 2003; Penny Allan, Martin Bryant, Resilience as a Framework for Urbanism and Recovery, *Journal of Landscape Architecture*, 6(2), 2011; Tuna Taşan-Kok, Dominic Stead, Peiwen Lu, Conceptual Overview of Resilience: History and Context, *Resilience Thinking in Urban Planning*, Dordrecht: Springer, 2013; Jo da Silva, Braulio Eduardo Morera, *City Resilience Framework*, ARUP & Rockefeller Foundation, 2014.

划实践中。这8项指标分别是鲁棒性、时效性、多样性、冗余性、物质空间层面和社会层面的关联性、资本营造、灵活性以及创新性。其中，鲁棒性、时效性、多样性、冗余性和物质空间关联性主要用以衡量建成环境韧性的物质属性；社会层面关联性、资本营造、灵活性和创新性则主要关注韧性的社会属性。我们试图将这八项韧性指标与前述三种韧性模式联系起来。工程韧性着重体现鲁棒性和时效性两项特征；生态韧性集中体现物质属性的韧性；演进韧性除了物质属性外，更加强调社会属性的韧性。

表2 灾后重建规划韧性指标评估框架

指标	定义	简要表述	规划实践中的体现	韧性指标在不同韧性模式中的相对重现程度		
				工程韧性	生态韧性	演进韧性
鲁棒性 Robustness	在不导致功能退化或丧失功能的前提下可以承受一定程度压力的能力 [1]	强度	充分考虑灾害高发地区的发展模式 [2]；结构抗灾性能设定和规划，预防灾害和灾害缓冲区域规划 [3]；避灾空间规划和抗震建筑设计 [4]	极强	强	强
时效性 Efficiency	系统对外界扰动的反应能力 [5]	有效反应的快慢程度	发挥比较优势 [6]；规划系统抗灾救灾的反应能力 [7]	极强	强	强（发挥比较优势：极强）[贰]

---

[1] Tuna Taşan-Kok, Dominic Stead, Peiwen Lu, Conceptual Overview of Resilience: History and Context, *Resilience Thinking in Urban Planning*, Dordrecht: Springer, 2013.

[2] Philip R. Berke, Thomas J. Campanella, Planning for Postdisaster Resiliency, *The Annals of the American Academy of Political and Social Science*, 604(1), 2006.

[3] Mark Fleischhauer, The Role of Spatial Planning in Strengthening Urban Resilience, *Resilience of Cities to Terrorist and other Threats*, Dordrecht: Springer, 2008.

[4] Ayda Eraydin, Tuna Taşan-Kok ed., *Resilience Thinking in Urban Planning*, Dordrecht; Springer, 2013.

[5] Tuna Taşan-Kok, Dominic Stead, Peiwen Lu, Conceptual Overview of Resilience: History and Context, *Resilience Thinking in Urban Planning*, Dordrecht: Springer, 2013.

[6] Mark Fleischhauer, The Role of Spatial Planning in Strengthening Urban Resilience, *Resilience of Cities to Terrorist and other Threats*, Dordrecht: Springer, 2008.

[7] Tuna Taşan-Kok, Dominic Stead, Peiwen Lu, Conceptual Overview of Resilience: History and Context, *Resilience Thinking in Urban Planning*, Dordrecht: Springer, 2013.

续表

指标	定义	简要表述	规划实践中的体现	韧性指标在不同韧性模式中的相对重现程度		
				工程韧性	生态韧性	演进韧性
多样性 Diversity	系统抵抗外界扰动的功能多样性[①]	功能构成的多样化程度	社会多样性[②]；混合用地和混合功能规划[③]	弱	强	强
冗余性 Redundancy	系统相似功能的多重性，当一个部分失去效用，其它相似部分可作为备用[④]	功能构成的相似化程度	多中心的城市形态[⑤]；设施的备用容量用以应对中断、极端压力或需求激增的情况[⑥]	弱	强	强
关联性 Connectivity	网络节点之间的直接联系的程度，包括物理维度以及社会维度[⑦]	物质关联程度；社会关联程度	重建过程中的社会关联度[⑧]；公众、规划师、各组织机构之间的对话交流[⑨]；与更大区域之间的关联[⑩]	弱	物质层面：强 / 社会层面：弱[叁]	强

[①]　David R. Godschalk, Urban Hazard Mitigation: Creating Resilient Cities, *Natural Hazards Review*, 4(3), 2003.

[②]　Lawrence J. Vale, Thomas J. Campanella ed., *The Resilient City: How Modern Cities Recover from Disaster*, New York: Oxford University Press, 2005.

[③]　Penny Allan, Martin Bryant, Resilience as a Framework for Urbanism and Recovery, *Journal of Landscape Architecture*, 6(2), 2011.

[④]　David R. Godschalk, Urban Hazard Mitigation: Creating Resilient Cities, *Natural Hazards Review*, 4(3), 2003.

[⑤]　Penny Allan, Martin Bryant, Resilience as a Framework for Urbanism and Recovery, *Journal of Landscape Architecture*, 6(2), 2011; Michael Batty, Polynucleated Urban Landscapes, *Urban Studies*, 38(4), 2001.

[⑥]　Jo da Silva, Braulio Eduardo Morera, *City Resilience Framework*, ARUP & Rockefeller Foundation, 2014.

[⑦]　Tuna Taşan-Kok, Dominic Stead, Peiwen Lu, Conceptual Overview of Resilience: History and Context, *Resilience Thinking in Urban Planning*, Dordrecht Springer, 2013.

[⑧]　Lawrence J. Vale and Thomas J. Campanella ed., *The Resilient City: How Modern Cities Recover from Disaster*, New York: Oxford University Press, 2005.

[⑨]　Philip R. Berke, Thomas J. Campanella, Planning for Postdisaster Resiliency, *The Annals of the American Academy of Political and Social Science*, 604(1), 2006.

[⑩]　Ayda Eraydin, Tuna Taşan-Kok ed., *Resilience Thinking in Urban Planning*, Dordrecht Springer, 2013.

指标	定义	简要表述	规划实践中的体现	韧性指标在不同韧性模式中的相对重现程度		
				工程韧性	生态韧性	演进韧性
资本营造 Capital Building	由制度、关系和社会规范所塑造的社会交往的质量和数量[①]	塑造社会凝聚力和促进未来发展的能力	机构构建[②]；公共参与的多样性和场景设定[③]；正式和非正式的决策过程[④]	弱	弱	强
灵活性 Flexibility	机构应对改变或做出反应的能力[⑤]	自我调适和适应能力	因地制宜的空间政策[⑥]；增强对灾害的适应能力，而不是纯粹的抵抗性规划[⑦]；能够应对变化而不失去对未来选择的可能性[⑧]；规划组织机构的灵活应变[⑨]；基于空间异质性、功能和时间变化的灵活规划方案[⑩]	弱	弱	极强

---

① Tuna Taşan-Kok, Dominic Stead, Peiwen Lu, Conceptual Overview of Resilience: History and Context, *Resilience Thinking in Urban Planning*, Dordrecht: Springer, 2013.

② Kenneth Temkin, William M. Rohe, Social Capital and Neighborhood Stability: An Empirical Investigation, *Housing Policy Debate*, 9(1), 1998.

③ Philip R. Berke, Thomas J. Campanella, Planning for Postdisaster Resiliency, *The Annals of the American Academy of Political and Social Science*, 604(1), 2006.

④ Tuna Taşan-Kok, Dominic Stead, Peiwen Lu, Conceptual Overview of Resilience: History and Context, *Resilience Thinking in Urban Planning*, Dordrecht: Springer, 2013.

⑤ Tuna Taşan-Kok, Dominic Stead, Peiwen Lu, Conceptual Overview of Resilience: History and Context, *Resilience Thinking in Urban Planning*, Dordrecht: Springer, 2013.

⑥ Lawrence J. Vale and Thomas J. Campanella ed., *The Resilient City: How Modern Cities Recover from Disaster*, New York: Oxford University Press, 2005.

⑦ Penny Allan, Martin Bryant, Resilience as a Framework for Urbanism and Recovery, *Journal of Landscape Architecture*, 6(2), 2011.

⑧ Tuna Taşan-Kok, Dominic Stead, Peiwen Lu, Conceptual Overview of Resilience: History and Context, *Resilience Thinking in Urban Planning*, Dordrecht: Springer, 2013.

⑨ Peter Schmitt, Lisbeth Greve Harbo, Asli Tepecik Diş, Anu Henriksson, Urban Resilience and Polycentricity: The Case of the Stockholm Urban Agglomeration, *Resilience Thinking in Urban Planning*, Dordrecht: Springer, 2013.

⑩ Ayda Eraydin, Tuna Taşan-Kok ed., *Resilience Thinking in Urban Planning*, Dordrecht: Springer, 2013.

续表

指标	定义	简要表述	规划实践中的体现	韧性指标在不同韧性模式中的相对重现程度		
				工程韧性	生态韧性	演进韧性
创新性 Innovation	学习并创造一个全新的社会生态系统的能力[①]	建立新机制的能力	愿景、发展方向的设定[②]；强调学习、实践、制定发展规则的重要性，充分考虑脆弱性和风险，并能接受改变，进行合理规划[③]；规划师的聪明才智和规划意向[④]	弱	弱	极强

三、灾后重建规划中韧性思维的实证研究

2008 年的汶川地震、2010 年的玉树地震和 2013 年的芦山地震是中国近年最惨重的地震灾害。其中，汶川地震是灾后重建规划研究的核心案例。汶川的重建规划为玉树和芦山的重建规划工作提供了重要参考。在上述三地的重建过程中出现了众多全新的规划实践，促进了不同利益群体的互动和沟通，体现了不同的韧性思维。本研究采用多种数据收集方法。首先，课题组将电子问卷针对性地派发给直接参与了汶川、芦山和玉树灾后重建规划的规划师，共收回 61 份有效问卷。电子问卷主要有三部分。第一部分有四个封闭式问题，旨在确认规划师的身份和所负责的重建工作，用以确认合格的受访对象。其中，93.44% 的规划师（57 人）参与了灾后重建的城镇体系规划、总体规划、分区规划、专项规划、乡村重建规划等相关规划的编制工作；72.13% 的规划师（44 人）参与编制规划的时间大于 3 个月。第二部分是以 7

①　Tuna Taşan-Kok, Dominic Stead, Peiwen Lu, Conceptual Overview of Resilience: History and Context, *Resilience Thinking in Urban Planning*, Dordrecht Springer, 2013.

②　Philip R. Berke, Thomas J. Campanella, Planning for Postdisaster Resiliency, *The Annals of the American Academy of Political and Social Science*, 604(1), 2006.

③　Ray Hudson, Resilient Regions in an Uncertain World: Wishful Thinking or a Practical Reality? *Social Science Electronic Publishing*, 3(1), 2009.

④　Simin Davoudi, Elizabeth Brooks, Abid Mehmood, Evolutionary Resilience and Strategies for Climate Adaptation, *Planning Practice and Research*, 28(3), 2013.

点式 Likert 量表提问，旨在探索灾后重建规划制定过程对韧性指标的认同程度。7 表明最为认同，4 表明中立观点，1 表明最不认同。第三部分以开放式问答邀请规划师评价灾后重建规划与常规规划的差别，以及对于韧性规划的个人见解。除了电子问卷之外，我们也对 25 位规划师和政府官员进行了深入访谈，了解重建规划的过程和影响。

1. 灾后重建规划的韧性特征

① 鲁棒性

为了调查规划师的鲁棒性思维，问卷询问了他们是否考虑过通过规划方法来提升当地抗灾能力，如进行合理的区划、加固建筑物、避免高危险区、设置保护性缓冲区等。结果表明，规划师明确认同鲁棒性。通过统计 Likert 量表，鲁棒性的得分平均值高达 5.85，90.16% 的受访者表达正向态度，仅有 3.28% 的受访者表达负向态度，表明鲁棒性是灾后重建规划中优先考虑的要素。

获得高鲁棒性最关键的方法是采用了抗灾建筑技术。同时，规划师也通过区划和高效的土地利用来达到减灾防灾的目的。一方面，通过评估地震对于建筑物的破坏等级，采用相应的建筑技术。在汶川县映秀镇灾后重建规划过程中，规划师特别强调了建筑抗震等级设计和施工的重要性，把鲁棒性作为最重要的灾后重建规划标准，并试图应用多种抗震技术手段，将映秀镇的灾后重建规划打造为示范性工程。例如，橡胶垫层地基技术被应用于医院的重建工程，地震阻尼器被用在新的公共政务中心和青少年活动中心。居住建筑的结构选型采用强化型钢筋混凝土。学校和主要公共建筑的抗震等级都达到了 9 度设防。

另一方面，建设选址最大限度避免灾害易发区。调研结果显示，大多数规划师都强调正确选址对抗灾能力的重要性。然而在实际规划工作中，受限于当地地形和地质条件，面对建设土地需求上升和土地资源供应紧缺的尖锐矛盾，规划师有时不得不做出妥协。在汶川县威州镇的灾后重建规划过程中就出现过类似情况。在规划中，威州镇划分了适建用地、可建用地和禁建用地。适建用地是地质条件相对稳定，适合作为灾后重建项目的地块；可建用地是具备一定地质条件，但需要进行抗震减灾处理之后才可作为重建用地的地块；禁建用地则是由于地质条件不稳定，不适合用于重建的地块。由于当地土地资源极度缺乏，部分禁建用地不得已被划入城市建设用地范围，从而人为引发新的灾害脆弱性问题。例如，该镇七盘沟组团大部分就选址于原先划定的禁建区。2008 年汶川地震后，该组团周边地质条件不稳定，在 2013 年 7 月又遭受了大型泥石流的袭击，造成严重破坏。尽管绝大多数人都意识到提升鲁棒性的必要性，但是由于土地资源紧缺以及搬迁安置的巨大难度和社会成本，妥协方案时有出现。

② 时效性

为了调查时效性在灾后重建规划中的体现，规划师通过 Likert 量表针对重建的整体时效性进行了打分评价。时效性主要包括面对灾害做出有效应对的速度和行政程序的简化等方面。通过统计 Likert 量表数据，时效性的得分平均值高达 5.56，91.80% 的受访者表达正向态度，仅有 1.64% 的受访者表达负向态度，表明规划师在灾后重建规划中非常重视时效性。在采访过程中，被访规划师普遍强调，重建规划的时间紧、速度快、程序精简，他们也承受着来自委托方对高时效要求的巨大压力。有规划师在编制灾后重建规划时，被编成两组，采用一周 7 天、每天 24 小时不间断的工作模式，没有任何假期和空闲。大家都深感疲惫，就靠责任心和成就感支撑。除了时间要求紧之外，大部分规划师也认同精简规划程序对提升效率的重要性（Likert 量表得分平均值为 5.52）。在映秀镇的重建规划编制中，规划师不得不日夜赶工，为实现三年的重建时限提供前期保障，所有能够简化的规划审批手续都得以落实，最大限度地节省了时间，否则光是等待上级行政主管部门的审批和授权就要花费几周的时间。

③ 多样性

规划师对于多样性的考虑存在明显的不足。大多数规划师在制定灾后重建规划时没有将多样性作为既定目标。然而，映秀镇的重建规划是个特例。规划师对多样性的关注主要体现在对复合土地功能模式的应用中。一方面，复合用地可以创造出丰富的街道景观，有利于旅游业发展；另一方面，复合用地也提供了应急所需的多种疏散通道。同时，规划师设计出不同类型的民居类型供受灾群众挑选；在规划实施中，也采用了多种规划建设模式有机结合的方式，包括统规统建、统规自建、定向援建等。

混合用地模式可以提高用地效率和设施的可达性。与此相比，具有韧性特征的规划需进一步关注用地的复合功能，从空间安排上完善抗灾救灾能力。例如，社区绿地平时是民众的休憩之所，在应急时期则可作为避难场所。虽然这种复合功能设计在多地的重建规划中都有体现，但还没有直接被当成应对不确定性的规划目标，因而在问卷中很少被规划师提及。

④ 冗余性

冗余性可以通过多中心的城市设计[1]和提供应急备用设施和空间安排[2]实现。在

---

[1]　Penny Allan, Martin Bryant, Resilience as a Framework for Urbanism and Recovery, *Journal of Landscape Architecture*, 6(2), 2011; Michael Batty, Polynucleated Urban Landscapes, *Urban Studies*, 38(4), 2001.

[2]　Jo da Silva, Braulio Eduardo Morera, *City Resilience Framework*, ARUP & Rockefeller Foundation, 2014.

实际的重建工作中，冗余性作为韧性思维的重要指标，却很少被规划师提及。可喜的是，映秀镇的灾后重建规划明确使用了冗余性这个术语来说明建立备用空间的必要性。其规划师是这样描述的："冗余性是个非常有价值的评判角度。在内部道路系统设计中，我们设计了两条对外疏散通道。在一条通道被阻塞的情况下，人员可以启用备用通道来保护自身生命和财产安全。在汇集避难场所，我们还设计了备用的供水、供电、供能等生命线工程设施。在对外交通道路系统的设计上，我们也同样考虑了备用通道的方案。"

虽然规划师很少提及冗余性，但在多地的重建规划中出现的模数化、组团化的发展模式或多或少反映出规划师对于冗余性的考量。[①]

⑤ 关联性

灾后重建规划对于物质关联性的考虑不明显。一些规划师认识到整合道路交通系统的重要性，但是忽略了道路网以及其它基础设施布局的灵活性。相比之下，社会关联性在灾后重建规划中成为规划师重点考量的环节，他们很重视内部沟通、上下级政府间与不同政府部门的沟通、公共机构与非政府机构的沟通。通过统计 Likert 量表可知，这三类社会关联性的影响分值分别达到 5.30、5.15 和 5.75，表明他们对这些环节重要性的认同。此外，规划师被问及是否考虑重建社会关系时，Likert 量表的平均得分达到 5.61，结果凸显了规划师对社区重建、公共参与的认同度很高。大多数受访人士一致认为，公众参与、信息数据分享和协商沟通对于灾后重建规划成功与否具有关键性作用。

社会关联性对当地的影响则需要谨慎评估。一方面，外来群体（例如援建规划师、建筑师、对口援建合作伙伴等）提供了大量的财政援助资金和重建技术支持，但他们的加入也增加了规划过程的复杂性。在我们的采访过程中，当地官员和民众经常提起的问题包括：规划技术人员缺乏对当地文化的深入了解；重建房屋无法完全满足老百姓生产生活所需；建设占地面积过大；实用性的社区设施缺乏；规划方案并不能因地制宜；等等。例如，由建筑大师保罗·安德鲁设计的抗震减灾学术交流中心和由贝聿铭设计的青少年活动中心的占地面积很大，但使用率非常低，造成了土地资源的浪费，加重了建设用地紧缺问题。多名受访人都感慨，如果能够深入了解当地居民的生活习惯，重建规划将会更加完善。

⑥ 资本营造

资本营造是灾后重建规划的一个重要维度。在问卷调查中，在考虑引导当地的

---

① 肖达：《大爱小镇：映秀灾后重建规划的五年实践与评估》，上海：同济大学出版社，2014 年；广州市城市规划勘测设计研究院：《汶川县县城（威州镇）灾后重建总体规划》，2008 年。

可持续性发展方面，规划师给出了5.74的Likert量表打分，显示他们认同这些方面的重要性，也在重建规划中考虑过这些因素。例如，映秀的规划师着重考虑震后去工业化背景下小镇经济的持续性，并提出了发展地震纪念旅游产业的方案，将其有机地融入空间规划之中。旅游产业和震后重建规划的结合在初期取得了不错的成效，由于产业过于单一和震后关注度减退，后期发展略显乏力，其中教训值得我们思考。另外，根据汶川当地官员的说法，重建工作为本地规划师提供了增强自身职业素养的学习机会。在震灾之前，他们根本没有机会与世界级的建筑大师和国内顶尖的规划师进行业务交流。重建规划过程中，他们确实学到了很多职业技能。对于是否帮助当地居民获得应对未来灾难的能力，规划师给出了4.84的Likert量表打分，60.66%的受访者表达正向态度，26.23%持中立态度，13.11%的受访者表达负向态度，说明这一方面尚有不少提高的空间。

实地调研发现，重建规划过程确实提高了当地的风险管理能力，帮助当地更好地应对了2008年之后的诸多次生灾害。在某种程度上，灾后重建确实让当地社区变得更有适应性。然而大多数规划师承认，规划对于指导当地社区应对不确定危机的作用比较有限，也不能提升当地居民的自救能力。民众主要依赖政府资源来进行应急救援和长期发展。一位参与了芦山震后重建的规划师特别提到了培养"造血机能"（社会资本、人力资本）的必要性。有鉴于此，我们总结重建规划的关注点是当地社区的脆弱性问题，而不是培养社区的适应能力。

⑦ 灵活性

灵活性是一种应对变化莫测的外界环境而产生的动态调整和适应能力。在规划中的具体表现主要是因地制宜、因时制宜的灵活性空间策略。受访规划师基本认同关注本土文化、当地社会经济条件和空间独特性的重要性，在重建规划过程中也尽量考虑了这些因素。然而，这些考量未能很好地落实到位。一位参加过玉树重建的知情者透露，规划师受限于统一的规划标准和土地利用要求，不能充分体现当地的独特性和地域性。

⑧ 创新性

创新性的重点是通过持续的学习和实践，创造出因地制宜并具有较强应变能力的规划策略。结果表明，尽管仍有一定分歧，规划师并不仅仅满足于恢复性规划，而更倾向利用重建契机构建全新的社会经济体系，让灾区变得更好（Likert量表打分为4.61，此题中7代表倾向转型模式，1代表倾向恢复模式）。也就是说，灾害被看作为一种冲破原有平衡和秩序的颠覆性力量。它可以淘汰原有的发展路径，并建立起新的发展路径。这种思维可以在多地重建规划中得到印证。例如，映秀的重建规划为其未来发展路径进行了详细的谋划。震前，映秀的经济发展依赖发电、采矿和运输中转。震后，映秀被定位成爱国教育和地震知识传播之地。规划保留了主要的震灾废墟，建设了地震纪念馆，培训当地年轻人的旅游接待知识，鼓励当地居民经营餐厅、开办民宿等。同样，芦山和玉树的重建规划也应用了创新性思维来构建美好的发展愿景。创新策略也被用来应对土地短缺。例如，在上层级政府的牵线搭桥下，成都市金堂县开拓出一个成都－阿坝对口工业园区，异地安置从地震灾区搬迁而来的企业，为这些企业提供土地和基础设施。地震灾区和成都市共享企业经营收入。这种异地安置、收益共享的飞地经济模式就是一种体制创新。

重建规划中的创新性主要体现在提出灾区经济发展模式和愿景方面，却很少关注培养当地持续应变和动态学习的能力。这种缺失使得灾后重建规划的实施效果存疑。例如，映秀镇以旅游业为主的发展愿景在面对外部因素变化时，就缺乏持续应变的能力。当地民众若不能从事旅游业，就很难找到工作机会。

四、结论

本文利用韧性理论框架评估了规划师在灾后重建规划中的韧性思维，主要涉及两方面内容。第一，本文总结了三种韧性模式，并提取了 8 个韧性指标，阐述了各指标所对应的规划政策。工程韧性体现了安全防御（fail-safe）设计的传统思路，强调对灾害的抵抗能力和快速复原的能力，其指标为时效性和鲁棒性，主要通过工程手段来实现。生态韧性与蓝图规划的本质类似，旨在通过规划干预（如混合用地、功能多样性、多中心性结构、基础设施和生命线工程的灵活性等物质空间设计）来重构全新的抗灾型城市。演进韧性挑战了传统的基于物质空间结构的规划思维，强调适应性、应变力和动态学习过程，倡导社会资本、社会学习和自我调适能力的获取。

第二，本文构建了评估规划师韧性思维的分析框架，主要有以下观察。尽管韧性一词没有被直接引用，但规划过程的确体现出一定的韧性思维。规划师特别关注城市对灾难的抵抗能力（鲁棒性）以及规划的快速应变能力（时效性），这是典型的工程韧性思维。鲁棒性主要通过提升结构防御等级、空间分区、保护性缓冲策略来实现；时效性主要通过快速的规划指导和迅速回复常态来实现。这种工程性规划思路实际上来源于自上而下的强制性要求。Shao & Xu 的研究[1]发现，我国上层灾后重

---

[1] Yiwen Shao, Jiang Xu, Regulating Post-disaster Reconstruction Planning in China: Towards a Resilience-based Approach? *Asian Geographer*, 34(1), 2017.

建制度设计（如法规体系）都是以提升鲁棒性和效率优先作为出发点的。相比之下，多样性、冗余性、物质关联性这些体现生态韧性思维的指标并没有自上而下的强制性要求，因而规划师对这些指标的思考和应用更多得益于自身的专业素养和国内外的规划经验。对于社会关联性、资本营造、灵活性、创新性等体现演化韧性的指标而言，规划师的关注程度和实践则因人而异。在这些方面，他们主要着眼于如何快速恢复和降低脆弱性，社区面对灾害的适应能力和学习能力并不是工作的重点。例如，在公众参与的过程中，民众主要参与讨论民房重建选址和重建方式，很少参与社区重建和持续学习。

综上所述，规划师的韧性思维实际上已非简单的工程韧性。大多数规划师将灾难作为一种契机，期望设计出比原本状态更美好的社会经济系统，并借机实现既定的政策目标，如扶贫和产业结构调整。这些做法实际上属于典型的生态韧性思维（突破原有平衡状态的能力）。但这并不是说重建规划已经完全具有生态韧性的特征。事实上，一些代表生态韧性的物质属性指标（如多样性、冗余性、物质关联性等）虽然在多地重建规划中有所涉及，但并没有成为主流思想。同样情况也出现于演进韧性思维的应用上。一方面，规划师十分重视某些社会属性指标（如社会关联性、社区资本、创新行为等）；另一方面，重建规划并没有将演进韧性最重要的属性如动态应变、持续学习和持续创新作为规划的目标。因此，一旦既定规划目标因各种原因不能实现，就很难灵活应对困境。值得关注的是，我们的研究显示，城市发展和土地资源短缺带来的矛盾会导致灾后建设有时只着眼于短期利益，而牺牲长期发展战略的后果。从某种意义上说，灾后重建规划在中国受到如此重视，并不是因为该规划体系有多完善，而是因为这种规划是应对重大社会挑战和解决快速恢复需求等方面的政策工具，有相当高的社会效用。

本文的分析对如何改进重建规划有一定的借鉴意义。中国的规划师都受过良好的专业培训，拥有丰富的规划经验。规划师大多善于从事大规模和大尺度的空间规划与设计，往往低估了非常规、不确定且动态变化的内外环境对于城市规划的重要影响。从汶川的举国体制到芦山的地方主体，虽然重建模式有所不同，但规划师都需要遵循严格的时间流程和既定的规划要求。重建规划是一类需要综合考量物质环境、社会动态发展和政治导向的复杂规划。在目前的重建规划中，韧性思维常常来源于规划师的自发行为，得益于规划师的个人经验，而没有系统性的规划方法和指导思想。相反，规划师们在实践韧性规划的过程中，还可能受到常规规划框架的约束。因此，建立韧性规划体系或许需要调整现有规划框架和改变规划指导思想。韧性不是一个难以实现的抽象概念，而是可以操作的规划实践。

韧性思维在我国学术界和规划师中的觉醒，以及社会对于不确定扰动的关注成为本研究的背景。目前，我国灾害频发地区都意识到编制和评估灾后重建规划的重要性。韧性思维为灾后重建规划的编制和评估搭建了科学合理的指导框架。本文发现，现有的重建规划已经从简单的工程韧性向生态韧性逐渐转化，并出现了演进韧性思维的萌芽。在此过程中，韧性思维将激发出更多的创造力，为建立适合国情的灾后重建规划体系提供坚实的基础。

环境问题，并不是环境的问题，而是人的问题

［日］安富步 著

（东京大学东洋文化研究所）

张 珺 译

（东京大学人文社会系研究科）

【摘要】本文认为环境问题并非环境的问题，而是人类社会的问题。但是，当我们使用"环境问题"一词时，我们倾向于认为这不是人类的问题，而是环境的问题。而孔子的"正名"概念有助于我们对此一问题进行辨识。此处拟用恰当的话语找到摆脱所谓"经济发展"之噩梦的方法，以期中国能够实现真正的发展。

【关键词】环境问题；正名；发展

> 子路曰：卫君待子而为政，子将奚先？
>
> 子曰：必也正名乎！
>
> 子路曰：有是哉，子之迂也！奚其正？
>
> 子曰：野哉！由也！君子于其所不知，盖阙如也。名不正，则言不顺；言不顺，则事不成；事不成，则礼乐不兴；礼乐不兴，则刑罚不中；刑罚不中，则民无所措手足。故君子名之必可言也，言之必可行也。君子于其言，无所苟而已矣。
>
> ——《论语 子路篇3》

以笔者之管见，该篇为《论语》中至为重要的一篇。

其中"正名"的思想对当今社会来说最为必要。何出此言呢？那是因为在我们身边有太多歪曲的"乱名"之事，真实被隐蔽，社会在脱轨。本文将以"正名"之思想为轴心展开论考，探索现代社会从这狂澜中的抽身之道。

何为名

那么，"名"到底是什么呢？在此，笔者先简明扼要地论述浅见。

老子《道德经》中《道经》开篇之章中正有与此暗合之处。下文引用自小池一郎①校订的马王堆帛书版本。

> 道可道也，非恒道也。
> 名可名也，非恒名也。
> 无名万物之始。
> 有名万物之母也。
> 故恒无欲也，以观其眇。
> 恒有欲也。以观其所噭。
> 两者同出，异名同胃。
> 玄之有玄，众眇之门。

对这段文章的解释古来众说纷纭，而我是这么看的：②

> 道为可能态之道，而非恒久之道。
> 名为可能态之名，而非恒久之名。
> 无名之物为万物之初始。
> 有名之物为万物之母胎。
> 是故，不欲见之恒久，则见其本质。
> 欲见之恒久，则见其现象形态。
> 两者出于同处，名虽相异，但所指同一。
> 玄秘仍为玄秘，处处为流露其本质之源。

此文所说的正是"实"与"名"的关系。让我们先从比较好理解的"名为可能态之名，而非恒久之名"一句来入手。

比方说，贝多芬的《第五交响曲》这一"名"。"第五交响曲"这个名到底指的是什么呢？说的是这段音乐的乐谱，还是说这段音乐的演奏，或是这段音乐本身呢？假使如此，那"音乐本身"又究竟是什么呢？

每一种解释都有其可能性，而"第五交响曲"之名与其中任何一个都不具有恒

---

① 小池一郎『老子　註釈　帛書「老子道徳経」』勉誠出版、2013 年。
② 安富步『老子の教え』ディスカバー 21、2017 年。

常的关系。贝多芬的作品中除了"第五交响曲",还有诸如"作品六七""命运交响曲"之类的名称,从某种意义上来看,他的命名方式可谓相当恣意了。

那么,如果"名"是这个意味上的"名"的表现的话,"道"又是什么的表现呢?与"名"相对应地,"道"应该是"名"所指示的"某物"的表现吧。

"贝多芬第五交响曲"之名所指代的音乐是确实"存在"的,至少它不会是不存在的。然而,其"存在"于何处呢?比方说,是这首交响曲的乐谱,可它并不是交响曲的本身,而是这一曲子的"乐谱"。这个乐谱不论由哪个乐团来演奏,这演奏亦不是交响曲的本身,而是"第五交响曲"的"演奏"。乐谱也好,演奏也罢,都是确实的存在,但同时它们都不是第五交响曲本身。这样说来,乐谱和演奏都不是"第五交响曲"吗?不,它们是也只能是"第五交响曲"。但它们不过是由这一音乐所衍生出的可能态在现实化后的一个现象罢了,但"第五交响曲"脱离了这些可能态后亦不复"存在"。

应由"第五交响曲"之名所指代的"第五交响曲本身"实际上并不存在于何处。这般的不可名状,正是"第五交响曲"所涵括的所有现象形态之初始。而这不可名状被我们赋予了"第五交响曲"之名,便有了乐谱及演奏等现象形态得以衍生的诸可能态之母胎。尽管脱离了这些现象形态就没有"第五交响曲"了,可"第五交响曲"又是确确实实地存在。

因此,想要认识这一交响曲本身之本质,可谓无稽之谈。我们所能够认识的不过是乐谱、演奏之类的可能态罢了。不过,通过这创生出诸多可能态的努力,譬如乐谱之创作与演奏,及观众之倾听,我们得以认识到"第五交响曲"的本质。究其根本,还是因为一旦脱离了这些现象形态,"第五交响曲"将不复存在。

这一"现象"与这一"本质"都同样源自"第五交响曲",尽管名称不一,但其指代的事物是一致的。

而创造出"第五交响曲"这一音乐之根源,依然是玄秘复玄秘,由此衍生出其所有的本质。

我认为不仅是"第五交响曲",不仅是音乐,所有的"存在之物"都是在此机制运作之下而"存在"的。令世界运转的"玄秘"正是道之所在,其表现即为世界。人亦是这一表现,其根本就是道之体现。从这个意义上来看,人类可作为"现在存在于此之物"来认识,亦可作为一般的"存在"来思考,也可以说是一种特殊的"存在"。参照维特根斯坦的《逻辑哲学论》中的命题——"(6.44)神秘的不是世界是怎样的,而是它是这样的"[①]来看,上述的想法并无不合理之处,甚至可以说是一

---

① 译者参照郭英译本,北京:商务印书馆,1985年,第96页。

个极具说服力的合理讨论。

正名

再让我们回到《论语 子路篇 3》中"正名"的问题。

《论语》中用到"名"的情况，大多是以"成名"的形式出现的，这显然是从偏重"名声"的意义上论述的。

然而本篇中的"名"并不能用"名声"来解释，其所说的是赋予事物之名，与之相似的用例可见于"多识于鸟兽草木之名（阳货 9）"。但这句话的意思是"要多去认识草木鸟兽之名称"，那"名"究竟是什么，还是令人困惑不已。

《论语》中或许还有一篇是与本篇有关的，即"子曰，觚不觚，觚哉，觚哉（雍也 25）"，将其翻译成现代文就是："觚不像个觚的样子，这还叫觚吗？这还能叫觚吗？"光是这样的翻译恐怕还是叫人难以理解。其实，觚是一种祭礼用的酒器（杯）。孔子之所以生气是因为觚的大小（古注）或是器型（新注）不是其该有的样子。

只是因为酒器的形式大小不合规矩就大发脾气"觚哉，觚哉"的孔子，就像个食古不化的顽固老头儿，让人毫无办法。但是我认为孔子的恼怒并不在于酒器的形式大小，而是在于"名"的问题。

究竟酒器的形状发生了什么变化，实在难以得知。不过根据古注，这一酒器原来是为了避免在祭礼中饮酒过度，而特意将其器型作小，并命名为"觚"。在汉代的《五经异义》中，就有"一升曰爵，二升曰觚，三升曰觯，四升曰角，五升曰散"之说。

这么看来，人们怕是因为觚的容量太小，让人意犹未尽，而擅自把它改大了。以至于在祭礼之中喝得酩酊大醉。对于这些人，孔子大概只是觉得他们愚鲁，让他们想喝就喝去吧。

那么，孔子为什么要呼"觚哉，觚哉"而大怒呢？

原因是若把酒器的器型改大，就不应该还叫它为"觚"，应叫做"觯""角"或者"散"等符合其容量的名称。用小的酒器来作出祭礼的样子，实际上却在开宴会，无非是为了掩饰和欺瞒。

这么做的话，会有怎么样的后果呢？也不过是在祭礼中饮酒过度了这类没什么大不了的事吧。

但是要是在做危险的事的人，将其称之为"安全"呢？譬如有一项明明很危险的作业，但从业者都将其称为"安全"作业的话，那么，会怎样呢？

最初人们都心知肚明，所谓安全不过是为了把"危险"蒙混过关。可是，一直在说"安全""安全"的话，人们就会信以为真，觉得这是"安全"的。于是乎，对这一作业的危险性的认识逐渐淡化，深信这就是安全的，并以"安全"为前提来进行操作。没准还会嘲笑那些觉得是危险的人是"感情用事""知识不足"吧。发展到了这一步，就会导致安全意识的淡薄，以至于事故的发生。

可若把"发生了事故"称作是"出了些情况"的话，又会怎么样呢？明明是发生了事故，却偏偏说是出了情况，那不就和把"危险"叫作"安全"一样，渐渐地人们就会把事故当作只是微不足道而不屑一提的情况吧。这样一来，人们终会觉得"并没有发生事故"。于是乎，不管发生了什么事故，人们都不会进行反省，危险也随之会越滚越大。

结果，这回就发生了大事故，而且是"爆炸"级别的大事故。但是，人们不将其称为"爆炸"，而是说"出现了爆炸性现象"，会怎么样呢？明明眼前就发生了大爆炸，还要说是"爆炸性现象"的话，人们终究又要觉得这次并没有发生过爆炸吧。

要解决这样的大事故，就不得不"终止"一切进程吧。可是，因为这次事故非比寻常，没法像平时一样顺利地停下来了。可这一作业的负责人们明明知道此时若不"停止"就会出事，却还要声称已经进入了"停止状态"，这又将会怎样呢？若是无法终止，灾害必将无限扩大，分明是停不下来就不得了的事情，一旦说是进入了"停止状态"，人们怕是又会觉得已经安全了，这个事故已经了结了吧。于是乎，人们又要什么都也不反省，然后再次展开这"安全"的作业吧。这是福岛第一核电厂发生事故时，日本政治家和工学学者采用的说法。（关于福岛第一核电厂的事故，可参考安富步论文[1]）

我觉得这就是孔子发怒的原因。既然已经不用"觚"了，就该用别的名称来称呼新的酒器。既然是不"安全"的，就应该叫做"危险"。既然发生了事故，就该说是"出了事故"。既然是停不下来，就该承认"没停下来"。如果不这么做的话，我们将难以掌握事情的真相。

太平洋战争时期，日本人把侵略行为称为"圣战"，把侵略军称为"皇军"，把撤退称为"转移"，把全灭称为"玉碎"，还把自己的国家称为"神国"。如此这般的"乱名"之举，导致了怎样的结果，想必大家都心知肚明。

这正是"正名"之意义所在。害怕就是害怕，讨厌就是讨厌，喜欢就是喜欢，

---

[1]　安富步『原発危機と「東大話法」：傍観者の論理・欺瞞の言語』明石書店、2012 年。安富步『幻影からの脱出：原発危機と東大話法を超えて』明石書店、2012 年。

想做就是想做，不想就是不想，不想死就是不想死。用"正名"来称呼，是堂堂正正做人的第一步。从这一步就歪曲了的话，之后的事还怎么能堂堂正正的呢。

为什么要这么说呢，那是因为我们无法去认识去思考世界本身，而是通过对构成世界的"诸象"赋予"名"来将其纳入思考。在对名与名的关系的重组中，或在构筑被赋予名的诸象的运动中，我们在思索着，在行动着。若是名都被歪曲了的话，我们就无从正确地构建这世界上出现的各种事态之象。

这样一来，当我们想要处理这世界上出现的各种问题时，却发现它们是被歪曲之名所捏造的象，那我们所对付的无非是一些幻影罢了。反而，对实际上发生的事情却束手无策，那么，这样的人类社会的机制就无法运作了。不仅如此，这些异常的幻影还会互相影响，相互作用，导致异常的行为循环往复，并且使之正当化，在正当化的名下，曲解出更多的异常之名，衍生并捏造出更多的幻影。由是，万物开始脱轨。

"乱名"是最为恐怖之事，所以孔子才要说"必也正名乎"，名若正，则不惧事，人们依然保有创造性地应对的可能性。

"过而不改，是谓过矣（卫灵公30）"，即"犯了错还不改，就是所谓的犯错"。不必多说，大家都知道这是《论语》的基本思想之一。为了实现之，名是不可不正的，若将"过"赋予了"正"之名，我们就将无从改过了。

正名的意义

基于上述观点，再来试着解释一下本文开头所引用的《论语》吧。

子路说："若是卫国君主请先生去治理现在正混乱着的卫国的话，先生打算先做什么呢？"孔子说："必须先正名。"子路说："如此一来可真是绕了远路啊，可要怎么样才能正得过来呢？"孔子说："仲由，你这可真是'野'啊。君子对自己不了解的事情，总是三缄其口。名不正的话，言语就无法描述现实。言语若无法描述现实，事情就无法顺利办成。事情若无法顺利办成，礼乐就无法兴盛。礼乐若无法兴盛，刑法就不能得当。刑法若不能得当，民众将会手足无措。是故，君子当赋予事物恰当的名，并且必须用言语表达出来。将其付诸言语，就必能实现。所以君子的言辞不可马虎了事。"

其中的"野"是什么意思呢？从"子曰，质胜文则野，文胜质则史，文质彬彬，然后君子（雍也18）"一句中可以了解到，野是"质胜于文"的状态。所谓"质"即性质，而文则是"教养"之意。先天的性质压倒了后天的教养的状况便是"野"，而先天的性质为后天的教养所压制的状态则为"史"。"史"是古时管理文献的公务人员。由于没有对应的日语，就姑且保留"野"这个措辞吧。那么，"君子"即"文质彬彬"，就是文与质双方都有长足之发展且达到了平衡的状态。

此外，孔子还曾说过"先进于礼乐，野人也。后进于礼乐，君子也。如用之，则吾从先进（先进1）"。其意为"在礼乐上先进的是野人，在礼乐上后进的是君子，若是要用人的话，我推从先进的"。

此处的"先进/后进"还有"如用之"到底是什么意思，古来争议颇多，但本文中将此问题搁置，引起我重视的是孔子所说的"在礼乐方面应推从作为先进的野人"。

如此看来，在"子曰，野哉由也，君子于其所不知，盖阙如也"之句中"野"与君子的关系，也未必是君子一定要优越于"野"。也就是说，对于不了解的东西也能积极赋之予名而表达于言语的"野"，不一定不如凡事稳重，三缄其口的君子吧。

然后，"名不正则言不顺"一句中"顺"作"顺应"解的话，"言不顺"说的就是言语无法描述事实这一情况吧。比如说，把危险之事加以"安全"之名这样扭曲的做法，无论用什么样的语言来描绘，都无法发出切题的议论了。如此一来，不过是在玩弄文字的游戏，其结果也只能是"事不成"了。

那么"事不成则礼乐不兴"又是为何呢？所谓"礼"在我的理解中，是双方在展开学习的过程中所形成并达到调和状态的信息交流机制。"乐"则指的是音乐。为什么音乐会这样重要呢？我认为是由于音乐可以大大提高人与人之间的交流能力。（关于音乐演奏与交流的关系，请参考大久保贤《演奏行为论》，春秋社，2018年）

不过，"乐"也不仅限于"音乐"，其可扩大到"娱乐"这一更大的范畴。此处，"娱乐"也时常有随着音乐而欢欣鼓舞的意思，而并非与"工作"相对的"娱乐"之意。近代以来，分工在不断细化，而古代的人们却在努力把工作与娱乐相结合。比方说，种田这个工作如果单单是在地里干活的话，会让人觉得很辛苦。但若换作以"田乐"的方式，就能达到劳动、宗教仪礼与游乐相结合的效果。

要是工作不能顺畅进行的话，想必将引起人们的不安。一旦陷入不安的状态，学习的通路自然也就中断了。于是乎，礼也没了，乐也没了。种田的祭礼与田乐要是不能顺利进行的话，种田这项工作本身亦无法好好进行。这样一来，将导致一切事物都难以取得进展之恶性循环。越是思考越是觉得"事不成则礼乐不兴"表达的就是这样奇妙的道理吧。

这个道理放到现在来看，也依然通用。譬如企业之类的组织的运营，要是光想着提高工作效率的话，可能会导致不妙的结果。在组织中是不可能"不兴礼乐"，而光兴工作成果的。但另一方面，只兴礼乐而不考虑工作成果自然也是万万不可的。

接下来，"礼乐不兴则刑罚不中"，乍看似乎有些牵强附会。但是转念一想，在一个组织中的交流若得不到礼乐的支撑，显然是无法赏罚分明的吧。

若是一个组织内部的人际关系十分冷淡的话，人们就会为了明哲保身而装糊涂。人人都在装模作样，经营者就无法掌握实际上大家都做了什么。如此一来，就忠奸善恶难辨了。在这种情况下进行赏罚奖惩的话，有可能会表彰了表面糊涂背地里干坏事的人，却把想惩恶扬善的人当作破坏和谐的坏分子来处罚。正所谓是"礼乐不兴则刑罚不中"。

恶人们纷纷出头，扩张羽翼，将一切想要改正者剔除出去，对面这种情况，在组织中无权无势的人们也只能束手无策，就是"刑罚不中，则民无措手足"。

我深深地感到现在的日本正是这样的状况，人们无动于衷地歪曲着各种"名"。

因此，君子须要无惧无畏，乃至拼死伸张事物之正名。如果不这么做的话，世界将无比混乱。这样看来，"野"似乎也不那么可怕了。

"言之必可行"可以有两种解读，其一是君子一言既出，行应为之；其二是君子一言既出，行必为之，我更赞同于后者。

君子若是伸张正名，极有可能招来杀身之祸。但正因为君子以命抵言，才令人信服这必定能够实现的。若非如此，人类世界的希望将不复存在。

下句的"君子于其言，无所苟而已矣"，多少有些难解。大概是乍看"无所苟而已矣"一句中什么明确的指示都没有吧。"而已矣"本身只是没有任何含义的语助词，所以"无所苟"必当有其深意。可是，"苟"通常来说并不是动词，而是用于构成假设的句式。不过，苟亦可作"苟且""马虎"之意，这样一来，这句话就可以理解成"君子的言辞不可马虎了事"了。

"环境问题"之名

如今我们人类所面对的诸多问题中，"环境问题"可谓是最严重的问题之一。但是，这个名称本来就是歪曲了的。为什么我们现在一说到"环境问题"，就会觉得是环境的什么地方出了问题呢？

比如说"白洋淀水质问题"，就会令人想到是白洋淀的水质出了问题。这样一来，我们就会开始对白洋淀的水质进行调查，寻找水质污染的原因，并探讨各种对策等等，为解决这一问题而做出各种努力。可是，结果是往往不遂人愿的，环境问题很少能够由此得到解决。

比如，日本 1970 年代严重的环境问题直到其后二十多年才算得到了解决。在我的孩提时代，大气污染十分严重，几乎每天都能看到光化学烟雾污染的警告，但现在几乎没有这样的事了。自来水也闻不到臭味了，城市的河川又重现鸟飞鱼跃的景象了，水俣病、痛痛病、四日市哮喘这样严重的公害病亦消声已久。但这样"改善"的背后其实是日本列岛生态系统的急速衰落，许多生物濒临灭绝，甚至已经灭绝。不仅如此，现在还加上了福岛第一核电厂的大范围核辐射。这样看来，日本的环境问题根本不能说是得到了解决。更加揪心的事实是，在日本列岛公害问题减少的同时，中国大陆正发生着种种严重的公害问题。从宏观视野来看，日本列岛的公害问题不就是通过转嫁到中国大陆来解决的吗？

这一事态发生的原因之一，正是由于"环境问题"之名遭到了歪曲。

美国心灵生态学家 Gregory Bateson 曾经说过："You forget that the eco-mental system called Lake Erie is a part of your wider eco-mental system and that if Lake Erie is driven insane, its insanity is incorporated in the large system of your thought and experiences."。[1] 对此，我是这样解读的："你忘了这个被称作伊利湖的心灵生态系统是包含你自身在内的一个更大的心灵生态系统的一部分。如果伊利湖发了狂，那这疯狂势必将侵蚀这个由你的思想与经验所构成的更大的心灵生态系统。"

Bateson 所谓"心灵"（mind）的概念与一般认识并不一样。他认为心灵的归宿应该是一个包含了反馈机制的神经机械学系统。因而，心灵既存在于生态系统中，也存在于人类社会中。

和伊利湖一样，白洋淀也是一个心灵生态系统，亦是包括了我们的思想与经验的更大的系统的一部分。如果白洋淀的水质受到了污染，那白洋淀心灵生态系统也会跟着"发狂"，同时也意味着包括白洋淀在内的我们的社会生活体系整体都被卷入了这疯狂之中。我们自身就处于这狂乱的漩涡里。

因此，白洋淀的水质问题并非名为白洋淀的自然环境的问题。而是包括了我们的思想与经验的更大的系统发了狂。这发狂的原因正源自我们思想与经验上的疯狂。

"环境问题"之名是以笛卡尔的二元论思考方式为依据的。将人与环境割裂开来，人才会发现环境中的问题，并赋予"环境问题"之名。其实从这个时点开始，"名"已被歪曲了。

举个例子，你要是得了感冒，发了烧的话，会认为是你自身患了感冒，所以说是"我得了感冒"吧。可是这时候，有人要是说"你身上出现了发热问题"，这样的

---

[1]　Gregory Bateson, *Steps to an Ecology of Mind*, Chicago and London: The University of Chicago Press, 1972, p. 492.

说法就让人很别扭吧。

白洋淀水质问题也是一样的。是这个包含了白洋淀在内的心灵生态系统"得了感冒"，而不是说"出现了水质问题"。白洋淀的污染就是我们自身的污染。被污染的主现场不是白洋淀，而是我们的思想与经验。

我第一次到中国是 1986 年的 2 月。对当时的大四学生来说，中国是我唯一能去得起的外国。因为中国离日本很近，而且当时的中国人也不太有钱，物价都很低。于是，我就乘着"鉴真号"从大阪到了上海。我所看到的上海是一个不可思议的梦幻乐园，每一个角落都充满了魅力。

从那到现在已经过去了三十年，此间中国发生了巨大的变化。过去上海只有"上海大厦"一栋高楼，而如今是千千万万的高楼大厦耸立。上海的房价甚至超过了东京。居住于此的中国人生活富足，不少人有钱的程度远超日本人。

可同时对我来说，上海却失去了她的魅力。在我目前暂住的复旦大学专家楼附近，有一家东北饺子馆。这家店从早到晚都在全家总动员式地工作着，为街坊们提供物美价廉的饺子。在这爿小店里，留下了上海魅力的只鳞片爪，然而恐怕在不远的将来，它就会消逝如烟吧。

上海的变化代表着全中国的变化。我所热爱的中国社会的魅力飞速地在中华大地的各处消失得无影无踪。白洋淀水质的污染不过是这变化的一小部分。中国社会的全体在离奇的疯狂中被污染着。当然这种疯狂不仅见于中国，包括日本在内的所有近代化社会都是其感染者。

"经济发展"之名

"经济发展"的本质就是移动。

我们假设这里有两个集团，每个集团都有一百个人，他们的生活水平是一致的。其中一个集团不使用货币，基本上过着耕自家田、住自家地的自给自足，且人们友好互助的生活。而另一个集团则通过分工合作进行商业化生产，并使用货币来进行商品的买卖。他们每人的年收入都是一元钱。在这个假设下，即便生活水平相同，但前者的 GDP 是零，而后者的 GDP 是 100 元，则总 GDP 是 100 元。

接下来，每年让十个人从不用货币的集团移动到使用货币的集团。因为假设生活水平是不变的，所以这一移动并不导致生活水平的变化。不过从 GDP 来看，却发生了巨大的变化。原来的 GDP 是 100 元，每当有十个人移动时，GDP 就会增加 10 元，所以第一年的经济增长率就是 10%，第二年是 $10/110 = 9.1\%$，第三年是 $10/120 = 8.3\%$，如此一来经济增长率逐年下降，十年后 GDP 上升到 200 元，但经济成长却陷入了停滞，而生活水平还是和过去一样不变。

当然这个设定是非常极端的，主要是为了反映"经济发展"本质的一面。在现实世界中，这样的移动是会伴随生活水平实质上的提高的。然而，我们不能忘记这一"提高"不是白白得来的，是我们付出许多宝贵的东西为代价换取的。人与人之间交流所创造的价值，包含环境价值在内的真实生活水准，没准实际上并没有什么变化，甚至还恶化了。但是，通过非货币部门到货币部门的移动，确实达到了 GDP 上的"高度成长"。

这一简单的模型，不仅适用于中国社会的变化，还能描述所谓经济发展的普遍的一面。或许我们这些现代人正做着这个名为"经济发展"的"噩梦"，或许我们全员已然处于一种精神错乱之中了。

不，正确地来说并不是"我们"，是由我们的"思想与经验构成的更大的系统"被逼入了精神错乱的绝境。

想要解决这个问题，我们必须把"经济发展"之名正过来，才能从"中国噩梦，世界噩梦"中醒来。

中国梦

我第一次到北京是 1989 年的 5 月。有一天，我和一位中国朋友一起在天安门广场上，仰望着天空。那片天空拥有与现在截然不同的美丽和晴朗。在中文里"晴"与"青"发音相近，那片晴空的湛蓝，渗入我的瞳仁，清澈透明；夜幕降临的时分，星光闪烁。这样的大都市还有着这么美丽的天空，令我感慨无量。

天安门广场边上就是胡同，人们在这儿摩肩接踵地生活着，路上不时还有猪在阔步。在北京大学的建筑工地上还能看到马车繁忙的身影。人们外出都靠步行和自行车。

那时我梦想中国如能这样发展下去，并相信一定会走到世界的最先列。

高性能轻量折叠式改良自行车被低成本地投入生产，道路也设计成以自行车为主体的道路，要进行一定距离的移动时则利用高速自行车道，如果想要去更远的地方的话，就将自行车折叠起来，利用专门为自行车设计的巴士或铁路，带着整个自行车一块移动。对体弱者或残障人士，就可以配备三轮或四轮的电动自行车。

当然，马匹等家畜也应该多多利用。孩子们乘坐"校马"去上学，学校里饲养有许多马匹，大家一起负责照顾，体育课和休息时间就可以骑马了。工程现场也可以利用马匹来运输，利用马力来进行作业。马粪则施用于大家的家庭菜园里，栽培自家的蔬菜。马成了与人类息息相关的朋友，并通过品种改良，获得大量优质马匹的供给。各个街区都利用湿垃圾制作猪饲料，这样就可以一定程度上地达到肉类的自给自足了。

对后来掌握发射载人火箭和月球探测车之科技力量，拥有世界上最大的汽车市场和航空市场之财力的中国来说，创造一个我梦想中的社会应该是轻而易举的吧。这样，人们就能从现代社会的疯狂中逃离出来，北京的天空与白洋淀都一如彼时之美丽，同时人民的生活水平也得到大幅度的提高。

可是在北京、上海这样已经被破坏殆尽的世界最尖端的大都市里，我的构想已经不再可能。但在中国那些"落后""贫困"的地方或许还保有这样的可能性。在此投入中国的科技与财力，想必能做一个实验吧，一个创造十万人规模的世界最先端生活的实验。

我想，这样我们就能从"经济发展"的噩梦中醒来，去描绘一个新的梦想。

人的认识框架与生态平衡的失调及恢复：
30 年来陕北黄土高原生态弹性恢复和
人文信息交换的互动关系

［日］深尾叶子

（大阪大学语言文化研究科）

【摘要】本文通过笔者过去 30 年在陕北的参与调研，探讨了人与自然环境的互动关系为生态环境带来的变化。人们通常对待环境问题往往只考虑自然条件，但最重要的其实是人文因素的参与和干扰。笔者在陕北看到的最有意思的人与环境互动关系的表现是庙会上的植树造林活动：人们为了给神仙做好事，在山上植树造林，种花种草。其结果是给生态环境带来了正面影响，让绿色得以恢复。笔者认为这是人们跳脱出"只考虑自然条件"这一既有概念去思考的一项重要尝试。

【关键词】认识框架；生态恢复；既有概念；庙会；黄土高原

　　黄土高原是水土流失严重的地区。为了解当地社会文化结构与生态恢复过程的互动关系，本人自 1990 年起几乎每年都访问一个特定的村庄进行长期定点调查。我所调查的基地位于陕北著名的革命历史纪念村——杨家沟。

　　我第一次访问该村是为了了解陕北民俗与乡土固有的民族艺术。当时的陕北还被视为贫穷落后的代名词；虽有不少人去外地打工，但仍有大部分人留在村里。村内由于人多地少，所有的坡面都被耕种，加上牧羊依然很盛行，即使是长在坡面或是路边的草木也都几乎被吃光。

　　当时的印象是：若要恢复该地区的生态环境，可能需要几十年或上百年的时间。然而，经过几年的观察发现，由于政府推进的退耕还林禁牧政策日见成效，村里的植被环境几年间大有改观。同时，在推进西部大开发的环境下，农民外出打工的机会也增加了几倍。于是，土地的耕种压力相对减少。2005 年，我们发现早些年村里人从未见过的野草已经到处都能看到，同时，鸟类也多了很多。这证明在短短十几年的时间里黄土高原的生态环境的确大有改观，那么，原因是什么呢？一个解释是政府的政策起了很大的作用，人们因为政策命令采取了相应的措施，从而改变了长期以来难以改变的环境与人文社会之间的恶性循环。人在贫困的压力下，明明知道自己的行为是对环境的破坏却无法摆脱恶性循环。然而，在外界因素发生变化时，人们开始采取与过去完全不同的行为。不过，这一解释还不够全面。一个政策和外界因素的改变可以带来变化的契机，但这仅仅是一个开端，实际变化只能通过当地社会的具体回应和相应的配合、合作才能实现。我访问陕北农村的 30 年时间里，观察并参与了有关植树造林和恢复生态的工作，发现有些指令性和命令性的项目，在短期内可能见效，但项目一旦结束，或在政策上存在资金短缺等状况下便很容易回复原状。这里所产生的问题是：政策命令性的改造可以大规模地改变现状，但为确保其持久性和稳定的长期变化，还需要另外一些侧面和微观的互动，例如当地的文化脉络或经济上的后续政策等等。

本文拟对生态环境与人文系统的互动关系做一个尝试性的讨论。在进入这个讨论之前，首先有必要把自己的认识框架相对化。因为我在黄土高原遇到过很多出乎预料的事情，而且为理解这些事情曾经几次打破自己的认识框架。但这一过程为实现一个地区的生态环境的恢复和人为因素的和谐至关重要。所以我要把认识框架的相对化做为讨论的起点。

一、什么叫认识框架？

无论对于学术问题或日常生活的认识，我们通常都抱有一定的认识框架——Framing。Framing 本来是指画画时的框架或照相时的取景框架等直观的空间划分，后来被扩展为社会上或学术上大家共有的知识框架或理论背景。这里 Framing 指的是认识外界问题时我们有意无意参照的既有概念。我们在学习过程中会自然而然地形成自己的认识框架。面临新的课题或不可预测的问题时，我们总是习惯于先以既有的理论框架来看问题。而认识框架一旦形成，我们一般都会无意识地去加以应用。

图 1 是日本京都府正寿院透过猪目窗来观看的庭院景观。猪目是日本古老的意匠之一，模拟野猪眼睛的形状，常用于日本茶室等建筑里。现代人把它看成心形，因此最近成了比较时髦的景点。透过这个窗口看到的庭院里的四季景观表现的是日本庭院追求微小的自然代表一切的概念。但这个景观仍然令人想起，我们到底还是通过自己特有的小窗口去认识自然的。虽然一年四季可以看到不同的景观，但它始终是通过人为的框架给切割过了的大自然。

图 1 日本京都府正寿院茶室里的猪目窗

从以上照片中可以看到，我们透过窗口从不同角度来观看不同季节的景观。虽然几张照片的观看角度和方向略有不同，但透过的却是同样的窗口。我们认识外界虽然没有物质上的框架，但情形是不是很相似呢？以上几张照片启示我们对外界的认识也是通过无意形成的认识框架而形成的，而且框架本身是不容易以别的东西来替代的。

那么，我们用既有的认识框架了解眼前的自然环境并思考如何与其共处时，会发生什么样的问题呢？

二、黄土高原的人与自然

中国著名历史地理学家史念海教授的研究指出，黄土高原在历史上早期是半草原半森林的环境。[1] 如黄河中游西岸的绥德米脂一带，其在公元前是半森林半草原状态，十分富饶。绥德出土的汉代画像石里有很多打猎的场面。到了北宋时期，米脂为了建寨使用了大量的木材，加之北部的银州城及现在的横山县党岔被西夏占

---

[1] 史念海：《黄土高原历史地理研究》，郑州：黄河水利出版社，第 299 页，第 383—511 页。

据，而西夏把横山山脉东侧的森林当做反宋的天然壁垒，大肆砍伐。明清以后该地区森林破坏更为严重。而且这一时期土豆、玉米等外来作物逐渐被引进，结果以前不能耕种的山坡地也开始被利用，这就导致了黄土高原山坡的开荒耕种。到了现当代，这个趋势更为突出。尤其在人民公社"修梯田耕到天"的运动当中，该地区的黄土沟壑全面改造成梯田。在这一过程中，不要说树林，就连坡上和畔边所有的野草都被割光。长期以来，历史上的开荒和人为改造给整个地区带来了严重的水土流失。

图2　1995年3月杨家沟沟壑里的景观

图3　在人多地少的耕种压力下，连水土流失崩塌的坡面都有人耕种

图4　1995 年春季，一家人在坡面种土豆
20 世纪 90 年代的陕北还处于集体经济遗留下的半流动性状态。

在当时人们的思想里，土地就是命根子，离开土地就没有其他生存途径。那时在村里，经常被老乡们问："日本有山吗？"我回答说有，他们说："那你们山里种什么？"我说："山里不种什么，山里种树。"他们又问："山里种树的话，你们吃什么？"我说："日本有平地，种地主要在平地，我们不靠山上种粮食。"通过这些问答我能了解当地人的概念里山是耕种的地方，不是种树的地方。

1990 年代我第一次访问该村的时候，外出打工的机会毕竟还有限，当地老百姓只能靠自己分得的土地谋生，在此条件下唯一的生存之路是种地、放羊和做一些小本生意。这样必然导致人们根深蒂固地认为只有靠种地种田才能维持生活。除了耕种农地以外，放羊也加快了当地的水土流失。在 1990 年代以前的黄土高原，当地人觉得在山上种地和在山坡上放羊是仅有的一条谋生之路。

然而，到了 1990 年代后，政府大力推进退耕还林和禁牧政策，同时村里人纷纷开始出去打工，不再住在村里。加之所谓"落后地区"的中心城市开始建设新城，村民有了条件就纷纷离开农村到附近的县城或城镇去居住，村里只留下老人。在整个政策推动的大环境影响下，农村的土地压力大大减少，在 20 年的时间里出现了从来没有见过的巨大变化，人们已经可以不依靠农田生活。于是，人民公社以来一直"开垦到天"的梯田逐渐退化，变为草地和林地。

在图 5 所示的生态恢复工作中，当地政府和老百姓当初尝试的方式是一般的植树造林。但是，我们所参与的黄土高原国际民间绿色网络提倡不要植树造林，也不要除草，只让当地环境自然恢复。这样做，果然使生态很快得以恢复，而丛生的树种都是当地固有的品种。

图5　陕北镇川镇山上被遗弃的农田变成黄土高原生态植物园
当时有谁会相信几百年历史造成的景观能在短短的时间里变得如此不同？

这里我们可以观察一下两种既有概念的框架：

1. 黄土高原的环境破坏被认为是长期以来形成的，因此，人们认为改造和恢复环境也需要很长时间。

2. 恢复黄土高原的植被，植树造林是唯一的道路，而为了保护林地，要按规定拼命除草。

其实，我本人在调查该地的初期也一直抱有相同的认识框架，认为该地区的生态恢复起码得要几十年或上百年。然而，如上所述，由于政策诱导彻底改变，外界环境有了变化，人们的活动和行为模式以及活动范围有了彻底的改变。当人们对自然的干涉有了翻天覆地的变化以后，黄土高原的面貌也在短短的几十年内有了根本性的变化。图6是2004年春季黄土高原的一对夫妻在春耕前把自家院里的羊粪倒在农地里的镜头，周围的黄土高原还是一片黄色。但我发现，就在这块农地的旁边有一片树林，图7就是图6的右边。这是一家人的墓地。这家人大概在20年前离开本村，自那以后没有人照顾这块地。20年的时间里，这块地自己长出刺槐并形成林地。这使我知道只要20年时间就可以使整块地变成林地，而且是自然长成的。林地里生长着20多种草，变成了完全不流失沙尘的土地，如图8。

图6　春节后农家夫妇上山送羊粪

图7　农地旁边的墓地，20年没人管，　　　图8　夏天的墓地，十多种稻类草木
　　　　　刺槐茂盛　　　　　　　　　　　　　　　　茂密生长，覆盖地表

　　另外，一般的植树造林是为了有效地培育树林，林业部门规定要把地面的杂草完全除掉。图9的后方是除草的林地，前方是我们禁止除草之后第一年的景观变化。

图9　黄土高原生态植物园不同植树　　　图10　植树造林地，不除草后第三年
　　　　　造林试验区对比

　　从图10可以看出，停止除草后就开始有整片完整半草原式的林地出现。跟背景处以往的黄土高原的梯田和耕地相比，这里的面貌完全不一样。由此可见，黄土高原的生态有相当大的恢复弹性。只要人类停止对土地的负面干扰，黄土高原的生态很快会恢复原来的面貌。这是我在此地考察经过十年时间才慢慢了解的事情，之前本人也因既有概念框架的束缚而很难认识到这一事实。

三、黄土高原水土流失环境恶化的主要原因和历史性转变

　　1989年全国各地遭遇大规模的水灾后，中央政府决定在山区全面实行退耕

还林政策，并在黄土高原和其他一些草原地区采取禁牧政策。陕西北部也慢慢开始施行退耕还林、退耕还草政策。农民从光靠种地维持生活改为以种树代替种粮食，以圈养代替放牧。这项政策90年代后期慢慢在陕北落实以后，当地农民根深蒂固的靠地吃饭的概念有了翻天覆地的变化。人们通过各种渠道摸索外出打工的机会：有的到煤矿干苦活或到城里盖房修路，也有的开始承包工程和项目，还有的在城里卖小吃、开小店或给人开车等。随着村里的劳动人口慢慢向附近的城镇转移，尤其是2010年教育部宣布取消借读费以后，村里的年轻人纷纷带儿女到附近的米脂县城居住上学。农村只留下老弱病残。杨家沟的小学本来一直有二百多个学生，但借读费取消后的第二年减少到二三十个，第三年只剩下五六个。家长都在城里租房子让孩子上学，自那时开始，村里原来有一千多的人口急减到300人左右。

　　这一系列政策在陕北落实后，土地压力有很大的缓解，很多农地都放弃耕种，这些被遗弃的耕地很快有了明显的变化。黄土高原的生态恢复一方面是人对土地干扰的转变所带来的，另一方面是在不受人类活动干扰的情况下，其本来的恢复弹性发挥的作用。表层植被之所以得以恢复的最大直接原因并不是植树造林或退耕还林政策——当然这些确实给生态恢复带来了巨大变化，但更直接的原因则是人类耕种压力以及羊对植被破坏的减少。按规定，植树造林需要除掉周边的野草杂草，主要为了保护树苗的成长和保证供给树苗充分的水分。但这个思路明显对当地的生态和自然恢复的过程缺乏认识。本来植物就并不是单一孤独的存在，而需要跟周围不同种类的植物和动物相依为命，形成互利互补的关系才能健康成长。在这样少雨的地方，如果没有周围的植被共同维持，水分便很容易蒸发。而当树根被其他植物所覆盖，早晚会有露水沾湿，才能够给树苗提供水分。但林业局当时的规定是植树造林后，尤其是开始的几年必须保持林地的裸地，结果是，承担植树造林项目的老乡们不得不拼命地除草，要不然每年验收时得不到退耕还林地的认可，也得不到津贴。本来植树造林所种植的树苗就不是本地固有的树种，基本上是外地移过来的常绿树，如油松等，其中以樟子松为最多。选这种树的最大原因是因为它到冬天也不会落叶，可以保持绿色，但正因为没有落叶，对土地表层有机物的提供和土地营养的改善作用并不大，而且松树及杉树的他感（Allelopathy）作用大，本身对周边的植物成长有抑制功能。因此，植树造林地往往变成单一的生态环境，对植被的多样化有着相当大的负面作用。

　　与此相反，如上述的墓地等自然回复的表层植被，其木本及草本植物的种类相当丰富，在短短的一两年内可以形成比较完整的立体生态。而且在此生长的植物大部分是本地固有的品种，防止地表水分蒸发作用和再循环作用也相当可观。这样的表层植被的迅速恢复有一个很大的秘诀。这是我们在本地区开始观察后大约过了15年才发现的至关重要的事实。

下面请仔细观察图11。图里的黄土峁分两个部分。有一部分是白的，另外一部分是黑的。这些在冬季里看惯的景观原先根本没有任何特别的，但十几年后我们发现它的黑白区别有很重要的意义，这张图也变得十分重要。

图11里的黑色地块是承包者早已出去打工的农地，有两年没有耕种。在黄土高原，没有人耕种的土地马上就会被绿藻和苔类覆盖，表层像结巴一样，被当地人说成"地藓藓"，也叫做结皮。图11里前方的梯田与左侧白色的地表是年年耕种的耕地，其表层的结皮都被破坏。但被遗弃的耕地和耕地周边的坡地却变成黑色，证明了黄土表层有机物的形成和植物营养成分的积累。这张图里地表的颜色区别其实是土壤表层有机物积累与生态恢复的重要过程的证明。第一次发现这一事实的是跟我们一起合作近十年的东京大学东洋文化研究所教授安富步先生。他发现黄土地的土壤很薄，也许只有这表层的有机物群体才是提供营养的母体。之后我们开始注意到黄土表层的植物结构。图12是结皮的放大图。

图 11　被遗弃的耕地的照片　　　图 12　由蓝藻与苔类组成的结皮
（采自米脂县杨家沟村）

在这种结皮覆盖的黄土表层形成营养母体后逐渐出现了其他植物群的生长（图13，图14）。

这个发现后来给我们带来根本性的概念变化：黄土高原原来是非常富饶的土地，它的肥沃是由各种植物和菌类的混合体组成的。原先人类的农耕干扰，包括植树造林中的除草行为都给这个自然的恢复过程带来干扰和阻碍。

图 13　结皮上生长的其他植物

图 14　梯田周边的悬崖上生长着各种草

四、黄土高原生态恢复的关键在哪里？

　　黄土高原原来是很富饶的一块土地，在漫长的过程中逐渐形成贫瘠而荒凉的景观。但这一过程是人类的行为所造成的。人类的干扰一旦有了变化，地表的生态也马上开始恢复。2000 年以后人们逐渐离开土地，开始依靠别的产业生活，黄土植被的恢复是非常明显的。我们过去十几年来观察到了这块土地的明显的生态恢复过程。其中最重要的是，明显的生态恢复过程并不是在植树造林地，而是在被人们放弃耕种的农地与农地周边的悬崖地看到的。以前这种地被当地人看成是"荒地"。其实这些荒地才是本地生态恢复后被茂盛的植物所覆盖的地。这种茂盛以前在黄土高原被看成对耕种农作物是有害的。所以农家在不种植粮食或各种农作物时，便拼命除草或放羊。当然，当地人也知道被说成"地藓藓"的东西在内蒙古草原是被看成保护地表的很重要的东西，牧民尽力保护这一土地表层的菌类与地衣类形成的地皮，他们把这种结皮比拟为人体的皮肤，认为不能割破。但在以农耕为主的黄土高原，人们缺乏这一认识，为了种地或植树造林一直在破坏这一表土结构，结果导致大规模的水土流失和风沙多发等现象。对本地的生态来说，农耕是最大的破坏性行为。尤其延安时期的南泥湾开发和之后大规模的梯田营造带来了大规模的表土破坏和本地固有品种灭绝。山丹丹花（Lilium pumilum）以前在陕北遍地开放，而现在已经成为代表性的濒危植物之一。这也是原生态被大规模破坏所带来的结果。

　　我们的考察队自 2000 年前后开始在陕北展开生态文化恢复活动。[1]我们认为生态的破坏不只是生态环境的破坏，在这个过程中同时也破坏了当地固有的文化和生活。恢复生态也不能只靠生态环境的恢复，跟当地文化的恢复同步进行才能够扎根在当

---

[1]　陕西省榆林学院成立了生态文化恢复中心。以下的活动以此中心的名义举行。

地人的文化脉络和生活脉络之中。在这种考量之下，我们展开了同时恢复生态和文化的一系列活动。其中比较成功的一个活动是陕北传统婚礼的恢复。2004 年春节过后，我们在长期的考察基地米脂县杨家沟举行了一次以日本人为主角的陕北传统方式婚礼。这一消息当时在周围几百公里传出去后，平时只有三百多人口的村里来了一万多人（图 15—20）。在严寒的摄氏零下 20 度左右的陕北农村，轰轰烈烈地举行了由村里人自己规划、召集并筹办的一次婚礼。这一天的过程由当地电视台报道后一个月内数次播放，整个县里的人都知道，陕西省的几家报社也过来采访，春节第二周的周末版头条新闻便是这一报道，同时被多家地方报纸转载（图 21）。当时的陕北，在现代化的大潮下，传统婚礼迅速消失，在城里搭乘轿车去酒店宾馆举行婚礼是最时髦的，穿的服装也都从传统的大红袍变成白色婚纱。在这种背景下举行的传统婚礼，抬轿子娶新娘，红娘骑毛驴等传统习俗成了当地人民的热门话题。当时的县长王丽华亲自过来给我和新娘颁发了荣誉米脂婆姨证书。此后的几年里，米脂县城陆续成立了不少举办传统婚礼的公司，已经成了米脂县的一大文化产业（图 22）。目前西北几个省都有此类的业务需求。

图 15　村民把原来地主家用的轿子重新装修

图 16　迎新娘

图 17　抬轿子迎新娘

图 18　在严寒的村里一条街都是人

图19 新郎新娘拜天拜地拜祖先

图20 王丽华给新娘和红娘颁发荣誉
米脂婆姨证书

图21 《西安日报》《秦城都市报》《榆林报》的头条新闻

图22 2016年在米脂县城举办的陕北传统婚礼

　　这一系列的活动唤起了当地人对陕北文化的重新认识，提醒人们对固有的地方文化的意义和价值的关注。然而，这些活动对生态恢复有什么作用呢？这里主张的生态文化恢复运动的意义在哪里呢？

　　本文已经指出生态环境的恢复不能脱离当地的文化脉络与社会背景。我们在当地推行的另外一个活动是黄土高原国际民间绿色文化网络。如前所述，政府指令性的植树造林可以直接推行绿化，而且普及速度很快，但这种单方向的植树造林有很大缺陷和弊端。项目一旦结束，停止发放补贴等经济支援，这种活动很快就会衰退。我们一直重视跟当地社会和文化活动相结合的绿化活动。这之中发现榆林有一位从上世纪 50 年代起一直从事绿化事业，当时已被说成是"绿圣"的老人，他的名字叫朱序弼，一直提倡在本地区实施庙会造林。改革开放后随着庙会活动的恢复，他是着手以庙会为基础开展植树造林的第一人，在陕北黑龙潭跟该庙会会长王克华创办了全国首个民间植物园。黑龙潭是在陕北镇川镇附近的一所老庙，改革开放后此庙得到了迅速的恢复，并迅速发起了陕北第一个庙会，80 年代后期一年一度的庙会已有十万左右的参与者，布施收入达到了 30 万元人民币。朱序弼与同仁利用庙会收入开始植树造林，对四周山地进行绿化。经过 30 年的努力，周边的秃山都变为绿山，黑龙潭已经成了全国有名的大力展开公益活动的民间庙会。朱老人还愿意把这一经验推广到其他无数的庙会，他说需要 10 个黑龙潭，甚至 20 个黑龙潭。因此从 2002年开始，我们召集庙会会长和当地民间绿化团体的代表与业务人员组成来自民间的绿色网络（图 23，24），每年在不同的庙举办一次经验交流与知识交换活动。这项活动的特点是其资金和人力资源都是来自民间，来自自发性组织。[①]

图 23　黄土高原国际民间绿色文化网络的发起人，朱序弼先生（1931—2015）

---

　　①　深尾葉子、安冨步『黄土高原・緑を紡ぎ出す人々—「緑聖」朱序弼をめぐる動きと語り』風響社、2010 年。

图 24　黄土高原国际民间绿色网络第四届年会留影

　　文化的凝聚力是自发的。尤其在黄土高原深处的陕北，历史上孕育了具有独特地方特色的文明，产生了独特的民间文化和人们不求报酬无私奉献的精神。生态恢复是扎根在人们对地方文化和对当地风俗习惯的热爱和拥护之中的。植树造林也离不开对土地的爱与对地方生态的持续性关注。所以，要达成某一地区的生态恢复，必须培养对当地文化无私的爱才能获得真正意义上的持续。这是我们所提倡的生态文化恢复运动的核心理念。本文所提出的脱离既有概念框架的重要性以及提倡在生态环境恢复工作中不能只考虑生态，还要考虑当地文化与社会脉络的意义就在于此。

五、小结

　　自 1990 年第一次踏上黄土高原，至今已快要 30 年了。当初我也有按计划做访问考察的想法，但这一念头很快就消失了。当时的黄土高原交通很不发达，公路到处被冲断，连到达目的地都有困难。再加上一旦进了村，一个电话都找不到。国内电话要到乡政府所在地的邮电局打，国际电话必须到 80 公里以外的榆林，找到可以打国际电话的邮局或在宾馆登记住宿后开通国际长途才能打。在这种情况下，在当地移动和与外界联系都需要别人帮忙，一切行动由不得自己，原有的调查计划也只能随机应变，顺其自然，做到哪儿算哪儿。这个经历本身对我是个考验，逐渐形成了听天由命的行动模式。这是我的认识框架的第一个突破。当时的黄土高原还有很多神秘之处。人们的想法思路和行动在外界看来都有难以理解的地方。在这个过程中需要逐渐掌握当地社会固有的认识模式和行动模式。这一方面加强了我对一个地方的文化理解和适应的能力，另一方面也教会我如何让自己对既有概念进行突破。认识他人，熟悉陌生的文化和社会的过程是对自己的思维和行动地平线的跨越和重新建构的过程。在这样对自我和他人的认识更新的过程中，才慢慢培养出不拘泥于眼前常识或从事实中观察对象的探究能力。最近我有一个醒悟，这样的过程正是古代人所说的"格物致知"。

另外，我从黄土高原生态恢复和人文社会之间的密切联系中学到了兼顾生态环境和人文环境的研究方法，它可以叫做社会生态史研究。美国著名精神分析学家 Gregory Bateson 指出，我们面临的地球规模的严重的环境破坏问题是由我们的思考与深层的无意识所导致的。[1] 我们往往把自然科学的分析与人文科学的分析相分离，但从社会生态学的角度来看，两者是密切结合不可隔开的。生态环境的变化形成人类思维和认识体系，而人的思维和认识所导致的具体行动又带来生态环境的变化。我们要研究生态环境及其变迁，必须从当地生活者的思维和有意识、无意识的行动来理解和分析。陕北对我个人来说，是形成这一切思路和研究方式的一个伟大的练习场。[2]

---

[1] Gregory Bateson, *Steps to an Ecology of Mind*. Chicago and London: The University of Chicago Press, 1972, p. 495.

[2] 用同样的方法研究中国东北近代生态社会史的著作有：深尾葉子、安冨歩『満洲の成立—森林の消尽と近代空間の形成』名古屋大学出版会、2009。

个体的灾害史：从刘大鹏《退想斋日记》说起

行　龙

（山西大学中国社会史研究中心）

【摘要】以往灾害史研究过多注重灾害本身，而较少关注灾害过程中的人。《退想斋日记》中有许多关于灾害的记述，据此可以描述刘大鹏及其家庭半个世纪所经历的"日常之灾"。这对转换视角从个体和家庭出发，以"人"为主体来拓宽灾害史研究具有启发意义。面对灾害，不同的社会群体和个人会有不同的体认与应对。以人为主体，从个体、家庭出发的灾害史既能增强"同情之理解"的历史意识，也可更加凸显以人为本的历史学本义。而将以灾为主体的灾害史与以人为主体的灾害史结合起来，也能够进一步推动中国灾害史研究。

【关键词】《退想斋日记》；灾害史；个体

2019年，中华人民共和国成立70年。这是一个回顾以往、展望未来的年份，学术界出现了一个"瞻前顾后"的小热潮，各学科均不甘人后，争相登场。笔者在近两年来翻阅刘大鹏《退想斋日记》的过程中，无意间发现许多有关灾害的记载，联系到如今的灾害史研究，不免有点想法。既有成果大多数从区域、灾情出发，是以灾为主体的研究。我们在整体上客观深入理解灾害的同时，却可能与历史当事人的感受渐行渐远。为弥补这样的缺憾，能否转换视角从个体和家庭出发，以"人"为主体来拓宽灾害史研究，这是一个值得思考的问题。基于此，本文从《退想斋日记》中摘取毒品、瘟疫两种灾害，以刘大鹏所见所闻所经历为依据，描述刘氏及其家庭半个世纪所经历的"日常之灾"，进而提出一点拙见，以供讨论。

一、毒品

中国近代史上对民众生活为害最大的毒品是鸦片。西方侵略者以鸦片打开中国的大门，"虎门销烟"以毁禁来抵抗鸦片流毒的努力终未竟成。第二次鸦片战争后鸦片贸易合法化，罂粟种植面积逐渐扩大，民众吸食鸦片者随之渐增，清末新政时再次颁布禁烟令，至民国以后仍是屡禁屡废。从鸦片到金丹、泡泡、料料，名目虽异，而毒害则一。可以说，鸦片既是缠绕在清政府老迈身躯上的一条绳索，也是潜入民众肌体中的一股毒流。

富可敌国的晋中商人可能是鸦片进入山西的始作俑者。为专门吸食烟土服务的"太谷灯"早在乾嘉时期已闻名全国。鸦片战争前夕上谕中就有"风闻山西地方，沾染恶习，到处栽种"罂粟的记录。时至光绪初年那场大旱灾时，吸食者"家家效尤"；[①] 种植者"几乎无县无之"。[②]

刘大鹏生于1857年，在他的认识里，光绪初年大灾中的人口亡失与种植鸦片大有关系：种植鸦片烟的地方，因种烟利润高而舍弃种粮，"一旦遭荒，家无余粮，欲不饿死，亦不得矣"。灾后短暂的几年稍有收敛。再过十年，政府对此"加征厚税，明张告示，谓以不禁为禁。民于是公行无忌，而遍地皆种鸦片烟"。[③] 至刘氏开始写日记的19世纪末期，因吸食鸦片而日不聊生家破人亡者多有耳闻。《日记》中的此类记载好似电影里的"连续蒙太奇"：

王郭村。遇卖黄土父子二人，其父四十余岁，"面目薰黑，发长数寸，辫卷如毡，衣裳褴褛，神气沮丧"。时近中午，父子二人因无午饭之资，乃出卖黄土以饱饥腹。仔细询问，夫妻二人均吸食鸦片，"致使衣不蔽体，食不充腹"。[④]

赤桥村。村人抓获一入室偷盗者，此人本为"良民"，只因吸食鸦片穷困无聊，烟瘾来后"概不能稍缓须臾，计无所出，不得已而为此"，也就是入室偷盗以为吸烟之资。[⑤]

邻村。有人因吸食鸦片烟，虽有心娶妻生子而不得。[⑥]

族兄家一"造饭老妇"。年七十余岁，儿子三十余岁。邻人问其为何如此年老还要受雇为人造饭，老妇言，家中儿子儿媳"日卧家中吸烟，将衣物等件尽售于人，

---

① 曾国荃：《申明栽种罂粟旧禁疏》，光绪四年正月二十六日，《曾围荃全集》，长沙：岳麓书社，2006年，第282页。

② 张之洞：《请严禁种植罂粟折》，《皇朝经世文编》卷27，《户政四》。

③ 刘大鹏著，乔志强标注：《退想斋日记》（1893年7月8日），太原：山西人民出版社，1990年，第22页。

④ 刘大鹏著，乔志强标注：《退想斋日记》（1892年10月19日），太原：山西人民出版社，1990年，第14页。

⑤ 刘大鹏著，乔志强标注：《退想斋日记》（1892年10月31日），太原：山西人民出版社，1990年，第14—15页。

⑥ 刘大鹏著，乔志强标注：《退想斋日记》（1892年11月4日），太原：山西人民出版社，1990年，第15页。

目下莫能糊口，无奈出门事人，求几文钱以养儿与媳"。说话间，儿子因烟瘾所逼，"莫能缓须臾"，跑来讨钱而去。①

某"娶妇之家"。见许多客人和助忙人等皆开灯吸食鸦片。瘾君子饭后必吸，无瘾之人也多偃卧床上吸之，"皆以为此是合时之物"。②

赤桥剃头铺。腊月二十七，刘大鹏到剃头铺去剃头，师傅无奈地说道，往年一过腊月二十三小年，来剃头准备过年者接踵而至，四五个师傅忙里忙外，"自朝至夕，无一刻暇隙"，今年来客甚少，只因民不聊生，"吸食鸦片烟故耳"。③

晋祠武老先生家。在武老先生家坐席，一七十余岁老者言，每日必吸六文钱鸦片烟，不吸则不能吃饭行动。④

赤桥一带。闻小偷甚多，昼伏夜行，皆因吸食鸦片，"贫困无聊不得已而为之也"。⑤

太谷南席村。富家子弟童稚之时多吸食鸦片，到十七八岁，"遂至面目薰黑，形容枯槁"。东家（郝济卿）家中无一吸食鸦片烟者，当为罕有。⑥

太谷城中。生意之家，无一户不备鸦片烟待客，无一掌柜不吸食鸦片。⑦

……

清末新政，禁止人民吸食鸦片。光绪三十二年（1906）限十年禁绝，期限未到而清室覆亡。南京临时政府、北洋政府亦力行禁烟，阎锡山在山西实行"六政三事"，其中最为严厉者莫过于禁烟、剪辫、放足，而在那样一个混乱的年代，禁者自禁，吸者自吸，禁食与吸食也是一种混乱的写照。迨至1920年代，又有新名目的毒

① 刘大鹏著，乔志强标注：《退想斋日记》（1893年3月14日），太原：山西人民出版社，1990年，第19页。

② 刘大鹏著，乔志强标注：《退想斋日记》（1893年11月5日），太原：山西人民出版社，1990年，第24页。

③ 刘大鹏著，乔志强标注：《退想斋日记》（1894年2月2日），太原：山西人民出版社，1990年，第29页。

④ 刘大鹏著，乔志强标注：《退想斋日记》（1895年9月8日），太原：山西人民出版社，1990年，第45页。

⑤ 刘大鹏著，乔志强标注：《退想斋日记》（1895年10月17日），太原：山西人民出版社，1990年，第46页。

⑥ 刘大鹏著，乔志强标注：《退想斋日记》（1896年11月13日），太原：山西人民出版社，1990年，第63页。

⑦ 刘大鹏著，乔志强标注：《退想斋日记》（1901年12月11日），太原：山西人民出版社，1990年，第103页。

品——金丹在民间流行。1921 年 4 月 1 日《日记》记载："金丹之害，甚于洋烟，而人多迷恋，日费巨赀，每日用钱数千或十数千钱，至于倾家败产而不悟此，近年之大灾也。"[①] 紧随金丹之后的吗啡及自"日本而来"的机制泡泡、料料，1920 年代后期也开始在山西流行开来。1929 年 11 月 12 日《日记》载：

> 今年洋烟势衰，而专害人民之物较胜于洋烟千百倍者，则有泡泡、料料等毒盛行于斯时，无论男女老少者莫不嗜好，而沾染其毒者十分之三四矣。此为人民之大害，抑亦为人民之大劫数也。此毒系有日本而来者。[②]

1930 年代，阎锡山仍在山西厉行禁烟，对贩卖泡泡、料料者律行枪决，而犯罪之人却接踵不绝：

> 洋烟之害甚于洪水猛兽，近又加以泡泡、料料，较洋烟而更为酷虐，虽处以枪决之刑，人犹不怕，犯此罪人接踵不断，此晋人之浩劫也。[③]

在一个混乱不堪战乱不断的年代，在一个穷困不堪民不聊生的年代，民不畏死铤而走险当为一种常态，常态的事物在一个变态的时代，变态亦为常态。待到刘大鹏接近寿终正寝的 1940 年代，他的三子刘玭、四子刘珣都成了瘾君子，[④] 这是一生痛恨毒品的刘大鹏意想不到的，而意想不到的事情在一个变态的社会却常常是司空见惯的。

刘明、刘大鹏父子两代人不仅没有吸食鸦片，而且他们都痛恨鸦片，甚或规劝邻人戒烟，以致购买戒烟药而施散邻人，解救数人。

光绪十四年（1888 年），刘大鹏得到林则徐退鸦片烟瘾的药方，遂将此方抄录散发村中吸食鸦片烟者，据说"大有奇效，退了数人的瘾"。[⑤] 在太谷作木材生意的刘

---

① 刘大鹏著，乔志强标注：《退想斋日记》（1921 年 4 月 1 日），太原：山西人民出版社，1990 年，第 287 页。

② 刘大鹏著，乔志强标注：《退想斋日记》（1929 年 11 月 12 日），太原：山西人民出版社，1990 年，第 400 页。

③ 刘大鹏著，乔志强标注：《退想斋日记》（1933 年 1 月 31 日），太原：山西人民出版社，1990 年，第 469 页。

④ ［英］沈爱娣著，赵妍杰译：《梦醒子——一位华北乡居者的人生（1857—1942）》，北京：北京大学出版社，2013 年，第 137 页。

⑤ 刘大鹏著，乔志强标注：《退想斋日记》（1896 年 3 月 5 日），太原：山西人民出版社，1990 年，第 54 页。

明曾购得一瓶重半斤的"解救烟毒之药"，名曰洋药粉，不收分文施舍乡里数年，解救瘾君子数人。①

刘大鹏痛恨鸦片，或许受到他的启蒙老师刘丽中的影响。在刘大鹏所著《晋祠志》中，他特为老师立传，又特记老师对鸦片烟的先见之明："尝言鸦片烟之害甚于洪水猛兽，吾晋田畴栽种罂粟，迩来并不禁止，其害尤烈。一遇荒旱，生民死亡必多。此同治中之言也。泊乎光绪丁丑、戊寅（三、四年）大旱，晋民大饥，死亡枕藉，果如先生之言。"②

光绪十八年八月二十四日（1898年9月4日），时在省城崇修书院就读的刘大鹏曾作一长篇《鸦片烟说》，在笔者看来这是一篇现时标准的论说文，又似一篇不太标准的八股文：

> 破题："稽昔日，有害于人者，不过博弈好饮酒数端而已，然此尚未为大害也。若夫鸦片烟为害，不可胜言矣。"
> 承题："当今之世，城镇村庄尽为卖烟馆，穷乡僻壤多是吸烟人。约略计之，吸之者十之七八，不吸者十之二三。"
> 起讲："试历言其害"：仕宦之流；为学之士；草野农人；若夫工人；以云商贾；至于妇女；及观富家。在此中间的论述部分，刘大鹏历数士农工商仕宦妇女各阶层吸食鸦片烟带来的危害，排比对偶，一气呵成。
> 收结："甚矣，鸦片烟为害亦大矣哉！""吾愿世人同心协力，革除此习，永不沾染，以绝其根株。尤愿上天不生此物，即有种罂粟者，俾不能获利，则人自不栽种，而鸦片烟即可断绝矣！"③

刘大鹏痛恨毒品，他不仅劝人戒食毒品，而且曾向太原县县长建言严禁，可谓一生"无日忘之"。民国三十年腊月，也就是在他临终的前一年，他在梦中对戒烟仍念念不忘：

> 料面之毒为害酷虐，现在吸食料面者多成乞丐。予前呈请常县长命各

① 刘大鹏：《退想斋日记》（手稿本），光绪二十年二月初一日（1894年3月7日），太原：山西省图书馆藏，无页码。
② 刘大鹏著，慕湘、吕文幸点校：《晋祠志》，太原：山西人民出版社，1986年，第481页。
③ 刘大鹏著，乔志强标注：《退想斋日记》（1892年10月4日），太原：山西人民出版社，1990年，第11—13页。

村公所设戒毒所，俾村长副令本村之吸食料面者严戒，限一月之期，常知事见予所言恐办不到，遂置不理，大拂予年老再生之本心，此系今年正月之事，已届一年，予之救济吸食料面之祸患心终未释。则于昨日夜间竟得一梦，予与本村之村长村副会商戒料面之法，以赤桥村名义呈请山西省特务机关实行戒吸料面之政，村长村副与予同心合议，协力进行，无论特务机关俯准与否，必须呈请。予不禁欣欣然有喜色之际，突然梦醒，则梦中之事尚在目前未曾忘却。时过三更已到五更，晨鸡初唱，老妻史竹楼亦醒，予以梦告竹楼曰：此之心病也，无日忘之矣。[①]

二、瘟疫

《退想斋日记》中有关瘟疫的记载不少，其中最严重的一次当为1918年的肺鼠疫。有关此次瘟疫的流行及其防疫工作，次年即有王承基所编《山西省疫事报告书》详述之。[②]曹树基先生从国家与地方的角度对此次瘟疫及其防疫也有过很好的研究，[③]《退想斋日记》向我们提供的则是此次瘟疫更加具体的过程，也是一个更加直观的过程。

1917年8月，归绥属境的五原爆发肺鼠疫并迅速向外传播，1918年1月5日，山西的疫情首先在右玉县爆发。2月20日，《日记》第一次出现有关此次瘟疫的记载：省城太原戒严甚急，出城者一听其便，入城者十分费难，"藉名防疫，实则防乱党也"。[④]其实，省城戒严，确为防疫。赤桥距省城五十里，省城戒严后，百姓不得往来，人心莫不惶恐。3月底，有在赤桥造纸做工的五台县工人年后上工，得知太原通往忻州一带的石岭关因为防疫已"不便往来"。年前去五台县的赤桥王某，因为五台"禁此村之人不能到彼村，如是者半月"，在石岭关被扣一日，幸而放归。刘大鹏认为，晋祠一带"瘟疫不见流行，乃竟禁绝行人不使往来，亦殊可

---

① 刘大鹏：《退想斋日记》（手稿本），民国三十年十二月十四日（1942年2月9日），山西省图书馆藏，无页码。

② 王承基编：《山西省疫情报告书》，太原大林斋南纸庄、上海中华书局，1919年。此书共三编，笔者仅见第一编。

③ 曹树基：《国家与地方的公共事业——以1918年山西肺鼠疫流行为中心》，《中国社会科学》2006年第1期。

④ 刘大鹏：《退想斋日记》（手稿本），民国七年正月初十日（1918年2月20日），山西省图书馆藏，无页码。

怪"。① 在及时有效的军事动员、行政动员和民众动员下，1918 年春季的瘟疫在山西迅速得到控制。

瘟疫未得传播，有关的传言却在蔓延。对刘大鹏来说，这种传言比瘟疫更加"可畏"：

> 防疫已罢，传言晋北防疫之时，官延洋医为民治疫，乃洋医藉治病而取病人之眼睛与心，民有觉之者。大同杀二洋医，不知何处又杀一洋医，官不敢究，未知确否。果有此事，而洋医藉防疫杀人，民受其毒，至于剜人之心，取人之目睛，此等惨事，必至上干天怒，有义和拳之祸矣，殊觉可畏。②

洋医剜心取目，这类的传言在世纪之交的那场义和团世变中，民间已多闻而久闻，事过近 20 年后，旧闻成为新闻，令人不寒而栗！实际上，这场瘟疫最早也是由美国医生发现，防疫过程中西医发挥了重要作用。③

春夏之交的 6 月初，《日记》又出现了时疫流行的记载。尽管我们不能肯定此时的瘟疫是春季瘟疫的延续，但《日记》提供的信息确是刘大鹏的亲历。五月初一日记："现有时疫病者甚多，家中染时（疫）三四人，均经服药数剂。到处皆有，非止吾乡也。"④此时，刘大鹏的妻子石竹楼、长女红英及三儿媳妇皆已染病数日，他请来他的朋友兼医师胡海峰多次来家看病。也许是家人的病情没有好转，十二日，他在日记中罢骂庸医非但不能治病，而且"藉医牟利"："瘟疫流行，医家甚忙，而目前皆庸医，不能治病，且藉医牟利，无钱即不往医，何尝有济世活人之念哉。"⑤

时序到了阴历九月，瘟疫较四个月前更加严重。10 月 19 日记载："现时瘟疫又行"，晋祠西面的明仙峪有多人被瘟，挖煤的"窑黑子"因病已五六日不能下窑。平

① 刘大鹏：《退想斋日记》（手稿本），民国七年二月十八日（1918 年 3 月 20 日），山西省图书馆藏，无页码。

② 刘大鹏：《退想斋日记》（手稿本），民国七年三月初五日（1918 年 4 月 20 日），山西省图书馆藏，无页码。

③ 曹树基：《国家与地方的公共事业——以 1918 年山西肺鼠疫流行为中心》，《中国社会科学》2006年第 1 期。

④ 刘大鹏：《退想斋日记》（手稿本），民国七年五月初一日（1918 年 6 月 9 日），山西省图书馆藏，无页码。

⑤ 刘大鹏：《退想斋日记》（手稿本），民国七年五月十二日（1918 年 6 月 20 日），山西省图书馆藏，无页码。

川地带也不时传来瘟疫的消息，幸亏此时还没有死人。[①] 其实，此时瘟疫"全省皆有"，并不限于晋祠一带。但似乎病情并不严重，一旦用药即可痊愈。十七日的日记载："病人甚多，所在皆有，医药甚快，幸病不甚危险，一经医药，即可告愈。"[②]

"幸而"很快在刘大鹏家中转为不幸。此时，长子刘玠的妻子及哺乳期的小孙子均染瘟疫，他又请胡海峰来家诊视，而胡海峰因其家中也有病人"立方即去"；"染疫之人纷纷，有一家至十数口之多者"；邻人有自榆次来者，半路中车夫"染疫病卧，不能行走"，可怜的坐车人变成拉车人，又拉车送车夫回到榆次；此日全篇所记是瘟疫。[③] 在刘家庭院内，刘大鹏彻夜不得安眠，因为刘玠妻子染疫无乳，初生的孙子整夜哭泣不已，害得刘玠不得不"通宵代妻照料"；长女红黄归宁在家，因其婆家也有多人染疫急忙赶回。二十一日，瘟疫已"到处皆有，家无病人者十不获一，且闻有因疫而毙命者"。[④]

二十四日夜间，刘玠的妻子张氏因病势沉重而亡！刘大鹏"心中哀恸不能自已"，他为长媳张氏之亡而哀，更为张氏所遗四岁幼女、一岁稚男而恸。一听到小孙子呱呱而啼，刘大鹏遂觉"五内崩裂"。在刘家家门外，只见得"道上往来之人戴孝帽者络绎不绝，则因疫而亡者想必不少"。太原县城内"家家有病人，亦未免死亡"。胡海峰身为医师自顾不暇，其妻二十六日也染疫而亡。亡者既多，棺材店的棺材全行卖光，彻夜赶工仍不敷使用，许多亡者"无棺可敛"。[⑤] 刘玠妻子张氏亡后五天家人才匆匆将其"厝于兰若寺北"。"厝"，就是停尸待葬。刘大鹏心痛难忍，命儿辈办理此事，他没有到现场，他要去县城驻宿两日以解悲伤烦闷。

瘟疫的流行看似天降灾害，在刘大鹏看来却"由人不善所招"。在二十日的日记中，刘大鹏再一次道出了他对瘟疫、疾病之类灾难的看法：

疾病灾害，人所不免，然只可听天由命，岂敢怨天尤人。现时瘟疫流

① 刘大鹏:《退想斋日记》(手稿本)，民国七年九月十五日（1918年10月19日），山西省图书馆藏，无页码。

② 刘大鹏:《退想斋日记》(手稿本)，民国七年九月十七日（1918年10月21日），山西省图书馆藏，无页码。

③ 刘大鹏:《退想斋日记》(手稿本)，民国七年九月十九日（1918年10月23日），山西省图书馆藏，无页码。

④ 刘大鹏:《退想斋日记》(手稿本)，民国七年九月二十一日（1918年10月25日），山西省图书馆藏，无页码。

⑤ 刘大鹏:《退想斋日记》(手稿本)，民国七年九月二十五日至二十八日（1918年10月29日至11月1日），山西省图书馆藏，无页码。

行，由人不善所招，凡不孝不悌不忠不信不仁不义寡廉鲜耻之人，呵成戾气，上干天怒，遂降此瘟疫严以示警，俾人悚然恐惧，回心向善耳。[①]

1918 年瘟疫过后，1926 年冬、1927 年春、1937 年冬、1940 年春夏之交，《退想斋日记》都有"瘟疫"的记载，也有"牛皆被瘟"[②]，"看守所中起瘟，已伤数命"[③]的记载。对刘家而言，1926 年冬天的瘟疫可谓灭顶之灾，此次瘟疫竟夺去刘大鹏三个孙辈幼小的生命！

1926 年，刘大鹏年已七十岁。入冬后的十月廿五日夜，他奇怪地梦见与一人相谈，此人说他寿算将尽，死期就在今年的年终。刘大鹏泰然答曰"年已七十，死复何憾"，言谈之间，院子里的狗叫声将其惊醒。[④]此梦似乎不是什么好兆头。十一月初七夜，三子刘玽突然发病，浑身发汗，气喘吁吁，家人急忙请来邻人为其针刺手足，又灌下参药，第二天赶紧请来古寨村崔医生为其治病。十六日，四子刘珏、次孙精忠"亦染时疫，待人而医"。崔医生几乎每天上午必到刘家行医，刘大鹏有点不耐烦地写道："日来延医多次，每日支应午餐。"[⑤]廿一日，四孙赓忠也病，廿二日，妻子石竹楼、三孙恕忠及刘珏之长女喜楣"皆病"。至此，短短十余天时间，刘家已有七人身染瘟疫。廿五日，刘大鹏记家中染疫者病情曰："家中染疫者两孙男，二孙女，而赓忠最重，次孙精忠初愈出门，两儿尚卧床榻，内人石竹楼病势轻而减退。天实为之，谓之何哉！"天降灾异，徒唤奈何。

更残酷的现实发生在廿六日。此日早晨，七岁的孙子赓忠因瘟而殇，晚间，六岁的孙女喜楣亦殇，"一日亡二孙"！刘大鹏非常痛苦，他将此归咎于"予之不德甚矣，获罪于天"。[⑥]连日来，不断地请来医生为家人治病，今殇其一男一女二孙，五

---

① 刘大鹏：《退想斋日记》（手稿本），民国七年九月二十日（1918 年 10 月 24 日），山西省图书馆藏，无页码。

② 刘大鹏著，乔志强标注：《退想斋日记》（1919 年 3 月 11 日），太原：山西人民出版社，1990 年，第 274 页。

③ 刘大鹏著，乔志强标注：《退想斋日记》（1935 年 1 月 5 日），太原：山西人民出版社，1990 年，第 492 页。

④ 刘大鹏：《退想斋日记》（手稿本），民国十五年十一月二十五日（1926 年 11 月 29 日），山西省图书馆藏，无页码。

⑤ 刘大鹏：《退想斋日记》（手稿本），民国十五年十一月二十日（1926 年 11 月 24 日），山西省图书馆藏，无页码。

⑥ 刘大鹏：《退想斋日记》（手稿本），民国十五年十一月二十六日（1926 年 11 月 30 日），山西省图书馆藏，无页码。

孙女喜龄又染瘟疫，刘大鹏决定不再延医，只购得六神丸让病者服用，"听其自愈"。家在北大寺的内弟郭赓武十多天来在刘家照料病人，劝其继续延医治疗，刘大鹏也"坚持否认"。[①] 在他看来："疾病原系天灾，非能有人自为扫除，即使延医疗治，不过尽些人力而已。天降瘟疫，由人不德之所致，岂能□乎上天哉。死亡疾病，人家不能免，亦上天显以示警，俾人改恶从善也。"[②] 腊月初三，小寒，一场大雪厚积三四寸，刘大鹏找来三四邻人清扫屋顶积雪，但雪不止瘟。初六日，赤桥村人在兴化洞延僧诵经例行"祭白雨"，因瘟疫盛行，特在晚间"行祭瘟之礼"——"周行里中，兼放路灯，意取驱逐瘟疫远去，以祈村中平安耳"。[③] 初十日刚吃过早餐，刘大鹏又得知刘珽的次女（刘大鹏五孙女）喜龄病殇。说起喜龄更为可怜，此女年方四岁，尚有一条跛腿，一指不能捉针，身体发育不全。天夺其命，令人唏嘘。

转眼间进入年关。瘟疫夺去三个孙辈的生命，两个儿子刘珣、刘珽尚卧病不起，大儿子刘玠在代州任教未归，次子刘瑄早已疯癫不理人事，加之石门窑的生意"损失甚巨"，天寒地冻，刘大鹏心绪烦乱地归结年来家事："予家今冬遭瘟疫之灾，医药之费甚多，致令败财甚多，入不敷出，抑亦命也。"[④]

民国十六年（1927年）农历大年初一，《退想斋日记》载："自除夕至今朝，通宵寂静，幸无噪闹之声"——昔日鞭炮齐鸣的景象此时不复得见。儿孙为刘大鹏拜年，膝下叩头人徒然少了三孙，刘大鹏"不禁心殊哀痛，眼中流泪"。初二日当互为拜年，刘家人均未出门。初三日只全忠、精忠二孙相偕出门拜年，惟因"珣、珽两儿病后未便出门"。[⑤]

年前的瘟疫对刘家和晋水流域都是一场灾难。家住北大寺的内弟郭赓武告诉刘大鹏，北大寺瘟疫流行两个多月，"染瘟疫而死者五六十人，现又有牛染疫者死数头"。[⑥]

---

① 刘大鹏:《退想斋日记》(手稿本)，民国十五年十一月二十七、二十八日（1926年12月1—2日），山西省图书馆藏，无页码。

② 刘大鹏:《退想斋日记》(手稿本)，民国十五年十月三十日（1926年12月4日），山西省图书馆藏，无页码。

③ 刘大鹏:《退想斋日记》(手稿本)，民国十五年十二月初六日（1927年1月9日），山西省图书馆藏，无页码。

④ 刘大鹏:《退想斋日记》(手稿本)，民国十五年十二月二十六日（1927年11月29日），山西省图书馆藏，无页码。

⑤ 刘大鹏:《退想斋日记》(手稿本)，民国十六年正月初一至初三日（1927年2月2—4日），山西省图书馆藏，无页码。

⑥ 刘大鹏:《退想斋日记》(手稿本)，民国十五年十二月初八日（1927年1月11日），山西省图书馆藏，无页码。

三、讨论

中国传统史书对灾害的记载代不乏书，灾害的种类也多种多样，但对灾害史的研究却长期缺位。直到 1938 年商务印书馆出版邓云特《中国救荒史》，现代意义上的中国灾害史研究才得以面世。"可惜这部开拓性的著作几乎成了绝响，此后再也没有人在这个领域里继续耕耘，自然也就谈不上有什么值得称道的收获。在此期间虽然也有一点有关自然灾害的年表、图表一类的资料书，但或失之于过分简略，或仅反映局部地区的情形，就总体上看，灾荒史研究领域虽不能说还是一块未被开垦的处女地，但说它是中国近代史研究中的一片空白或薄弱环节，大概不算过分。"[1]

1980 年代，以中国人民大学李文海先生为带头人的"近代中国灾荒研究"课题组正式成立，中国灾荒史研究首先在近代史领域发力。《中国近代灾荒纪年》（1990）、《灾荒与饥馑》（1991）、《近代中国灾荒纪年续编》（1993）、《中国近代十大灾荒》（1994）、《中国荒政全书》（2002、2004）等成规模的系统性灾害史研究和资料展现在世人面前，成为新时期研究灾害史的必读书目。将灾害史的研究引入中国近代史的研究中，打破了以往近代史研究只有骨架而缺乏血肉的固有模式，对中国社会史研究也起到了积极的推动作用。笔者拜读李文海先生《世纪之交的晚清社会》后，曾在一篇读后感中写道："文海先生虽不声言社会史，但视野所及、论域所涉却多为社会史，尤其是中国近代社会史长期被忽略却又非常重要的课题"，"文海老师是恢复发展中国社会史研究最早的、身体力行的开拓者之一"。[2]

世纪交替，薪火相继。夏明方等后辈继承李文海先生的学术传统，在灾害史研究领域深耕拓展，更加注重灾害史与方兴未艾的环境史等学科的交融互通，更加注重灾害史研究中人与自然的互动。在夏明方看来，"所谓自然灾害，顾名思义，即是自然力量的异常变化给人类社会带来危害的事件或过程。如果只有自然力量的变化（成灾体）而没有人类和人类社会（承灾体），也就无法形成一个完整的灾害过程"。[3]他批评中国灾害史研究中潜在的"非人文化倾向"，认为人与自然恰似泥捏的"冤家"，我中有你，你中有我，实在难解难分。"灾害人文学"呼之欲出。

---

① 李文海：《灾荒与饥馑：1840—1919》（前言），北京：高等教育出版社，1991 年。

② 行龙：《深入剖析上世纪之交的中国社会——李文海先生〈世纪之交的晚清社会〉读后》，《清史研究》1998 年第 4 期，第 102 页。

③ 夏明方：《中国灾害史研究的非人文化倾向》，《史学月刊》2004 年第 3 期，第 16 页。

笔者对倡导开展"灾害人文学"深表赞同。自然灾害有水、旱、洪、涝、风、霜、疫、地震等不同表象，灾害的承载体——人也有惊愕、害怕、恐惧、痛苦、死亡等不同的感受，"成灾体"和"承载体"互为表里，互为作用，二者构成一个完整的灾害链。没有灾害的灾害史不成其灾害史，没有人的灾害史同样是不完整的灾害史。问题是，日渐科学化的历史学往往聚焦于宏大事件和宏大主题，以此展现一般性的社会历史，而个体的生命体验和日常经历却往往没有引起足够重视。

同样，我们以往的灾害史研究过多地注重灾害本身的研究，而过少地关注到灾害过程中人的研究。灾害有多种多样，它给社会和个体带来的影响也程度不同，不同的社会群体对不同的灾害有不同的体认和应对，甚至对同样的灾害也有不同的体认和应对，如此等等，纷繁复杂。100年前，面对1918年的那场瘟疫，刘大鹏将其视为"上天干怒"，归咎于自己不德不孝，外国医生却认为是一场肺鼠疫的传染病，阎锡山采取各种社会动员手段防疫，在这里我们看到的不仅是国家和地方社会的应对措施，更可以看到刘大鹏从急忙请医服药，到不信任医生、詈骂庸医、儿媳死亡、悲伤哀恸、无棺可敛、停尸待葬、上天干怒等一系列交织复杂的心路历程。毒品问题是近代以来中国社会面临的最为严重的社会问题之一，它与近代中国110年的历史相始终，也给人们的日常生活带来极大危害。灾害不能只论其"灾"而不论其"害"，刘大鹏将毒品视为"祸患""大灾""大害""洪水猛兽"，这就是他的亲身体认，也是那个时代的现实。以人为主体，从个体、家庭出发的灾害史可以丰富我们对灾害及其全过程的认识，增强"同情之理解"的历史意识，也可以更加凸显以人为本的历史学本义。

人生要经历生老病死的过程，也会面临多少不等轻重缓急的各种灾害，每个不同的区域、不同的个体和家庭皆莫如此。在以灾为主体的灾害史研究中，水旱洪涝等灾害何以发生，灾情的严重程度如何，灾后的政府和民间以何种方式赈济，灾后造成的损失和社会影响怎样，等等，这些问题均以灾害为主体展开。当然，这样的研究是灾害史研究的重要一面。另一方面，我们也要重视以人为主体的灾害史，以人为主体，我们可以看到自国家到地方、自个体到家庭的各个层面上，灾害所引发的切身经历和感受。恐惧、痛苦、死亡、忧虑、消解、反省等等，这些面对灾害时的物质和精神生活的细节和面相在以人为主体的灾害史中可以得到丰富的呈现，这也是灾害史研究中不可忽略的重要一面。

将以灾为主体的灾害史与以人为主体的灾害史结合起来，将会进一步推动中国灾害史的研究。

亦喜亦忧：清代以来洞庭湖洲土的生长与治理

刘志刚 [①]

（湖南大学岳麓书院）

【摘要】清代以来，随着泥沙淤积的加剧，洞庭湖区兴起了大规模的湖田围垦。这一方面促进了社会经济的发展，让它成为名副其实的"鱼米之乡"，一方面也加重了洪涝灾害的损失。但值得注意的是，从水灾频次看，"越垦越涝"的说法是不准确的。鉴于湖田围垦的利弊与地方局势的变动，清代以来的政府在洲土治理上经历了鼓励垦荒——禁毁私垸——禁垦限筑——官垦招佃——蓄垦兼顾的变化过程，并且逐渐走上跨区域治理与科学治理的道路。它们都充分展现出传统中国在区域社会治理上强大的自我调适能力。

【关键词】洞庭湖；泥沙淤积；湖田围垦

"土能生万物，地可发千祥。"这是我老家堂屋土地神龛上的一副对联，寄托了祖祖辈辈对于土地神灵最朴素的祈盼，同时也说出了土地所拥有的神秘力量。《易经》说："地势坤，君子以厚德载物"，则赞颂了土地可以承载、包容万物的高贵品质。俗语也有言："一方水土养一方人"，更是清楚地指明了土地之于人类社会的意义。自古以来，农业是我们国家的经济基础，土地是获取生存资料的主要来源，正因如此，也造就了我们这个民族安土重迁的性格，而其背后则是人们对生养自己的那片土地浓浓的眷恋之情。

土地蕴含生机，寓意着希望。在上古的传说中有"息土"的故事，那是一块能任意生长、抵御滔天洪水的活土。这是一种多么强大而神秘的力量，虽是遥远的传说，是先民们渴望广阔生存空间的美好想象，却也是大自然漫长的沧桑演变中水土之间对立统一关系的展现。泛滥的洪水在冲毁农田、村镇之后，留下的往往是广袤

资助基金："20世纪洞庭湖区血吸虫病传播与防治的环境史研究"（17YBA425），"中央高校基本科研业务费"。

① 刘志刚，男，1981年生，湖南邵阳人，历史学博士，湖南大学岳麓书院副教授，主要研究明清灾荒史、洞庭湖区域史。

且肥沃的土地，原本的泽国渊薮反而日渐湮灭。这生长出来的土地不正是"息土"的真身么？上古时代洪水滔天的景象不可能再现，但大江大湖的沧桑演变则是我们可以观察与体会得到的。其中，洞庭湖就是一个很好的例证。

一

洞庭湖的生成与存在有其必然性：地处湘资沅澧四水下游，乃众水汇潴之地，又正处华容地轴断裂带，地势洼陷，直至今日仍有下沉之势。有学者指出，洞庭湖自先秦以来经历过一个由河网、沼泽带向湖泊演变的历史过程。[①]这自有一番道理，在此不必多论。在漫长的历史中，洞庭湖来水的含沙量是相当轻微的，不足以对其造成淤积性影响。也正因如此，曾经浩瀚的湖面触动了无数文人墨客的心弦，让他们写就不少气势磅礴的诗篇，唐代孟浩然的"八月湖水平，涵虚混太清。气蒸云梦泽，波撼岳阳城"，宋代范仲淹的"衔远山，吞长江，浩浩汤汤，横无际涯"，等等。民间也有"八百里洞庭"的说法。至清代中期，洞庭湖有 6000 万平方米，这是历史上可推测的最大面积，即便具体的时间仍有争论。[②]

然而，洞庭湖的淤积也由来已久。早在东汉已有围垸的记载，魏晋南北朝时初具规模，唐宋时期农业经济得到了长足发展，明代又兴筑了大量堤垸。此后，历明清之际的荒废，自清康熙中期始至上世纪 80 年代，经历了一个长达三个世纪的大规模的围垦期。清康熙五十五年（1716）、清雍正五年（1727），官府甚至两度出资兴修堤垸，修筑了一批堤防高大坚厚的官垸，此外还有大量登记在册的民垸，以及未得到政府许可的私垸。据不完全统计，迄至清同治年间，官垸、民垸与私垸多达 544处，其中修于明代的仅 88 处。清同治至宣统年间又新增 550 处，与前者合计为 1,094处。民国年间，最多时达 1,479 处。[③]

有大量史料记载了洞庭湖围垦的情形。清康熙年间，朝廷准许民众"各就滩荒筑围垦田"，数十年后就出现"凡湖边稍高之地，无不筑围成田，滨湖堤垸如鳞，弥望无际，已有与水争地之势"。[④]清宣统元年（1909），沅江绅士杨炳麟称："查

① 刘志刚：《近三十年来洞庭湖地区生态环境史研究述评》，《南京农业大学学报》（社会科学版）2012 年第 4 期。

② 卞鸿翔：《洞庭湖的变迁》，长沙：湖南科技出版社，1993 年，第 72—73 页。

③ 湖南省国土委员会办公室，湖南省经济研究中心编：《洞庭湖区整治开发综合考察研究专题报告》（内部资料），1985 年，第 393 页。

④ 徐民权等编：《洞庭湖近代变迁史话》，长沙：岳麓书社，2006 年，第 303—304 页。

松、江、公、石垸田、敞洲不下二百万，常、澧、岳、长所属垸田近六百万，总计八百万亩之田。"①民国初年，水利专家易荣膺也说："荆江南岸一隅，如松、江、公、石、常、澧、岳、长等处，保全垸田实不下八百余万亩。"②1949年冬，经普查湖区围垦面积仅湖南省内（包括四水尾闾）的就达593.5万亩。正因如此，民国年间有人称洞庭湖围垦"范围之广大，实中国各省湖田区域之冠"。③新中国成立后，为增加粮食生产与防治血吸虫病，洞庭湖又兴办了大量堵汊围湖的水利工程，湖面萎缩至2,700多万平方米，降为我国第二大淡水湖泊。

洞庭湖围垦如此大规模的兴起是以泥沙淤积为基本条件的。随着长江中上游地区经济开发的推进，入湖各水的含沙量大幅度提高，尤以长江荆江段（以下简称荆江）入湖泥沙为重。加之，明代中期以后，荆江北岸大堤成形，分流口穴全部湮塞，洞庭湖分流水量大增，入湖泥沙也随之增多，并在湖底大量沉积。迄至清咸同年间，荆江在松滋、藕池两处相继决口分流，合此前的虎渡、调弦，共有"四口"南流，分流半数以上的水量，洞庭湖在经历短暂扩大后，进入一个快速淤积的历史时期。在短短数十年间就淤积出了一个长达百里的靴形半岛。今天的南县基本上都是淤积出来的。正是在清代以来连续的大规模围垦中，洞庭湖才得以真正成为物产丰盈的鱼米之乡，也使湖南成为粮食输出的主要省份之一，甚至赢得了"湖南熟，天下足"的美誉。据一些学者对湖广各府常平仓谷数的统计显示，清代湘中、洞庭平原仓谷数乾隆年间分别处第二、第三位，嘉庆年间上升为第一、第二位，且增幅较省内其他区高出三十多万石，这表明该区域在此之前粮食生产获得了巨大的发展。④这是洞庭湖泥沙淤积所产生的正面效应，对地方社会经济的发展所发挥的积极作用。

随着湖田围垦面积的扩展，洞庭湖的水患也给人们以不断加重的印象。据《湖南省志》第三分册《洞庭湖区水利》的统计，洞庭湖区1525—1873年发生洪灾184次，平均1.9年一次，大洪灾18次，平均19.4年一次；1874—1958年40次，平均2.1年一次，大洪灾9次，平均9.4年一次。⑤这从长时段上勾勒出洞庭湖洪灾频次增多的趋势，也为学界有关这一区域"越垦越涝"的看法提供了依据，洪涝灾害的频发

---

① 曾继辉：《洞庭湖保安湖田志》，长沙：岳麓书社，2008年，第741—745页。

② 同上书，第772—773页。

③ 彭文和：《湖南湖田问题》，萧铮主编：《民国二十年代中国大陆土地问题资料》，台北：成文出版社，与（美）中文资料中心联合出版，1977年，第75册，第39336页。

④ 张国雄：《"湖广熟、天下足"的经济地理特征》，《湖北大学学报》（哲学社会科学版）1993年第4期。

⑤ 湖南省水利志编纂办公室编印：《湖南省志》（第三分册）"洞庭湖区水利"，1984年，第53页。

被直接归咎于湖田围垦。事实上，这一观点是不甚准确的。笔者依据《清实录》《中国三千年气象记录总集（三）（四）》增订本、《湖南自然灾害年表》《近代中国灾荒纪年》《近代中国灾荒纪年续编》等资料，对清代至民国（1644—1943）临澧（安福）、澧县（澧州）、常德（武陵）、安乡、南县（南洲厅）、沅江、汉寿（龙阳）、益阳、宁乡、长沙（含长沙、善化）、湘阴、华容、岳阳（巴陵）、临湘等县的水灾情况以十年为时间单位进行了统计，并制图如下：

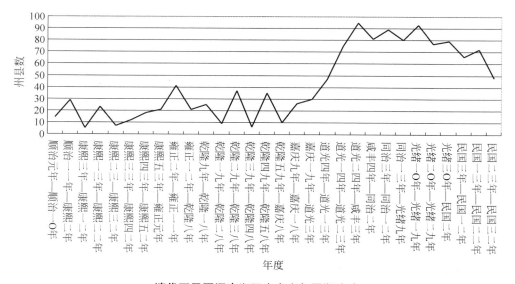

清代至民国洞庭湖区水灾十年周期波动

　　由图可知，清代至民国洞庭湖区水灾大致以道光初年为界，呈现出明显的前少后多的特征。前半段以清雍正二年（1724）至雍正十一年（1733）为最高，这十年间仅 40 余州县受灾，平均每年 4 州县，当属正常阈值范围之内。也就是说，清康熙至乾隆年间的围垦潮正处于水患相对较少的历史时期，且未见造成这百年间水灾的增加，未有扰乱其以十年为周期的波动。但是，自清道光中期至民国年间，最高的值则超过了 90 州县，可谓年年大灾，与前百余年形成鲜明对照。对此，时人有深刻感受："乾嘉时沿湖间庆丰稔……故沈没虽甚于前，怀襄未及于今。咸丰十年藕池镇决口……水既增加，湖身淤浅。"[1]郭嵩焘有言："自道光以来，水患日剧，夏潦盛水，高于堤数尺，堤啮，城亦就圮。"[2]民国《益阳县志稿》载有："虽然围垸，

---

[1]　参见尹玲玲：《明清两湖平原的环境变迁与社会应对》，上海人民出版社，2008 年，第 51 页。

[2]　郭嵩焘：《湘阴县图志》，光绪六年刻本，卷 1，第 7 页。

乾嘉前无患。"① 清光绪年间马征麟亦称：洞庭湖"国朝自道光之末，漂溺殆无虚岁"。② 而且，即便在清道光初年至民国年间，洞庭湖区的水患也以清光绪中期为界有前升后降的轨迹，清末始于南洲的围垦恰好兴起于水患渐轻的后半段，并在民国年间走向高潮。民国时彭文和也说清末民初洞庭湖"水患不深""所投资亦不致发生何种危险"是围垦湖田的重要缘由之一。③ 可见，从频率上看，洞庭湖围垦与洪涝灾害的发生并没有必然的因果关系。

当然，必须肯定的是，由于清前中期以来大量堤垸的兴修，这一区域的湖田低地成为人口密集区、经济发展区，洪涝灾害所造成的人口伤亡与经济损失的程度确在不断加重。从这个角度看，说湖区围垦造成了洪涝灾害加剧则无疑是正确的。时至乾隆中期，人们就看到了这一区域官垸与民垸、民垸与民垸、堤垸与城镇之间防洪矛盾日益突出。其时，澧州知州何璘所言："彼时（明朝，引者注）诸处未有官垸，湖民间自筑堤防御，而势不甚高大，下流易于宣泄，众派奔趋，得借水刷沙，河道仍自深通……国朝康熙时增筑九官垸，雍正时又筑大围垸，而为官垸者十。官垸势既高大，民垸亦不得不增，下流日壅，水不得畅其所归，则上流益易泛滥，沙泥淤滞，河身几与岸平，遂频成田庐城市之害。"④ 至清道光年间之后，洞庭湖的水灾灾情可谓相当严重，惨烈程度触目惊心。清道光十一年（1831）沿湖一带大水，有诗云："老蛟怒卷波滂渤，千家万家同日没。江流汹汹向海门，生者逃亡死白骨。湖南五月雨续续，禾头生耳鱼上屋。桑田到处成沧海，途穷日暮吞声哭。"清同治八年（1869），长沙"城中水深数尺，墙屋倾塌无算"，"水灾与道光己酉年无异"；汉寿"南门水深近丈，城颓十余丈"；益阳"湖乡堤垸尽溃"。⑤ 此类史料不胜枚举。因而，湖区有大量关于水患的民谣，比如："三年渍两载，十年九不收"，"四年淹了三年谷，三年淹了一年屋，年年面对洪水哭"，等等。⑥

在清道光中后期频繁且严重的水患打击下，洞庭湖区一度出现经济萧条的景

① 黄子奇：《益阳水系变化及水患史考》，《益阳文史》第 19 册，第 80—91 页。

② 马征麟：《长江图说》，见葛士濬辑：《皇朝经世文续编》，卷 113，工政 10，香港：文海出版社，1972 年。

③ 彭文和：《湖南湖田问题》，萧铮主编：《民国二十年代中国大陆土地问题资料》，台北：成文出版社，与（美）中文资料中心联合出版，1977 年，第 75 册，第 39368 页。

④ 何玉棻修：《同治直隶澧州志》，长沙：岳麓书社，2010 年，第 596 页。

⑤ 张德二主编：《中国三千年气象记录总集》（增订本），南京：江苏教育出版社，2013 年，第 3420—3421 页。

⑥ 徐民权等编：《洞庭湖近代变迁史话》，长沙：岳麓书社，2006 年，第 30 页，第 258—259 页。

象，粮食主要输出区的地位变得岌岌可危。有学者对清前中期这一区域水患与经济兴衰之间的关系有详细的讨论，认为清道光年间，在水灾沉重打击下，洞庭湖区的社会经济有走向衰败的趋势。①清咸同之际荆江松滋、藕池相继决口，洞庭湖洪涝灾害也发展到了极点。然而，物极必反，大量泥沙随水而至，在短短十数年间又淤积出广袤且肥沃的洲土，洞庭湖再次掀起湖田围垦的高潮，为粮食生产注入了新的力量，但随之而来的却是更严重的衰败。据记载，清光绪三十年（1904）岳州海关粮食出口数为 257,673 石，民国二年（1913）达到顶峰，出口数增长到 849,968 石，自此之后一路下跌，至民国二十三年（1934）已降为 4,193 石。三十年间还有民国七年（1918）、八年（1919）、十二年（1923）、十四年（1925）、十五年（1926）、十八年（1929）、二十年（1931）因灾禁运无粮出口。②也就是说，洞庭湖区粮食外销市场经历过一个兴盛到衰落，再兴盛再衰落的历史过程。

以上可见，以洲土生长为基础的洞庭湖围垦可谓喜忧参半、祸福并行，这也让清代以来政府的治理举措显得左右为难、摇摆不定。

二

清代以来，政府对洞庭湖的生态治理总体上看是以如何防治水患为中心而展开的。在清康熙朝至乾隆初年，基于恢复社会经济的考虑，政府力行鼓励垦荒的政策，积极安插外地流民，不仅重修了明朝留下来的老垸，还围垦了不少新垸。甚至，清廷在康雍年间两度拨帑兴修了一批正大光明的"官垸"。地方政府也推动堤垸修防制度的改革，一定程度上解决了堤垸修防在时间安排、资金来源、人力动员等方面长期存在的问题。

清康熙二十七年（1688），武陵县知县劳启铣就花猫堤"屡年修筑无效""堤长歇家里猾中饱"之弊，采取了"石粮出夫价三分，卫粮照民粮减半"，"公同雇募支发买备牛具"，以及"招募城市附近之人"按日运土量计钱等办法，基本达到"夫可不招而自至，不督而自勤，情既乐输，复减于旧例，工可加倍，更绝夫侵渔"之效。③清康熙四十九年（1710），偏沅巡抚赵申乔饬令行堤总长制，即"按田出夫""照夫派土"，并"特委专员不时亲诣围堤，督率堤总堤长周围查阅，如有低薄

---

① 郑自军：《清代前期人口、垸田、水灾与洞庭湖区经济地位的衰变》，《湘潭师范学院学报》（社会科学版）2011 年第 4 期。

② 岳阳县粮食志编纂组编印：《岳阳县粮食志》，1990 年，第 223—229 页。

③ 应先烈修：《嘉庆常德府志》，长沙：岳麓书社，2008 年，第 153—154 页。

立即加帮高厚，或遇水发严饬催督人夫昼夜巡逻看守"，为其重建提供了制度保障，却又滋长了派土不均之弊。①

　　清雍正六年（1728），武陵县丞王原洙将岁修法改为"照田分堤修筑"，试行三年效绩显著，经岳常道批准后在湖区推广。②清雍正十一年（1733），王氏进一步完善堤总长制，即"每一堤总长所管之田亩可分作甲乙丙丁戊己庚辛壬癸十号。如今年是癸丑年，即是编在癸字号之花户，田多者承充堤总，田少者承充堤长，至次年九月方交甲子号之花户更替，绅衿吏役许以子弟或家人佃户代充"。③清乾隆六年（1741），又鉴于武陵等县的旧规，堤工"于九月兴工，次年二月告竣"，有"二月内告竣，为期过宽"与"九月内兴修，亦为期太早"等弊，呈请更为"十月初一日兴工，即于本年十二月初十日告竣"，以应对湖区堤工散漫拖延的问题。④清乾隆十二年（1747），湖南巡抚杨锡绂进一步明确湖区堤垸修防制，令"各堤当水冲处……应自本年秋冬为始，凡属险工，每岁加厚三尺、高二尺，以三年为止"。⑤

　　同时，政府积极革除堤垸修防陋规，加大对地方官吏营私舞弊打击的力度。清康熙四十九年（1710），偏沅巡抚赵申乔重修大围堤时曾指出："计田照数分给，务期酌量均平，毋许刁强豪棍分争抗阻。"⑥清乾隆十二年（1747），湖南巡抚杨锡绂奏："沿湖荒地未经圈筑者，即行严禁不许再行垦筑，以致有妨水道，如有豪棍侵占私垦等弊，照例治罪。"⑦就沅江万子湖盗垦案，清廷严厉打击了地方豪强。乾隆初年，湖南巡抚蒋溥将"万子湖修筑堤垸"的"流棍"张年丰等"饬递回籍"。此后，湖南巡抚开泰又奏请将重围万子湖的"流棍"周邦彦等"枷号重责"，胁从分别"杖惩安插"，籍隶别省者"移解回籍，严加约束，毋令出境"。⑧

　　对不事堤工的外乡田主也大加惩处，对贪渎奸猾的堤总堤长则进行清除，对胥吏需索之敝也要求革除。清乾隆二十年（1755），湖南巡抚陈宏谋曾饬令滨湖州县："嗣后凡有别邑田主不修堤工，抗关不到者，堤总将代修堤费呈明，本县追彼邑，勿得滋累"，"嗣后务选公直之人充当堤总长，按田派堤一秉至公，不得多派少修，包

①　应先烈修：《嘉庆常德府志》，长沙：岳麓书社，2008年，第665页。

②　同上书，第154—155页。

③　同上书，第156页。

④　同上。

⑤　《清高宗实录》，卷289，乾隆十二年四月乙亥，北京：中华书局，1986年。

⑥　应先烈修：《嘉庆常德府志》，长沙：岳麓书社，2008年，第665页。

⑦　李瀚章修：《光绪湖南通志》，长沙：岳麓书社，2009年，第1200—1203页。

⑧　《清高宗实录》，卷353，乾隆十四年十一月甲戌，北京：中华书局，1986年。

夫包工，有名无实"，以及"轿钱、饭食……月规、供应……下程、抽丰"等，管堤各官务必"严切查禁"。[①]以上这些举措，对于堤垸经济恢复与发展无疑是有意义的。我们不妨称之为以修护堤垸为手段的洞庭湖治理。

时至清乾隆初期，由于社会秩序的稳定，人口获得了飞速的增长，可垦荒地基本上开垦完毕，从全国范围来讲垦荒政策已难以为继。就洞庭湖区而言，大量堤垸的兴修，改变了河湖原有的水系，是河湖淤塞一个不可忽视的缘由，因而一些地方官开始呼吁禁垦。清乾隆八年（1743），给事中胡定奏请"湖南濒湖荒土劝民修筑开垦"，遭湖南巡抚蒋溥反驳："湖地壅筑已多，当防湖患，不可有意劝垦。"[②]可以说，这基本上终结了清廷在洞庭湖区的劝垦政策。清乾隆十一年（1746），湖南巡抚杨锡绂以"湖南濒临洞庭，各属多就湖之滨筑堤垦田与水争地……上溢下漫，无不受累"为由，正式奏请"凡地关蓄水及出水者，令地方官亲自勘明，但有碍水利即不许报垦"。[③]而后，清廷决定："嗣后各属滨湖荒地，长禁筑堤垦田……除现在已圈堤垸外，其余沿湖荒田未经圈筑者即行严禁，不许再行筑垦致妨水道。"[④]清乾隆十六年（1751），署湖南巡抚范时绶鉴于湖区私垸有碍水道，请求"劝谕毁垸，并严禁添筑"。[⑤]清乾隆十九年（1754），湖南巡抚胡宝瑔称湖田过度围垦，使"湖身日狭，储水渐少，有倒流横溢之患"。[⑥]至此，洞庭湖禁垦湖田可谓呼之欲出。

清乾隆二十八年（1763），湖广总督兼任湖南巡抚的陈宏谋疏言："滨湖居民多筑围垦田，与水争地……恐湖面愈狭，漫决为患，请多掘水口，使私围尽成废壤。"对此，乾隆帝给予高度评价，称其"不为妁妪小惠，殊得封疆之体"，并敕令继任湖南巡抚乔光烈施行。[⑦]由此开启了洞庭湖以禁毁堤垸防治水患的治理时代。为此，乔光烈对洞庭湖堤垸做了一次全面的清查："洞庭滨湖……私围七十七处……不碍水道者七处，准其存留，余俱面谕各业户利害，俾刨开宽口，听水冲刷"，且已责令"水利县丞、州判等不时巡查，每年该管州县巡查四次，府二次，道一次，巡抚间年一次"，并制定惩处条例，"如奸民再行私筑，严加治罪；各官失察纵客，分别查参；

---

①　李瀚章修：《光绪湖南通志》，长沙：岳麓书社，2009 年，第 1200—1203 页。

②　同上书，第 2173 页。

③　同上书，第 1200—1203 页。

④　《清高宗实录》，卷 289，乾隆十二年四月乙亥。

⑤　李瀚章修：《光绪湖南通志》，长沙：岳麓书社，2009 年，第 2174 页。

⑥　《清高宗实录》，卷 459，乾隆十九年三月己卯。

⑦　李瀚章修：《光绪湖南通志》，长沙：岳麓书社，2009 年，第 2174 页。

上司失察，交部议处"。① 在此次堤垸清查中，有地方官绅不遵旨令而被严肃惩处。湘阴监生马志正就因"私围抗毁"被斥革功名，且连带驻临资口专司水利的县丞被免职。② 较之此前的政策，可谓发生了一个大翻转，一变而为以毁垸为手段的洞庭湖治理。这对于维护湖区水系的通畅，缓解日渐沉重的水患是有一定积极作用的，但却有悖于这一区域广大绅民的生产与生活的需求，同时也与洞庭湖泥沙动态性淤积的事实相矛盾。

正因如此，这一禁毁私垸的政策不可能得到长期的执行，湖区私垦湖田之风并未真正停歇。清嘉庆七年（1802），湖南巡抚马慧裕勘查滨湖九州县，"续报私围埂九十四处"，却仅仅刨毁"湘阴县锡江山私埂二道、华容县马家私垸一处"，就其理由看，是以未刨堤垸"堤身仅高一二尺及六七尺不等，每逢江湖灌涨，水高一二丈，此等数尺之堤早已漫溢过顶，实不能与湖水争势……围内业民……每年广种薄收，全赖捕鱼刈草之利以完赋课"，也就是考虑到地方社会经济需要、洪水泛滥的季节性，以及流动性泥沙淤积等因素，认为"所应以见在堤埂长高丈尺为限，示之准则，永禁私筑，遇水涨冲溃亦不准其修筑"。③ 就这样，将严厉的禁毁私垸政策改为相对温和的禁垦限筑政策，开始显现出蓄洪与垦殖两相兼顾的生态治理的思想。清道光五年（1825），清廷曾试图重新执行乾隆中期开始的禁垦政策，有御史奏请"禁濒湖圈筑私垸"，奉批"除旧准存留围垸外，如有新筑围田阻碍水道之处……令其拆毁"。④ 清道光八年（1828），为限制私垦湖田，清廷做出私垸"分别存毁，并永禁升科"，但"如偶遇偏灾，毋庸蠲缓"的决议，欲以此限制私垦。⑤ 后为防止地方官吏"私征侵隐"，清廷又下令"查照道光八年以前成案应完钱漕，一律查办蠲缓以纾民力"。⑥ 后鉴于形势，不得不重申"免毁者严禁加修，已毁者不准复筑"。⑦

这一禁筑限修政策为民众垦种新淤洲土打开了一扇窗，但也大大制约了洞庭湖区堤垸兴修的力度，造成了堤垸防洪能力的低下，成为道光中后期洞庭湖洪水泛滥一个不可忽视的缘由，并最终在清咸同年间酿成了松滋、藕池决口的大事件。从洞庭湖的角度看，可以说这是其垸堤建设长期弱化的结果，薄弱的防洪能力使洞庭湖

---

① 《清高宗实录》，卷699，乾隆二十八年十一月壬午。

② 湖南省湘阴县志编纂委员会：《湘阴县志》，北京：生活·读书·新知三联书店，1995年，第19页。

③ 李瀚章：《光绪湖南通志》，长沙：岳麓书社，2009年，第1200—1203页。

④ 《清宣宗实录》，卷83，道光五年六月丁卯。

⑤ 《清宣宗实录》，卷134，道光八年三月癸卯。

⑥ 《清宣宗实录》，卷250，道光十四年三月乙未。

⑦ 《清宣宗实录》，卷250，道光十五年五月己卯。

沦为长江全流域释放长期累积起来的生态压力的一个最佳区域。这也表明以禁垦限筑为手段的洞庭湖治理政策是相当消极的。

清道光中期以来，洞庭湖频发的洪涝灾害，尤其是咸同年间松滋、藕池相继决口，对堤垸经济造成了灭顶之灾，大量老垸重新沉入湖底，出现了渔农两业的逆向转化。是时，魏源首次提出了系统性治理的观点，称：长江上游地区峻岭老林皆已垦辟，"浮沙壅泥，败叶陈根……随大雨倾泻而下"，造成江湖不断淤塞，而近水居民又借机"圩之田之"，以致往日"受水之区十去其七八"，长江下游"向为寻阳九派者，今亦长堤亘数百里"，这样下游愈益狭窄，而上游泥沙流失却愈发严重，因而质问"夏涨安得不怒，堤垸安得不破"，进而指出治水当"不问其为官为私，而但问其垸之碍水不碍水"，同时呼吁加强水利监管，"除其夺水夺利之人"。①这可谓全面分析了包括洞庭湖在内的湖广水利问题的成因，其视野已不再局限于某个狭小区域，而是涉及整个长江流域的植被、泥沙淤积、湖田围垦，以及堤垸矛盾等各个方面，与近代治水理论除缺乏相对精确的测量数据外已相当接近。在此期间，政府对洞庭湖的治理基本上承袭了清嘉庆年间的限筑禁垦政策。

直至清光绪初年，这一区域重新淤积出大片洲土，各地民众接踵而至，再次掀起湖田围垦的高潮。为了加强对新垦洲土的管控，防止地方变乱的发生，清政府不得不大力介入湖田围垦事务，将新淤洲土一概"没为官荒"，严惩各地私垦豪民，并委派地方官吏实行官垦招佃的政策。清光绪八年（1882），湖南巡抚卞宝第果断采取措施，令当地官员将"私垦"洲土的四川籍武举王乐山逮捕入狱，对其作出的判决是"永远监禁，听其自毙"。②同年，湖南布政使、按察使任命试用知县洪锡绥负责办理南洲善后有关事务，并告谕各方"王乐山霸占洲地，毋论已垦未垦者，概行查明入官，由官另行招佃"，又要求有关官员查明该洲"垦户姓名，仿州县鱼鳞册式，一律造具花户清册"，且必须明确标注出"或系垦户，或典户，或佃户"，以及各户"垦田亩若干"，还告诫地方绅民，曰"此洲本属官地，一切应由官经理，不能听任豪强恃众争占"。③清光绪九年（1883），华容绅士危金钿等人指称南洲为赤沙洲，妄图占为己有，遭到湖南布政使严厉的叱责，并被革去功名身份，"拿案治罪"。④后补用同知文炜又劝告地方绅衿曰："务以危金钿为前车之鉴，纵不深谙法律，亦宜自惜身家。试问百姓强梁，何能与官抗拒？既经归官招佃，如再私砍芦柳，便属蔑法抗

---

① 魏源：《湖广水利论》，盛康辑：《皇朝经世文续编》，卷117，工政14，北京：学苑出版社，2010年。
② 徐民权等：《洞庭湖近代变迁史话》，长沙：岳麓书社，2006年，第307—308页。
③ 曾继辉：《洞庭湖保安湖田志》，长沙：岳麓书社，2008年，第11页。
④ 同上书，第29—30页。

违，不难立予究办。"①

清政府明确的表态并非是恫吓绅民，对私垦湖田者确实是这样处理的。清光绪十年（1884），"匪徒"彭晓成等人霸占南洲附近的洲地青鱼嘴，地方官就依据"强占官山、湖泊、芦荡，罪应拟以满流"的条例，迅速将其"饬拿究惩在案"。②杨姓族人也将该洲"冒为己业"，不仅不呈报"匪徒"私占洲土的情况，而且有"拦河私抽，收取柴费"的违法行为，湖南布政使、按察使对此严令"将杨姓拏案惩办，以儆刁顽"，巡抚也批示称"杨姓……大干法纪，应即拏办"。与此同时，新淶洲这处"官荒"也为杨姓所占，后支持王乐山的胡丹廷欲按股分派，并为其"留存私业"。对此行径，湖南布政使谕示："将杨姓及胡丹廷等，一并拏案惩办，以儆刁顽"。③而后，湖南巡抚、布政使又发布命令，再次告谕地方绅民不得私垦"官荒"，违者严惩不贷，杨姓族人方才"稍知敛迹"。④并指示常德知府对心有不服的杨正渭必须"严切根究"，且要将其幕后鼓动、策划的人"一并拏案究惩"。⑤而且，湖区佃户所获得的洲土，也不能私自买卖交易，否则"照章将田价追缴入官，并将原佃及买主一并严办"。⑥可知，其时清政府官垦湖田的政策是相当严厉的，地方绅民对新淶洲土即便是经营流转的权利也被没收。对此，晚清大儒王闿运有一则日记就讲到当时地方官员是如何强力推行官垦政策的，记曰：清光绪九年（1883）四月一日乘船入湖，遇风停驻洞庭湖南洲，有熊姓官员来访，称"奉委擒南洲王，因留招垦，夺民田入官，岁收二千千之税，前垦荒者皆破家"，后洪秋帆（引者按：试用知县洪锡绥）亦来留用晚餐，席间"皆自道其能，无他语也"。⑦其自夸的"能"无疑是如何整肃南洲垦荒的经历。

在对南洲实行"官垦"之后，洞庭湖新淶出的洲土，清政府都坚持"没为官荒"的政策，且在推行过程中显得更为强势。清光绪二十二年（1896），湖南巡抚有谕示曰："凡沅江淶土，曾经封禁有案，概属官荒……（引者按：不准）私行围垦。如蹈前辙，除由局涂销契券，分别追价入官，提田另佃外，仍各从严治罪"，而且明确要求地方官员将在南洲招垦中出现的"原业承垦，坐庄领照，蒙捐公举等项陋习"，

---

① 曾继辉：《洞庭湖保安湖田志》，长沙：岳麓书社，2008年，第30—31页。

② 同上书，第65页。

③ 同上书，第59—60页。

④ 文炜：《查办南洲善后事宜》，光绪刻本，湖南省图书馆藏，第47页。

⑤ 同上书，第50页。

⑥ 曾继辉：《洞庭湖保安湖田志》，长沙：岳麓书社，2008年，第48页。

⑦ 王闿运：《湘绮楼日记》，长沙：岳麓书社，1997年，第1200页。

"一律严革净尽"。①清光绪二十三年（1897），沅江垦务局与沅江县府一同发布通告，称："有私自垦种及砍伐芦柳者……即照强占官民山场、湖泊、芦荡律从重治罪；若敢擅卖擅买，照盗卖官田治罪外，仍将契价追缴入官。"②是年，沅江县府按照省府的命令"褫革"了私自售卖草尾嘴洲土的王伟人、傅燮枢、窦安敦、刘文蔚等绅衿的功名身份，对"平日包揽词讼"的附生邓卫中、增生邓金砺进行"看管"。③而且，湖南省筹备总局也重申清廷的律例："强占官民山场、湖泊、芦荡者，不计亩数，杖一百、流三千里。"④清光绪二十四年（1898），湖南省专门设立筹备总局垦务委员，并明确做出洞庭湖"现在未经给照新旧淤洲，无论荒熟，及以后续淤洲地，概归筹备总局缴庄、领照、承管"的规定。⑤是年，沅江垦务局又依据户部的《渔场则例》，称绅民不得"借水占地，私相售卖"，否则"按律严惩"。⑥对一些借助基督教教士的保护，尽可能多占洲土的绅民，清政府也是予以严厉打压的。如沅江豪绅王登俊曾声称："你们官长有上宪作主，我们神甫有主教作主"，甚至说："沅邑小官，何配问案？我堂神甫已带俊分路上控"。⑦地方政府并不惧其威胁，不仅革去了他武生的资格，"枷号斥革，交族领管"，且向驻汉领事转谕各教士发出照会，要求"嗣后勿再接买淤洲地土，已买者将契退出，由地方官追价给还"，后又明确表示"不必问其孰教孰民，果其事理持平，即外国教士干预，亦不必稍为迁就"。⑧由此可知，光绪年间清政府在洞庭湖区对待地方绅民采取的是不论外籍、土著，还是挟洋人之势的，凡私自垦卖湖田者都一律严厉打击，至少从态度与立场上对他们未见有丝毫差别。可以说，这一时期的政府在洞庭湖区的权威是相当严酷的，呈现出无可阻挡的扩展蔓延趋势。

而且，清政府在行政、军事上也对这一区域广大的淤洲展开了全方位的治理。清光绪十年（1884），南洲垦务局率先设立，滨湖各州县接踵效仿，以此来管理淤洲的垦务工作。⑨清光绪十五年（1889），有鉴于南洲这一地区"蚁聚蜂屯，五方杂处"，

---

① 曾继辉：《洞庭湖保安湖田志》，长沙：岳麓书社，2008年，第107—110页。
② 同上书，第111—112页。
③ 同上书，第113—117页。
④ 同上书，第112—113页。
⑤ 同上书，第84—89页。
⑥ 同上书，第119—120页。
⑦ 同上书，第263—265页。
⑧ 同上书，第250—251页，第124—125页，第266—269页。
⑨ 徐民权等：《洞庭湖近代变迁史话》，长沙：岳麓书社，2006年，第334—336页。

湖南巡抚王文韶特向朝廷奏请"添设水师一营，常川驻扎巡防"。[①]清光绪十八年（1892），湖南巡抚张煦又奏议设立南洲直隶厅，指出该处地域极为广大，事务非常杂芜，"非划疆定界，设官专理不可"，并提出了边界范围"安乡县自三汉河东岸起，下抵涂家新港、玛石瑙小河至白板河止，划为南洲西界；华容从三汉河对岸易家嘴、九都，历屡丰、泰来、中和、陈复等垸，划为南洲北界；又由团山自东而西而北，花艳窖大河西岸之寄山、明山迤北官洲、罗纹窖，又东垸、大斗圻洲田、芦地全行划出，为南洲东界；武陵县自窖儿口、河心口，历白板口，循大溶湖、北夹子至冷饭洲，龙阳县由冷饭洲庙南起，历新官河、上下倒浃、东旺等湖至团坪厂，一并划为南洲南界。"[②]清光绪二十一年（1895），在湖南巡抚吴大澂的大力推动下，南洲直隶厅在乌嘴正式成立，其所辖的洲土共计有：民田十三万三十亩七分三厘，官田八万九千二百五十亩四分八厘二毫一忽，和芦田六万三千三百七十四弓九分六厘一毫七丝三忽。清光绪二十三年（1897），因乌嘴地方狭窄，不利于长远发展，南洲厅治迁往九都，随即大兴土木，创修衙门、学署、兵营、监狱。同时，在乌嘴也设有专汛，驻扎千总，成为镇守该处的重要之地。[③]就这样，清政府基本重建了洞庭湖新淤洲土的地方秩序，有效地抑制了滥垦私围的行为，可以说这既是社会治理，也是生态治理。

清光绪后期，湖南巡抚赵尔巽为了应对危局开办"经武、兴学、开荒、备荒、蚕桑、水利"等各项新式事业，但样样都"需款孔殷"，故而"自非广开利源不足以有济……本省当务之需者"，如何解决这一财源问题，则"莫善于开辟官荒矣"。[④]因而，对洞庭湖这一财库的治理更为重视。先是广开言路，鼓励湖区官绅进言治湖之策。期间，沅江保安垸首曾继辉提出共建沅江廖堡地区及周边堤垸的河道系统，认为可以在南洲厅的同心垸、青鱼垸等处修建一所"公剅"，再于每垸内"横贯一港"，开剅放水时，自同心而青鱼，而同春，而官垸，而人和、恒丰，而西成、保安、普丰等垸可"上流下接"，最后在"围田尽处"也修一所"公剅"，作为各垸出水口，这样引水灌溉，则可保水流"源源不绝，永无旱魃之灾"。[⑤]在曾氏的刺激下，沅江垦务局委员乔联昌对于改善垸堤水利系统作了更为周详的思考，即各垸在四堤中间，

---

① 徐民权等：《洞庭湖近代变迁史话》，长沙：岳麓书社，2006年，第307—308页。

② 曾继辉：《洞庭湖保安湖田志》，长沙：岳麓书社，2008年，第74—77页。

③ 湖南省志编纂委员会：《湖南省志》，第一卷"湖南近百年大事纪述"，长沙：湖南人民出版社，1959年，第129—131页。

④ 曾继辉：《洞庭湖保安湖田志》，长沙：岳麓书社，2008年，第334—336页。

⑤ 同上书，第132—133页。

东西南北四个方向酌情开掘两三条"直港"，而贯穿田间的"子港"则要有多条，且须相互沟通，"俾无隔绝"，这样可"利济斯溥"，一来便利运输，"不临河头者"可借内港"十数人绕堤所运者，一小船足以直达之"；一来有源头活水，"浣饮皆宜"，再者可为垸民草房防火烛，"有港以环绕田间，则取水甚易，不致坐视焚如"。①这将堤垸内的水利视为集交通运输、改善生活与公共安全的系统工程，从治水理论上看有鲜明的进步意义。清宣统年间，湖南巡抚岑春蓂提请湖南咨议局讨论"疏湖案""洞庭淤洲水道案"，分别主张让地与水、疏浚湖淤、筹措工款与疏通湖港、清理旧垸、限筑新垸。②湖南咨议局就此开展了深入的讨论，最后综合各方意见形成了《湖工审查报告书》，提出"疏江""塞口""浚湖"三策，并特派代表赴湖北咨议局协商，希图两省共同应对荆江与洞庭湖日益严峻的水患，却因双方就疏江、浚湖何者为先相持不下及当时武昌起义的爆发而破局。③不过，这毕竟已经迈出了跨省域治理的步伐，在洞庭湖治理史上具有重大的意义。

进入民国后，洞庭湖成为地方豪强鱼肉的对象，各种政治势力为攫取淤洲利益，以整理湖田洲土之名，大肆发放各类"证照"，据有关统计不下十数种之多。④民国元年（1912），岳州议会《为堵塞河道呈湘督禀》就指出：今濒湖一带"不肖官吏与不肖人民合二为一"。⑤所造成的恶果便是"某甲执政，就废旧照，发新照；某乙执政，又废旧更新。同一处洲土，执照多张，地名各异，引起纠纷，诉讼不已"。⑥这是区域社会治理混乱的表现，也是一场持续数十年的生态灾难。直至民国十六年（1927），湖南省建设厅以湖照纠纷太多，"令将垸外湖照一律撤销"，基本结束了这段混乱的甲管发甲照，乙管发乙照的垦田历史。⑦

民国十九年（1931），长江流域发生严重水灾，洞庭湖也损失惨重。是年十一月，内政、实业、交通三部联合举办"废田还湖及导淮入海会议"，召集沿江五省代表及部分水利专家参加，形成了"以后河湖洲滩地，非经水利主管机关之研究证明，其确不妨害水流及停蓄者，不得围垦"的决议。随后，湖南省政府据此颁发了《严

---

① 曾继辉：《洞庭湖保安湖田志》，长沙：岳麓书社，2008 年，第 15 页。

② 同上书，第 726—744 页。

③ 同上书，第 745 页。

④ 徐民权等：《洞庭湖近代变迁史话》，长沙：岳麓书社，2006 年，第 284—285 页。

⑤ 同上书，第 334—336 页。

⑥ 高成周：《民国时期沅江县的田赋》，《沅江文史资料》（第五辑），本资料委员会编印，1988 年，第 33—38 页。

⑦ 徐民权等：《洞庭湖近代变迁史话》，长沙：岳麓书社，2006 年，第 285 页。

禁盗修淤洲堤垸》的命令。民国二十三年（1935），长江流域再次爆发特大洪水。国民党政府在此次水灾后颁布命令："禁止围垦新垸，凡违令挽修者即为盗修，除处以妨害水利之罪外，并刨毁其堤垸。"①民国二十四年（1935），为有效管控湖区堤垸的修筑事宜，湖南省政府公布《滨湖各县各垸堤务局整理规则》，规定"各垸设置堤务局，主任一人、副主任一人，主任总理全垸一切事宜，副主任协助主任办理一切事宜。堤务局设会计一人，专司收支掌管银钱事项"，而《滨湖各县堤垸修防章程》则要求堤务局主任、副主任经"业户大会加倍选出"后，必须"报由县长圈定"，从法理上确立了地方政府的权威；又规定选举投票按"有田一百亩的为一权"，主任、副主任须是"本垸有田一百亩以上"者才有资格充任。②民国二十六年（1938），湖南省水利委员会根据行政院的有关要求，划定了洞庭湖湖界，对洞庭湖的围垦开发划出了一条底线，并明确指出"堤外滩地均属国有。越界私垦，应永悬为属禁"，"根据勘查结果，当即订立永久界标，及修筑干堤，以制止无限制之围垦"。③然而，这些努力依然阻止不了贪官、豪民侵占洲土、阻塞水道的行为，且政府权力反变为他们谋取私利的工具，因而时人有言："在洲土大王的世界里，没有权力政府，有时政府（县政府、警察局、乡公所之内）成了洲土大王的附庸，政府的武力为洲土大王当而去打先锋。"④

但是，民国时期科学治湖则多有探索，并取得了一些成果。民国初年，熊希龄就认为洞庭湖治理必须采用近代西方的水利技术，认为传统治湖方案中"所谓理想者，特一己之杜撰耳；所谓经验者，特一隅之见闻耳；所谓测量者，特一片一段之广狭之深浅耳，均与全局无涉也"，进而指出要从根本上治理洞庭水患，须从四个方面做好准备："一曰，遵照全国水利局新章，设立测绘职员养成所以预储测绘人才；二曰，雇聘欧美高级技师以从事测量；三曰，分段设立水标，以量各道水率；四曰，详绘全图以资筹画。"⑤这为洞庭湖的科学治理指明了方向。上世纪30年代，由于长江流域接连爆发大规模的水灾，这一区域损失惨重，国民政府加大科学治湖的力度，采用西方先进的水利技术，对水文、泥沙、堤垸展开了系统的勘察，并作出"限制各口倒灌水量，防止泥沙入湖；划定湖界，在界线内不准围垦"的决定；又组建水道测量队，分起点、三角、水准、地形等四方面选点勘测，于民国二十四年（1935）

---

① 徐民权等：《洞庭湖近代变迁史话》，长沙：岳麓书社，2006年，第309—311页。

② 同上书，第339页。

③ 刘大江、任欣欣主编：《洞庭湖200年档案》，长沙：岳麓书社，2007年，第114—116页。

④ 徐民权等：《洞庭湖近代变迁史话》，长沙：岳麓书社，2006年，第289—290页。

⑤ 熊希龄：《熊希龄集》，长沙：湖南人民出版社，2008年，第323—330页。

基本上完成了相关工作，为后续科学治理提供了一系列精确的数据，并修建了几个大型的水利工程。[1]这为此后治湖提供了一定的技术基础。但是，国民政府受制于当时局势的变动，以及自身财力与动员能力的不足，未对洞庭湖全面实施科学治理。

新中国建立后，为了应对洞庭湖日益深重的洪涝灾害，中国共产党和新成立的人民政府进行了广泛的政治动员，从周边县市接连调集了数十万民众，对洞庭湖展开了综合性治理。"天祜垸"蓄洪垦殖工程、荆江分洪工程、西洞庭湖整治工程、南洞庭湖整治工程、松澧分流工程等，对这一区域混乱不堪的堤垸、河湖水系进行了系统的规划与改建，彻底地打破了以往垸域、县域与省域的重重樊篱。可以说，洞庭湖真正进入了一个整体性治理的时代。上世纪50年代开始，在党和人民政府的领导下，为保护湖区民众的生命健康，又展开了艰苦而漫长的血吸虫病防治工作。为消灭血吸虫病传播的中间媒介——钉螺，对其主要活动的湖汊滩地实施大规模围垦，对一些钉螺密集的河渠则采取填埋的办法，以几乎是重构洞庭湖生态系统的方式去抑制血吸虫病的传播。[2]这在血吸虫病防治上取得了巨大的成功，同时也为湖田围垦在农业生产以外赋予了一种全新的社会意义。至上世纪80年代，洞庭湖此前轰轰烈烈的围垦工程因洪涝灾害的加剧而停歇下来，尤其是上世纪末长江流域空前严重的大洪灾，不能不让人们反思围湖造田所带来的种种恶果，洞庭湖治理也由此进入一个新的历史时期，基本上是沿着如何退耕还湖、如何蓄洪的思路而展开的。2014年，洞庭湖被国务院批准为"生态经济区"。[3]2017年，习近平总书记视察长江后要求各级政府"守护好一江碧水"。[4]在这样的时代背景下，洞庭湖的生态与社会治理正在如火如荼地进行。

三

纵观清代以来洞庭湖的治理历程，我们不难看出实际上始终是围绕着水土这对矛盾而展开的，如何去水之害、得土之利是政府与民众共同关注的焦点。但是，它们两者之间的立场是有所不同的，政府，尤其是中央与省级政府多从整个湖区，甚至是荆江与洞庭湖关系的高度去权衡围垦的利弊，而一般民众所考虑者往往是一户

① 佚名：《湖南之水利》，民国抄本，湖南省图书馆藏，第3—5页。

② 陈祜鑫：《血吸虫病的研究和预防》，长沙：湖南人民出版社，1964年，第110—140页。

③ http://www.gov.cn/zhengce/content/2014-04/22content_8775.htm.（中华人民共和国政府网/政策/政府信息公开专栏）

④ http://www.chinanews.com/gn/2018/04-27/8501434.shtml.（中国新闻网/首页/国内新闻）

一地之私，这样也就造成了两者在围垦问题上的分分合合。直至清乾隆朝初期，政府积极鼓励垦荒，与民众的个人利益相一致，可谓官民一心，以修筑堤垸的方式改造洞庭湖的生态环境，使其适合于农业生产的发展。但是，自清乾隆中期开始，朝廷认识到过度围垦所造成的危害后，转而采取严厉的禁毁私垸政策，试图从整体上维护已开发成果的时候，便与广大民众仍然期望随洲土淤积的进度继续围垦，以获取更大生存空间的利益需求产生了冲突。虽然大量有碍水道的私垸被迫刨毁，但广大民众凭借洲土不断淤涨的自然力量，迫使政府不得不改变禁毁私垸的僵化政策。

对此，濮德培认为是清政府对洞庭湖围垦管控的失败。① 事实上，将其视为政府在政策上应对社会与生态变迁时的相对滞后性可能更为合理。即便是晚清时期，政府也未放弃管控地方社会围垦的努力，清光绪初年开始甚至因湖区新淤洲土增多与私垦泛滥而实施"官垦招佃"之策，以此直接干预围垦事务，并取得了相当大的成效。若再将国民党政府从技术与法规两方面对湖田围垦所采取的强势举措，以及新中国建立后党和人民政府通过群众动员对洞庭湖进行全面治理这整个历程连为一体来看，就不难发现为应对这一区域社会与生态的变迁，政府所投入的治理力量是在不断加大的，所干预的程度是在不断加深的。与此同时，清代以来政府为了实现对洞庭湖的有效治理，也在主动革新治理思想与方法，从专注于防洪到垦蓄并重，从湖南一省治理到谋求与湖北跨省共治，从传统的经验治水到大力培养近代水利人才，采用近代水利科技。这些所展现出的无不是传统中国在区域治理的近代化过程中强大的自我变革与调适能力。

---

① ［美］彼得·C.珀杜:《明清时期的洞庭湖水利》,《历史地理》(第四辑),1984 年，第 215—225 页。

湖泊环境变迁史初论：
以滇池生态变迁为例

周　琼[①]

（云南大学西南环境史研究所）

【摘要】 滇池生态环境的破坏始自元朝的农业开发、水利疏浚及泄水涸田，明清及民国继之，水域面积缩减，水土流失及水旱灾害频发。20世纪50—70年代，滇池流域开展大规模的开山垦殖及围湖造田运动，湿地消失，水域面积进一步缩小，外来鱼类的引进导致滇池本土鱼类减少乃至灭绝。80年代后，市场经济及城市化的发展，工农业及生活排污加重了滇池水质的污染，蓝藻及水华频繁爆发，水质持续降至劣V类，本土水生生物减少乃至灭绝。21世纪初，滇池生态进入边治理边破坏的状态。滇池生态变迁教训深刻，环境治理任重道远。

【关键词】 滇池；污染；富营养化；水华；蓝藻

湖泊生态环境的变迁及破坏是现当代水域环境变迁中最受关注的内容。作为地质断陷性构造湖泊，滇池的生态环境在自然演替中不断发生变迁，但元明清以来的垦殖，开始打破自然变迁速率，20世纪以来更是遭受到了严重的人为破坏，以80年代以来的破坏及污染最为严重。其典型表现是水质持续恶化，富营养化加重，蓝藻、水华不断爆发，水生生物多样性持续减少，流域生态环境不断向脆弱化方向发展，沦为中国湖泊生态环境劣化尤其是水污染的典型代表，水质达到劣V类。90年代末，滇池污染受到国内外一致关注及谴责，滇池治理被列入国家"三湖"（滇池、太湖、巢湖）治理重点，滇池治理及其生态环境的修复，进入政府决策及公众视野，也受到学界的高度关注。其生态环境变迁的不同侧面，变迁的原因乃至历程，水质的治理路径及成效等，都有不同领域的学者进行了相关研究，成果丰

国家社会科学基金重大项目"中国西南少数民族灾害文化数据库建设"（17ZDA158）中期成果。

① 周琼，云南大学西南环境史研究所教授，博导，主要研究环境史、灾荒史、灾害文化、生态文明。

富。[1] 尤其是水质破坏及蓝藻水华的爆发情况，见诸报端者亦众。但真正从跨学科视角出发的研究成果，尚不多见。本文在前人研究的基础上，从环境史及灾害史角度出发，借鉴自然科学研究中的滇池生态与治理研究数据及结论，以滇池生态环境的破坏及变迁历程进行再梳理，呈现滇池水域生态变迁的主要历史脉络。不仅资鉴当下滇池的生态文明建设，亦能让学界重视环境史研究中尚未受到广泛关注的湖泊环境史的研究，以期裨益于水域环境史的研究。

只有水域环境史的研究广泛开展起来，才能够揭示地球环境及生态圈里陆地及水域环境变迁及其生态相互影响、制约的历史，更好地理解全球环境史是一部由水域及陆地生态系统构成的、彼此紧密联系且不可分割的整体史。只有这样，真正意义上的全球环境史才能建立起来——这才是环境史学科整体关照及现实情怀的最好体现。

一、20 世纪以前滇池的生态破坏历程

滇池位于昆明城区西南、珠江和红河水系分水岭区，是中国第六大、云贵高原第一大淡水湖泊，属长江流域的构造断陷湖。湖滨土地肥沃，水源充沛，有"高原明珠"之誉。湖泊南北长 40 千米，东西均宽 7.65 千米（最宽 12.5 千米），湖岸线长 163 千米；形成于 7,000 万年前，300 万年前面积达 1260 平方千米，蓄水 846 亿立方米，水位较现在高出 100 米。滇池分南北两部分，中间有 1996 年建的海埂大堤相隔，堤上有闸，水可相通，南部为外海，较深，面积 300 平方千米；北部为草海，

---

① 杨一光，杨桂华：《滇池生态环境的变迁及其演化趋势》，《云南大学学报》（自然科学版）1985 年第 S1 期；李宏文：《滇池环湖圈森林植被的动态演替及其对滇池生态环境的影响初探——湖泊区域的不合理开发利用产生的生态后果的分析研究》，《环境科学》1985 年第 5 期；彭云，孟广涛等：《滇池土著沉水植物演替过程及现状》，《绿色科技》2017 年第 20 期；郑丙辉，郅永宽等：《滇池流域生态环境动态变化研究》，《环境科学研究》2002 年第 2 期；徐波：《民国时期西南边疆的人口变迁与生态环境——以滇池区域为中心》，《昆明学院学报》2015 年第 4 期；胡淑：《人水争地——滇池水域变迁的主要历史动因》，《昆明师范高等专科学校学报》2007 年第 2 期；吕利军，王嘉学：《滇池水体环境污染研究综述》，《水科学与工程技术》2009 年第 5 期；方淋：《昆明滇池环境的污染成因与治理分析》，《中国科技产业》2007 年第 10 期；尚敏，赵敏慧：《土壤侵蚀对滇池生态环境的影响分析》，《科技资讯》2014 年第 36 期；成功，朱战军：《滇池水环境污染成因及治理策略分析》，《环境科学与技术》2012 年第 S2 期；金杰：《滇池流域土地利用变化的生态环境效应及其约束下的优化配置研究》，昆明理工大学博士学位论文，2018 年；谢云：《人类活动对滇池小流域生态环境影响机制研究》，南京师范大学 2017 年 9 月博士学位论文；白龙飞：《当代滇池流域生态环境变迁与昆明城市发展研究（1949—2009）》，云南大学 2011 年博士学位论文。

较浅小，面积 10 平方千米。海口闸以上的流域面积为 2920 平方千米，水资源量 5.4 亿立方米。

滇池曾长期作为昆明城市备用饮用水源地之一，担负着工农业用水、调蓄、防洪、旅游、航运、水产养殖、调节气候等功能。上流源于盆地四周山地的一些短小河流，无大江大河水源的注入，自净能力有限，气候、降雨及流域区的森林生态系统是其生态系统发育演变的主要影响因素。随着人类社会政治、经济、文化的迅速发展，以营养盐为主的污染物持续超量流入滇池湖体，生态系统加速退化。

20 世纪以前滇池流域生态环境的人为破坏，主要是农业垦殖引发的植被破坏及水土流失、水利淤塞等。明清以来的土地开发及森林植被的破坏，加上亚热带集中性降雨条件，造成了严重的水土流失，导致了湖面的萎缩，[①]滇池湖底及出海口的泥沙淤塞也日益严重。

唐代以前，云南大部分地区的生态环境较为原始，瘴气密布，骆宾王诗曰："沧江绿水东流驶，炎洲丹徼南中地。南中南斗映星河，秦川秦塞阻烟波。三春边地风光少，五月泸中瘴疠多。朝驱疲斥候，夕息倦樵歌。向月弯繁弱，连星转太阿。重义轻生怀一顾，东伐西征凡几度。夜夜朝朝斑鬓新，年年岁岁戎衣故。灞城隅，滇池水，天涯望转积，地际行无已。徒觉炎凉节物非，不知关山千万里。"[②]唐代僧人寒山子诗亦曰："之子何惶惶，卜居须自审。南方瘴疠多，北地风霜甚。荒陬不可居，毒川难可饮。魂兮归去来，食我家园葚。"[③]滇池流域在唐代是瘴气出没之地，"祁鲜山之西多瘴歊，地平，草冬不枯。自曲靖州至滇池，人水耕，食蚕以柘，蚕生阅二旬而茧，织锦缣精致。"[④]

滇池因农业垦殖导致水利兴修的明确记载，始于元代平章政事赛典赤治滇时期对滇池海口河的疏浚。从那之后，滇池生态环境的破坏及变迁速度越来越快、程度越来越严重。

元初，云南大部分地区的生态环境保持原始姿态，李京《过金沙江》诗文深刻地表现了云南瘴气及中央王朝对云南的经略情况："雨中夜过金沙江，五月渡泸即此地，两岩峻极若登天，下视此江如井里。三月头，九月尾，烟瘴拍天如雾起，我行适当六月末，王事役身安敢避。来此滇池至越巂，畏途一千三百里，干戈浩荡豺虎

---

① 方国瑜:《滇池水域的变迁》,《思想战线》1979 年第 1 期。

② 《骆宾王诗全集·从军中行路难二首》。

③ 《天台文化寒山诗选》。

④ 《新唐书》卷二二二上《列传》第一四七上《南蛮传上·南诏传上》。

穴，昼不遑宁夜不寐。"①滇池流域的农业开发也随人口的增加逐渐向半山区推进，云南平章政事赛典赤在滇池区域疏浚海口、治理河道，使滇池流域成为云南的鱼米之乡。但水土流失现象开始出现，滇池河尾淤塞严重，大司农张立道主持了海口河的疏浚，将湖口出水处至石龙坝段的海口河下挖三米左右，用"役丁夫二千人治之，泄其水。得壤地万余顷，皆为良田"。②由于田地垦殖及毁林开荒持续进行，滇池淤浅及河道淤塞得不到根治，河道疏浚难度越来越大。河道疏浚后泄水涸出田地，耕地面积增加，这应该是人为缩小湖面的确切记录。

明代三百余万汉族移民进入云南后，很大一部分留在了滇池流域区，农业垦殖开始从坝区向半山区及山区延伸，滇池流域区的云南府、澂江府已成为地方经济文化的中心。明云南督学张佳胤《署中秋怀》曰："瘴海西南日月偏，秋空高落五华烟。寰中足路将无遍，江上茅堂亦可怜。滇水向来龙马窟，昆明不见汉楼船。桑弧本是男儿事，矫首风云北斗边。"③山地的开垦导致水土流失的范围更广，泥沙淤塞河湖，"海口河两岸高山，水流平缓，常年受泥沙淤积，还有几条子河，冲刷山谷砂石，壅入河身，使部分河床逐渐加高，滇池水位也提高，环湖农田又被水淹"。④洪武十九年（1386），黔宁王沐英多次疏浚海口河，"滇池隘，浚而广之，无复水患"。⑤但随着垦殖范围的扩大，滇池的淤浅及河道的淤塞现象更普遍，水旱灾害频繁发生，正德《云南志》卷二记："每夏秋水生，弥漫无际，池旁之田，岁饮其害。"弘治十五年（1502），巡抚陈金多次开凿疏通，其《修海口河碑记》记曰："两山沙石雨水冲入，众流之会日溢焉"，"水泛滥弥漫，而膏腴沃壤，浸没十之八九……障水之坝拆焉，水得就下，起声如雷，不数月滇池之水十已去其六七，不复泛滥弥漫矣。土地尽出，而所谓膏腴沃壤者，不复昔之浸没矣……查勘退出田地约百万有奇"，"得池旁肤田数千顷，夷汉利之"。⑥但疏浚只是功成一时而不可期永久之举措。

明杨慎曾撰《海口修浚碑》，记录海口为患及修浚的经过："昆池，土人亦称曰海，海在昆阳地，名曰海口，实此池之咽嗌，盈涸因之，水旱系焉。滨海泽田，或遇涝涝之岁，浮蛆没茎，秕薧澹淡，徒饮鸧鸪……嘉靖戊申至庚戌，大雨浃旬，水

---

① 明·周季凤纂修：正德《云南志》卷二十三《文章一》，传抄范氏天一阁明嘉靖卅二年（1553）刻本。

② 《元史·列传》卷一六七《张立道传》，北京：中华书局，1976年，第3916页。

③ 明·谢肇淛：《滇略》卷八《文略》，传抄文渊阁四库全书本。

④ 方国瑜：《滇池水域的变迁》，《思想战线》1979年第1期。

⑤ 《明史·列传》卷一二六《沐英传》，北京：中华书局，1974年，第3759页。

⑥ 方国瑜主编：《云南史料丛刊》第七卷，昆明：云南大学出版社，2000年，第259页。

大至，盘涵激而成窟……则石龙阻流而成豁，黄泥填淤而象鞭，海田无秋矣，泽旴及滇之仕宦归田者相率陈于两台。"[①]明顾应祥亦作《祭海口神文》说明海口水患对农业生产的影响："维滇有池，西南巨泽，灌溉群生，一方利益，诸水所归，广大莫测，末流如线，难通易塞，加以淫雨，洪波泛滥三四年间，陇亩尽没，极望弥漫，龙蛇所窟，吁天无从。民艰粒食，……自冬阻春，厥工始毕，逝波滔滔，海田渐出。"[②]罗武箐水于仅宁之清水入滇，自芭蕉二箐水于昆明之新村、大闸入，云龙箐水于归化之平定稍闸入，诸水皆横入大河，沙石填壅，每遇水暴涨，宣泄不及，沿海田禾半遭淹没，明弘治时修浚后，二十余里通畅，河流定有大修岁修之例。

滇池流域另一水利工程是元平章赛典赤修筑的松华坝，"修六河诸闸以溉东葡田万顷"。明万历四十六年（1618），水利道朱芹条议大修，明督学鄱阳江写《新建松华坝石闸记》，记载修筑经过及结果："河曰金棱，土人呼曰金汁，由金马麓过春登七十余里而入海，沿河支流以数十递而下涵洞如级，田以次受灌，不知几万亩也，而是坝独橐鑰之非，坝则小肠易涸，而河不任受蓄也；小涨易溢，而河亦不任受泻，蓄泻不任，则腴田多芜，而民与粮通河资坝所从来矣。但坝故支以木，筑以土，而无闸，势若堵墙，遇浸辄败。岁修费阔，司椿钱不资，有司草草持厥柄，力庞而功暇，仅同筑舍……于万历四十六年孟秋至四十八年仲春告成，仍名松华坝闸……功成而人安焉……递有安流而天不能灾，是岁大稔。"[③]

云南的历史嬗进到清代，生态环境的开发进入更为深广的时期，尤其是高产农作物的普遍种植，使自然环境极为原始的山区也被垦辟出来，云南的生态环境发生了历史以来最为重大和深刻的变化。在汉族占大多数的坝区或半山区，呈现"无不辟之土，无不垦之山"[④]的局面，雍正年间的云贵总督高其倬诗曰："田渔稳处心初定，烟火稠来瘴旋消。好趁升平事安养，申商法律漫多条。"[⑤]滇池的淤积也日益严重，水利工程的疏浚日益密集，"三年一大修、一年一小修"几成常态。

清代云南重大水利工程的兴修大多集中在农业开发较早的坝区，首推滇池流域区，这里几乎集中了云南府大部分的农业用地，"水以滇池为最大，七州县水并汇

---

① 光绪《云南通志》卷五十二《建置志七之一·水利一》，光绪廿年（1894）刻本。

② 同上。

③ 同上。

④ 清·檀萃纂修：乾隆《华竹新编》（《元谋县志》）卷一《建置志·沿革》，传抄故宫博物院图书馆藏清乾隆四十六年（1781）刻本。

⑤ 清·高其倬《味和堂集》卷五《知非集·听山畔彝人歌有作》。

焉"。① 滇池水利成为全省各地农田水利的示范工程，② 海口又是其核心，"环五百余里，夏潦暴至，必冒城郭，立道求泉源之所自出，役丁夫二千人治之，泻其水，得壤地万余顷，皆为良田"。③ 清代前期，疏浚海口河工程的次数最多，康熙二十一年、四十八年，雍正三年、九年，乾隆五年、十四年、四十二年、五十年，道光六年、十六年都曾有过大修，④ 膏腴田地渐次涸出。康熙四十八年是由总督贝和诺、巡抚郭瑮委员重加开挖修浚；雍正三年是由总督高其倬相继大修，未几复壅；雍正八、九年，总督鄂尔泰会同巡抚张允随专委水利道副使黄士杰咨度县式，通浚河流，铲平老埂牛舌洲滩，并另开引河一道，诸水畅流，涸出腴田甚广，责成监司丞尉不时查勘疏通。

《大清会典事例》记，雍正十年议准，昆阳州增设水利同知一人，驻扎海口，常川巡察，遇有壅塞，不时疏通，设或冲塌，立即堵筑；又议准昆阳、海口酌定岁修银二百两，动支盐道衙门合秤银给发兴修，用则报销，不用则存贮，以备大修之需；乾隆五年又议准昆阳海口改建石岸，四十年又议准大修昆阳海口堤岸、闸坝、桥梁、河道，四十二年又奏准修浚昆阳州海口。《皇朝文献通考》记，乾隆五十五年挑挖昆阳海口工程；道光十六年，总督伊里布率绅民大修海口堤岸闸坝河道，并新开桃园箐子河及各漾塘，以泄水势。在咸同起义后因年久失修，同治十年大水泛溢，十三年，巡抚岑毓英檄粮储道韩锦云等重新大修海口堤岸闸坝河道。云南府昆明海口的疏浚，是自张立道以来就受到关注的水利工程，"自芭蕉二箐水于昆明之新村、大闸入云龙箐水于归化之平定稍闸入，诸水皆横入大河，沙石填壅，每遇水暴涨，宣泄不及，沿海田禾半遭淹没，明弘治时……修浚，二十余里通畅，河流定有大修岁修之例"。自此后，历代中央王朝及地方政府都极为重视对海口的疏浚。

清人刘慰三也记录了海口水系在农业生产中的重要作用，内容与杨慎记载的内容多同："水之厉害，俱在海口，实滇池之咽嗌，盈涸因之，水旱系焉，滨海泽田，或遇涔涝之岁，宣泄不及，浮畖没茥……则疏浚最为要务。"⑤ 雍正朝云贵总督鄂尔泰专门条奏海口疏浚工程，描述了海口水利灾患的严重状况，可知水土流失的严重程度："筹水利莫急于滇，而筹滇之水利，莫急于滇池之海口……号为膏腴者无虑数百万顷，每五六月雨水暴涨，海不能容，所恃以宣泄者，唯海口一河。而两岸群山

① 清·刘慰三：《滇南识略》卷一《云南府·昆明县》。
② 木芹：《十八世纪云南经济述评》，刊《思想战线》1989 年增刊。
③ 光绪《云南通志》卷五十二《建置志七之一·水利一》，光绪廿年（1894）刻本。
④ 木芹：《十八世纪云南经济述评》，刊《思想战线》1989 年增刊。
⑤ 清·刘慰三：《滇南识略》卷一《云南府·昆明县》。

诸箐沙石齐下，冲入海中，填塞壅淤，宣泄不及，则沿海田禾半遭淹没……其根未清，故其患未息，至今岁修岁壅，殊非长策……海口一河，南北两面皆山，俱有箐水入河，每雨水暴涨，沙石冲积，而受水处河身平衍，易于壅淤……有天自、芭蕉二箐水属昆明县辖，名新村大闸，皆直泄河中，每疏浚于农隙之时，旋壅塞于雨水之后，不挖则淹没堪虞，开挖则人工徒费，沿海人民时遭水患，皆甚苦之……臣查海口六河并各支河……独因淤塞日久，开浚少而难，以致水不注海，田仅通沟，高地惟望雷鸣。下区则忧雨积，此稻粮丰歉之故，实人民苦乐攸关……请于昆阳州添设水利州同一员，驻扎海口，常川巡察，遇有壅塞，不时疏通，设或冲塌，立即堵筑，亦请铸给关防，照设书役，以专责成。"①鄂尔泰主持疏浚后，辟出不少良田，"所有海口河道奎淤处所，悉已疏浚宽深，涸出膏腴田亩甚广"。②

海口外尚有老埂一道，横阻河身，万历初年，布政使方良曙于牛舌洲竭力疏浚，事后方良曙后作《重浚海口记》："汇为巨浸，延袤三百余里，军民田庐环列其旁，而泻于其南，稍西一小河，又折而北，不见其去，故又名滇海，云是海口小河，实滇池宣泄咽喉也。疏浚不加，每岁夏秋，雨积水溢，田庐且没，患非渺少。"③

六河是修筑较早、较受地方政府重视，对农业生产影响较大的滇池水利工程。因长期开发及周围山地的开垦等导致的泥沙淤塞现象较为严重，成为云南地方政府常常疏浚的重大水利工程之一，巡抚王继文上《请修河坝疏》："臣愚以为，河坝不修，则残黎势难归业，荒田不垦，则额赋无从征收……照例叙录，则上河坝固而水利可通，俾四散之民咸图归计，渐次开垦将见生聚寖昌，而昆邑粮赋可以望其复旧矣。"④康雍乾以来一直对其进行大修浚，"（康熙）二十七年修云南金汁等河闸坝，引水资昆明各县灌溉。雍正十年议准修浚盘龙、金稜、银稜……诸河，增修石岸闸坝桥洞，又议准昆明六河酌定岁修银八百两，动支盐道衙门合秤银给发兴修，用则报销，不用则存贮，以备大修之需。又乾隆五年议准开浚盘龙江金稜银稜海……诸河，修建桥闸涵洞堤岸。又四十年议准，大修昆明六河堤岸闸坝桥梁河道。又四十二年奏准修浚昆明县盘龙等河，又四十八年奏准筹筑昆明六河堤工。《昆明县采访》道光十八年，总督伊里布……筹款修浚六河。（案册）同治三年，大水冲决各堤岸，巡抚徐之明……等筹款修浚。又，十一年，巡抚岑毓英……大修堤岸闸坝桥梁

---

① 清·鄂尔泰：《修浚海口六河疏》，雍正《云南通志》卷二十九《艺文五》。
② 清·鄂尔泰：《修浚滇省海口六河疏》，雍正《云南通志·艺文》。
③ 光绪《云南通志》卷五十二《建置志七之一·水利一》，光绪廿年（1894）刻本。
④ 同上。

河道。"①雍正年间的云贵总督鄂尔泰专门上疏曰："查云南府嵩明州之杨林海……因河湾迁曲，去水甚缓，停留沙石，壅塞咽喉，每将海边四十八村已成田亩半行淹没，历为民患……于雍正六年春报竣，从此田亩岁收，并涸出田地一万余亩。"②

从上述海口、六河水利工程的修浚，尤其是雍正年间的云贵总督高其倬、鄂尔泰等人及乾隆、道光年间对反复壅塞的海口疏浚工程中，能够看到海口周围山区水土流失的严重情景。云南府青龙海、嵩明州杨林海就因河湾迁曲、去水甚缓而导致沙石停留较多，以致壅塞河道咽喉，常将海边四十八村已经成熟的田亩全行淹没："历诿民患，臣详加察访，海水深止二三尺，若改疏河道，由丁家屯、龙喜村开挖二里许，直通河口，使新旧两河并泻，水势畅流，不独四十八村可永免水涝，而周围五十余里草塘均可开垦成田。"③富民县的水利淤塞现象也较为严重："富邑大河……每值淫雨，洪涛汜滥，比年堤决，纵横数百丈，南溃居民，北偪城池，禾苗没于泥沙，田壤壅为石碛，为患最甚。编氓苦之。康熙四十七年，县令谢天璘……设法筑修，三载告成，水循故道。按：邑治自大河外，南有塘子冲河，东有大营河，西有清水河，总汇大河而北，其山箐各水，不可统纪，堤坝疏浚稍失其宜，旋为民患……河高田低，虽有埂，易决而溃，沟窄流曲，虽有埂，终涨而崩，况埂非埂也。"④

乾隆四十七年（1782年）浚挖了金汁、银汁、宝象、海源、马料五河日渐壅塞的河道，次年又因组织人力对盘龙江"挑挖深通，并培堤、砌闸、筑坝，分段定限报竣"而受到嘉奖。道光十六年，在海口修筑了屡丰闸，增订岁修条例，并将正河、子河各段划分给了流经的昆阳、呈贡、晋宁、昆明等县的地方政府来维修看护，并设水利同知专管。

松华坝在清代的疏浚也极为频繁。自康熙五年以后，屡次水泛堤绝，巡抚袁懋功、李天浴题请岁支盐课银葺之，名曰岁修。康熙二十二年，清兵平滇和，坝已倾毁，故巡抚王继文会同总督蔡毓荣题请捐修。《大清会典事例》记，康熙二十七年松华坝再次修筑，后历年相继疏浚，未几复壅。雍正八年总督鄂尔泰、巡抚张允随先后题修。咸同起义后壅淤更甚，墩台渗漏，堤岸坍塌，沿河壅淤太甚，近村田亩多致淹没。同治二年，绅士黄琮筹修，历经三次，未竟厥功。光绪三年，粮储道崔尊

① 光绪《云南通志》卷五十二《建置志七之一·水利一》，光绪廿年（1894）刻本。
② 清·鄂尔泰：《兴修水利疏》，雍正《云南通志》卷二十九《艺文五》。
③ 鄂尔泰：《兴修水利疏》，雍正《云南通志》卷二十九《艺文五》。
④ 清·杨体乾修、陈宏谟纂：雍正《重修富民县志·河防》，传钞上海徐家汇藏书楼清雍正九年（1731）刻本。

彝督同水利同知魏锡经、委员陈勋、绅士张梦龄、张联森筹款重修墩台闸坝河道，四月而功竣，沿河田亩以资灌溉。为此，粮储道崔尊彝作《重修松华坝闸开挖盘龙江金汁河并兴建各桥碑记》："由金汁河循山而行，东蔺数万田畴，咸资灌溉，利莫大焉。自历朝迄国朝，叠经修葺，蓄泻有制，滇志载之详矣。咸丰丙丁以后，昆明祸患频仍，沿河堤埂闸坝拆毁居多，水利全荒，农民失业。国家额赋亦无从征收，迄光绪三年……访六河利弊，次第兴除……"[①]

　　滇池流域还有其他众多水利工程及其淤塞、修筑的史料，在方志中得到了完好保存。[②] 这些工程都在不同时期淤塞严重，进行过不同程度、不同次数的修筑疏浚。

　　海口每次疏浚后都能够涸出不少良田，但自元代开始疏通海口河以后，大量湖水外泄，导致湖面水位下降，总共涸出农田约十余万亩。虽为官员垦田政绩，但疏浚海口的目的在于防止水患，而不是涸湖造田。同时，滇池历年泄水涸田直接导致滇池湖面的萎缩，流失的水土淤积湖底，一些湖面的边际逐渐演变成陆地，水域面积缩减，周边天然湿地面积逐渐减少。滇池蓄水量的下降，影响了滇池对整个流域区气候的调节功能及对空气湿度的补充能力，直接影响到周围地区水资源的供给及使用，引起滇池流域生态系统的缓慢改变。以滇池为中心的城市政治、经济、文化、教育及交通圈，随着其生态环境的变化而改变、重组，或扩展或消失，渡口码头、道路桥梁逐渐向湖心延伸，稻田湖池及鱼虾鳅鳝等水生生态系统与城市的繁荣日渐密切地联系在了一起。

二、20世纪70年代前滇池的环境破坏

　　20世纪前半期，滇池水土环境进一步、加速的破坏，以滇池流域区森林的砍伐及减少、水土流失加重及湖面继续萎缩为主要表现。

　　清末民初，滇池流域水利工程的修建及维护为农业生产的发展提供了保障，人口缓慢增长。滇越铁路的修通及近代化进程导致外来人口增加，昆明总人口不断增长，1917年昆明人口95,200余人，1936年增至142,544人。抗战爆发后中国经济及文化教育中心西移，昆明人口迅速增加，1942年增至30余万人，耕地需求随之增长，并与林地的减少呈正比。昆明市每年炊用和取暖、建筑等生活所需消耗木材达二亿一千多万斤（含木炭），平均每人1,500多斤，森林覆盖面积不断缩小，森林较为茂

---

① 光绪《云南通志》卷五十二《建置志七之一·水利一》，光绪廿年（1894）刻本。

② 同上。

密的西山在 20 世纪中期森林覆盖率仅 22.2%，市郊的蛇山、龙泉山乃至金马碧鸡山、黑龙潭等地的森林也在民国时期遭到了不断的砍伐破坏。[①]

农业垦殖使滇池流域水土流失与滇池的淤积增加，水利疏浚成为民国地方政府的重任。车家壁、王家桥和良龙公渠、文于渠、弥勒甸惠渠、沾益华总渠及盘龙江等水利工程的不断修建及疏浚，反映了农田灌溉需求的扩大及环境的变迁、人地矛盾的突出。为提高农业产量，民国时云南省政府和昆明市政府都制订了各种措施，鼓励垦荒、增加耕地，甚至把淤浅的湖滨山地和湿地垦为耕地，因这些耕地系冲击、淤积而成，土壤肥力较好，受到居民重视，湖滨居民不时进行围湖造田，逐渐对滇池区域生态环境造成压力。

民国时期，滇池水源开始用于发电。建立电力和机械抽水站，兴建工业，开通轮船航线，滇池开发进入新阶段。新技术的使用对生态环境造成新的冲击及影响。城市的不断扩大成为滇池流域区生态变迁的根本动因，林木茂密的五华山、圆通山、商山逐渐成为城市用地，明清时期与滇池相连的翠湖逐渐变为城市的内湖，彻底与滇池脱离，淤平填造的土地变为市民的居所、街道、店铺等。

随着环境的变迁，环境灾害不断增加，水旱及滑坡、泥石流等灾害的规模及频次增加。各县和省民政厅、财政厅、地政厅、赈济会及人事处、社会处、田赋粮食管理处的报告中，留下了大量昆明和所属各县、周边地区自然灾害的记载。1928年 8 月 15 日，"西区张家堡呈，阴历六月二十二夜……猛雨大作，山水陡发……大小团山、张家村、梁家河、下窑海数村……汪洋一片，水深数尺……复于二十六七日阴雨连绵……海中水亦涨至数尺之多，沿海一带，亦皆被淹没"，"八月十五日海源堡呈，阴历六月二十以来，阴雨倾盆……右龙须清水河决口五丈"，"八月二十五日，邬家营杨家地呈，杨家河南岸涵洞埌塌十一个，堤坝一丈五。南岔河决口五处，二十余丈"。[②] 时人评曰："高地水源，因森林滥砍，不能含蓄，一遇骤雨，便发洪水，泥沙搬运，壅塞各河，水位骤涨，有时堤决横流，泛滥成灾。"[③]

1940 年 9 月 30 日昆明县长高直青呈报大小倒山山崩情况："本年夏末秋初，大雨连绵，山洪暴发，势若倾盆……七月二十六日小倒山崩塌……二十七日午后大倒山突然崩倒，山脚下一带灰窑房屋，概行被毁。受伤八人，死亡十五人，环湖公路

---

① 蓝勇：《历史时期西南经济开发与生态变迁》，昆明：云南教育出版社，1992 年，第 65 页。

② 云南省档案馆：《民国年间（1912—1942）云南各地自然灾害史料之一》，云南省档案馆编印，1983 年。

③ 昆明日报社：《老昆明》，昆明：云南人民出版社，1997 年。

被阻……毁房屋十四间，石灰窑九座。"[1]1949 年，富民县稻田被沙埋 1458 亩，少数冲成河床，旱地水土流失 319 亩。[2]滇池流域区的自然灾害频次，表现出与生态环境的破坏成正比的态势。

20 世纪 50—70 年代，新技术的应用更加广泛，工业发展更为迅速，对生态的影响也更为深入，这方面以围湖造田为主要标志。

1950 年后，滇池沿湖电力排灌抽水站发展到 400 多座、装机 600 多台，灌溉农田 23.2 万亩（1991 年新建盘龙江 5 级泵站，灌溉面积达 30 多万亩），年抽水量 1.8 亿立方米，占昆明农业用水的 1/4。工业也迅速发展，印染、造纸、化工、电力、冶炼等耗水工业大多建在环湖地区，加上城市和近郊生产生活用水，滇池年取水量 1.5 亿立方米（不含循环水量），环湖与下游用水的工业产值占全市一半以上，经济效益显著。渔业由单纯捕捞发展到自然繁殖与人工放养结合，年产量由不到 100 吨发展到 8000—10000 吨，占昆明全市水产品产量的 80—90%。

五六十年代的大跃进、大炼钢铁，使滇池流域的森林植被遭到大面积砍伐，生态环境遭到了严重冲击及破坏。在政策及工农业发展形势下，炼钢的小高炉大量搭建，滇池流域区大量的树木被砍伐。如官渡区，其林业用地 539.6 平方千米，占官渡区总面积的 52.1%，1975 年林地占总面积 27.6%，1982 年下降至 22.1%；50 年代松华坝森林茂盛，60 年代后林木已寥寥无几。20 世纪 60—70 年代滇池流域的森林覆盖率下降也很快，50 年代初森林覆盖率为 50% 左右，60 年代中期为 37.8%，1975 年下降到 25%，1980 年减至 24%，即 1980 年滇池流域有林面积已减少到 700.8 平方千米。[3]森林大面积被砍伐，很多地方的水土无法保持，一到雨季泥沙俱下，水土流失的问题日趋加重。尤以松华坝附近森林砍伐比较严重，生态环境质量开始下降。

为了响应"备战备荒为人民"的号召，掀起了向山要地、向湖要田的行动，"围湖造田"是滇池水域面积急剧缩减的主要原因之一，生态环境遭到重创。围湖造田古已有之，最早始于元朝，明清时期见于文献的围湖造田活动增多，只是规模比较小，主要是通过疏浚水利泄湖水以降低水位涸出田地、填湖等方式不断将滇池的浅滩湿地变为农田。正德《云南志》卷二记："总兵官黔国公沐昆令军民夫卒数万，浚其泄处，遇石则焚而凿之。于是，泄水顿落数丈，得池旁腴田数千顷，夷汉利之。"

---

① 云南省档案馆:《民国年间（1912—1942）云南各地自然灾害史料之一》，云南省档案馆编印，1983 年。

② 昆明市地方志编纂委员会:《昆明市志》第八分册，北京：人民出版社，1999 年，第 349 页。

③ 滇池地区生态环境与经济考察课题组:《滇池地区生态环境与经济考察文集》，云南科技出版社，2002 年，第 168、7、69 页。

元明清三代多次疏挖海口河，得到土地约 10 万亩左右。民国年间也有围湖造田的活动，但数量也不大。滇池水域虽有所减，但水生生态环境状况依然得以保持。

1950 年代后，人们的革命热情及生产积极性得到了极大激发，政治动员及号召很容易得到民众的认同支持，填湖造田的力度逐渐增大。1969 年底，昆明市革命委员会根据云南省革命委员会指示，决定在滇池草海浅水边缘挖山筑堤，排水造田一万多亩，并于 12 月 28 日在东风广场（即红太阳广场）隆重举行围海造田誓师大会。"移山填海，围海造田，战天斗地，向滇池要粮"，很多热血沸腾的年轻人参与其中，为了夺得农业大丰收，实现吃饭不定量或定量内少搭杂粮、买食品不收粮票的奋斗目标，"争分夺秒"地为围海造田这一伟大壮举贡献一切力量就成为奋斗理想。在"要向滇池进军""要向草海要粮""要移山填海，要让沧海变桑田"的雄心壮志下，昆明开始了修大堤、围草海、造良田的运动。

此后，几乎全市学生停课参加到十万围海造田劳动大军中，工程从 1970 年元旦开始，分筑坝、排水、造田、栽种、扫尾五个阶段，至 8 月 11 日竣工（共 213 天），"每天上阵总数达 3.5 万人，造田阶段每天参加义务劳动的人数达 10 多万人。全市各行各业职工及城市居民几乎无一例外的参加了围海造田，有十岁以上的学生，也有六十岁以上的老人，发动面之广，前所未有"。[1]

从 1969—1978 年，滇池围海造田面积约 34,950 亩，水域面积缩小了 23.3 平方千米，水环境及水生态遭到了严重破坏，"为了工程和参加劳动者的日常生活需要，西山及周边的林木资源和山体等遭到就地取材大军的乱采乱伐。总之，使昆明整体造成的直接或间接的经济损失非常巨大，生态损失就更不可估量了"。[2]但造出田地的海拔都低于滇池水位 2.5 米以下，春旱夏涝，不适应农作物的正常生长，粮食产量极其低下，"当年围海、当年造田、当年高产"的口号成笑谈，"'围海造田'将滇池面积围掉 20 平方千米，造出了 3 万亩田，不但滇池面积缩小，昆明气候也发生了异常，老海埂以北湖区不再，成为湖滨低地，3 万亩田种不出好稻，连年亏损"。[3]草海 70% 的面积被填去，滇池水面面积从 500 平方千米减少为 297 平方千米，[4]"根据1982 年专家分析航片和资料，1938—1957 年滇池被围去 15.5 平方千米，1978 年又

---

① 张伟：《昆明滇池"围海造田"亲历记》，https://www.clzg.cn/article/80880.html。

② 同上。

③ 母师迪：《滇池 西山 围海造田》，中国民主促进会云南省委员会，2014-06-26，http://www.mj.org.cn/zsjs/content/2014-06-26/content_147492_all.htm。

④ 黎尔平：《左手搏右手：以云南滇池 1908—2008 年治理为例的地方政府环境保护政策研究》，《公共管理与地方政府创新研讨会论文》，2009 年，第 31—36 页。

比 1957 年减少 23.3 平方千米。从 1938—1978 年，湖水面积共减少 38.8 平方千米。平均每年减少近 1 平方千米。"①

此次造田的生态破坏显而易见："这次围海造田，连同西山区、呈贡县、晋宁县围垦部分，共计缩减滇池水面 3.5 万亩（草海 2 万亩，外海 1.5 万亩），破坏了沿岸和湖底的水生植物，削弱了湖水净化能力，加速了湖底老化过程。滇池被围去的正是鱼类繁殖的好场所，围湖造田不仅缩小了滇他的水面，直接减弱了滇池的蓄水能力，也使鱼类失去了大片优良的生存空间，四季如春的昆明城也出现了干燥、酷热的城市'沙漠化效应'，被围垦出的良田根本不适宜种粮，大多颗粒无收。滇池曾经湖岸弯曲，苇丛密布，波光柳色，鱼跃鹭飞……的景致亦不复存在。"②很多本地人对此感受深刻、痛心疾首，称其为"滇池的世纪劫难"："六七十年代，围海造田的并不仅仅只有滇池……围湖造田到底带给我们多大的伤害？在今天我们又需要付出怎样的代价去纠正它？"③

伴随着填湖造田，原有的天然湖滨带、浅水湿地被完全破坏，最直接的后果是破坏了水生生物繁殖栖息地，使它们失去了良好的生存环境，导致滇池生物多样性锐减，水生生物资源量下降、种群结构变化、湖泊水生生态平衡失调。此前，滇池草海水质清新，水生植物繁茂，是轮藻群落和海菜花群落的主要繁殖栖息地，围湖造田使滇池草海约 2/3 的水域变成了陆地，水生植物失去了生存场所，原有水生植物的自然群落遭到严重破坏。

外海的围湖造田活动几乎都在不同地点截直湖湾。而湖湾地带恰是水生植物生长的最好场所，海菜花就生长在湖湾 1—2 米的浅水带，围垦后茂盛的植物消失。滇池土著鱼种有很大一部分属石砾性产卵鱼类和草上产卵鱼类，围湖造田对石砾滩涂和水生植被的破坏，使石砾性产卵鱼类和水草性产卵鱼类失去了产卵繁殖和索饵场所，造田围去或影响的 44—60 平方千米水面，正是鱼类产卵、回游和索饵的良好场所，1960—1970 年代油鱼和白鱼的产量占滇池鱼产量的 50% 以上，围湖造田直接导致鱼类资源量急骤下降到 20%。滇池特有的金线鱼在繁殖期间要回游到湖边有泉水涌出的溶洞中产卵孵化，牛恋乡、海口、花猫嘴、龙王庙、大湾、海晏寺等沿湖原有的十余处金线鱼洞多被工矿企业围堵、据为水源地，无一处与滇池相通，金线鱼

---

① 沈满洪：《滇池流域环境变迁及环境修复的社会机制》，《中国人口·资源与环境》2003 年第 6 期。

② 《雅兰专栏：滇池围海造田的亲历者》，昆明信息港，2016-07-08，http://www.sohu.com/a/102332650_115092。

③ 曾子墨：《围海造田——滇池之殇》，http://phtv.ifeng.com/program/shnjd/200711/1102_1612_282910_2.shtml。

的繁殖回游线路被阻，致使其种群资源的衰竭。

20 世纪 60 年代，滇池水生植被占湖面面积的 90% 以上，水生植物生长深度达水下 4 米；滇池围湖造田后，水生植被占滇池总面积不到 20%，分布水域退缩到 2 米以内的浅水区，水深 2m 以上的深水区基本没有高等水生植物的生长。①

三、20 世纪 80 年代后滇池生态的急剧恶化

20 世纪 80—90 年代，昆明城市化尤其是工程建设及滇池周边企业的发展，超标污染物排放入滇池，水质严重恶化，富营养化急速发展并加重，湿地面积急剧减少，生态环境遭到史无前例的严重破坏，主要的标志性事件有四个方面：

一是在滇池外海修筑防浪堤，使湖滨湿地大量损失甚至消失，滇池整体生态环境及水生生态系统首次遭到严重破坏，本土水生生物开始大量灭绝，湖泊的自净能力下降，水质恶化。围海造田工程使湖滨带原有的天然湿地大量消失，社会经济活动区域越来越靠近湖体，加大了防洪压力。60 年代开始在滇池沿岸修筑直立防洪堤坝，滇池 84% 的湖滨带修筑了水泥堤，水域与陆地生态系统被彻底隔绝。②"1980—1990 年间，滇池环湖修建防浪堤 113 千米，湖滨带生境条件进一步急剧恶化，彻底切断了湖泊水体生态系统和陆地生态系统的连续性，消落带消失，湖滨带湿生、挺水和沉水等大型水生植物难以生存，湖泊生态系统遭到重创，对湖泊生态系统带来极其不利的负面影响。"③

防浪堤的修筑是继围湖造田之后导致滇池水容积减少的人为破坏行动。大量的建筑工程及搬运抛填石方、泥土、砂石、打桩筑坝，致使泥沙堆积湖底，加速了湖泊的填平过程。滇池流域区的农耕垦殖随着人口的不断增加而拓展，林地不断减少。同时，由于造田及堤坝建筑工程而在湖周面山开山采石，森林植被遭到破坏，加剧了水土流失，从 1957—1982 年共 3716—6350 万吨泥沙入湖，湖床升高 10—20 厘米；再加上水生生物残骸沉积湖底，也促使湖盆变浅。④

滇池湿地的大量消失不仅导致生物多样性减少，还导致了湖滨带自净和湖内漂浮污染物输出功能的严重丧失。80 年代后滇池湖滨湿地的消亡，致使湖滨带生物自净功能丧失，90 年代滇池成为中国乃至全球污染最严重的高原淡水湖泊之一，"包括

---

① 陈静等：《滇池受损湖滨带堤岸处置及基底修复工程技术研究》，《环境科学与技术》2012 年第 6 期。
② 郭怀成、王心宇等：《基于滇池水生态系统演替的富营养化控制策略》，《地理研究》2013 年第 6 期。
③ 陈静等：《滇池受损湖滨带堤岸处置及基底修复工程技术研究》，《环境科学与技术》2012 年第 6 期。
④ 同上。

水生植物区对悬浮物的吸附、沉降物理化学作用、水生动植物对底质营养物质的利用、微生物对污染物降解生物化学作用和近岸带波浪冲击形成湍流复氧等作用的丧失；由于防浪堤的阻挡作用，湖水中大量漂浮垃圾、水生植物残体无法被风浪输送上岸脱离湖体，蓝藻水华也无法被夏日炽热的阳光干燥脱水和强烈的紫外线灭杀，这些污染物长期在湖内随波逐流反复循环和积累，湖滨带自净作用和湖内漂浮污染物输出功能的丧失，进一步加剧了湖泊水体的污染"。①

碧波荡漾的湖面被蓝藻取代，清风扑面的湖光山色被浊气熏天的臭水塘、黑水塘、绿水塘取代，市民不敢到滇池里游泳，担心"白的进去，绿（黑）的出来"。天然的生态湿地被一项项攫取利益的建设项目取代，一个个豪华小区拔地而起，岸绿的湖岸线被违规排放的水管取代，"围湖垦殖对于垂垂老矣的滇池可谓是致命一击，它破坏了滇池的生物链和生态系统，特别是自我修复的'重要器官'湖滨地带湿地遭受破坏后，湖泊的过滤、沉淀、解毒的作用丧失，'免疫系统'崩溃。这些地方后来建起了许多度假村、疗养院、住宅区和高尔夫球场，又成为新的污染源。修筑了防洪堤，滇池成了被水泥大堤围起来的臭水塘子"。②

河流渠化导致入湖泥沙量增加，输出的污染物量也随之增加，阻断了湖滨带水陆物质交换的通道，水生生态系统严重退化，原有的生态和水环境净化功能几近丧失。还破坏了部分陆生生物栖息地，一些水利设施切断了亲鱼上溯产卵和幼鱼入湖索饵的洄游通道，威胁着鱼类的繁殖和生长，而刚性堤坝建筑使蛙类等两栖物种丧失了有效的栖息生存空间，趋于灭绝。③

二是80年代后以市场经济为中心的发展方略，即"城市和企业升级"战略，导致水质急剧恶化，富营养化日益严重，滇池生态遭受灭顶之灾。20世纪70年代末期，滇池流域的工业开始大发展，初期以冶金、化肥等粗放工业为主；80年代中后期，钢铁冶金、造纸、印刷、矿石、旅游、餐饮、宾馆酒店等企业拔地而起，厂矿遍布，不仅大量耗水，还产生大量污染物，未经任何处理就排入滇池，水质迅速恶化。80年代末城市化进程加快，个体经济更是蓬勃发展，工业、手工业及花卉、蔬菜农业经济繁荣，点源污染物的产生量大，入湖负荷仍超过滇池环境容量。农业和城市面源污染物的产生量虽小，但面源污染控制程度低，入湖量日益增大，污染物

---

① 陈静等：《滇池受损湖滨带堤岸处置及基底修复工程技术研究》，《环境科学与技术》2012年第6期。

② 《滇池30年：一座高原湖泊的凋零》，《中国国家地理》2013年第11期，http://www.dili360.com/cng/article/p5350c3d62f65220.htm。

③ 南箫、李波等：《滇池湖滨带不合理土地利用方式对生态影响分析》，2012年中国水治理与可持续发展——海峡两岸学术研讨会论文集《中国水治理与可持续发展研究》，第141页。

排放比例高，^①水体污染日益严重，开始出现重富营养化状态。

1988 年 8—9 月在外海西部的灰湾发生 2 平方千米的蓝藻爆发，次年 6 月发生小面积蓝藻爆发后，拉开了滇池蓝藻爆发的序幕。90 年代后，几乎年年爆发蓝藻，次数多、面积大，成为全国蓝藻爆发严重的三大湖泊（太湖、巢湖、滇池）之一。1999—2002 年，蓝藻爆发达到最高峰，1999 年昆明世博会期间发生大规模蓝藻爆发，严重爆发水域的面积达 20 平方千米，湖水成为绿油漆状，厚度几十厘米，昆明市第三自来水厂被迫停产，引起极大关注。^②

由于水体透明度降低，水生植被分布面积急剧缩小，土著水生物种的灭绝引起关注。生物多样性降低，水生态系统结构单一，湖泊生态系统遭到毁灭性打击，沉水植物只能在湖滨浅水区内生长，水深 2 米以上的区域内几乎没有沉水植物存在，大量水生植物物种灭绝。20 世纪 50 年代滇池有水生维管束植物 28 科 44 种、14 个水生植物群落；80 年代初期水生维管束植物降到 20 科 34 种，其中沉水植物 13 种、漂浮植物 6 种、浮叶植物 3 种、挺水植物 12 种（不含湿生杂草）。水生生物减少的速度越来越快、本土物种的数量越来越少，90 年代后水生维管束植物"只有 12 科 21 种，其中沉水植物 8 种，漂浮植物 3 种，浮叶植物 3 种，挺水植物 7 种；而在近期的调查中，只发现 12 科，15 种，其中沉水植物 4 种，漂浮植物 3 种，浮叶植物 2 种，挺水植物 6 种。一些敏感植物，如云贵高原上的特有种海菜花早已绝迹，金鱼藻、石龙尾和一些轮藻科植物相继消失，大部分原有植物群落的分布范围大大缩小"。^③致使土著鱼赖以生存的水生植物减少，尤其是水葫芦的引进，水面迅速为水葫芦所覆盖，鱼类产卵地受到破坏。

三是引进外来鱼类资源，导致滇池土著鱼类资源的急剧减少及灭绝。滇池流域曾经水源充足，河流众多，孕育着丰富的鱼类资源，水体全面劣化后，本土水生鱼类不断减少。但让本土鱼类惨遭灭绝的导火线，是滇池大量引进外来鱼种的经济发展决策，尤其是四大家鱼及太湖银鱼的引进，导致滇池水生生态史上最惨重的物种入侵及本土鱼类的灭绝。据不完全统计，滇池引入的外来鱼种不下三十种，与土著鱼发生激烈的食物和空间竞争，"由于围海造田、水质污染、盲目引种、外来种入侵

① 郭怀成、王心宇等：《基于滇池水生态系统演替的富营养化控制策略》，《地理研究》2013 年第 6 期。

② 胡明明、朱喜：《滇池蓝藻爆发治理》，《第十六届中国科协年会——分 5 生态环境保护与绿色发展研讨会论文集》，2014 年。

③ 陈静等：《滇池受损湖滨带堤岸处置及基底修复工程技术研究》，《环境科学与技术》2012 年第 6 期。

和过度捕捞等原因，滇池的许多土著鱼逐渐消失。来自昆明市环保局的《滇池水生生物多样性现状与保护》的数据显示，滇池湖体中土著鱼类已由 20 世纪 60 年代的 25 种减少到现在的 4 种，生存空间已被外来种所占据，生存受到威胁。一些原生土著鱼种，如滇池金线鲃、云南光唇鱼、昆明裂腹鱼、云南盘鉤早已在滇池中不见踪影。滇池底栖动物、贝类数量也大为减少，"[1]土著鱼类资源锐减，外来鱼类成为优势种，土著名贵鱼类如公鱼、金线鲃等彻底灭绝。[2]

2009 年，中国科学院昆明动物研究所承担的 GEF/ 世界银行资助项目"滇池淡水生物多样性恢复项目"考察、监测滇池流域的土著特有鱼类后发现，滇池 13 种土著特有鱼类当中，长身鳙、小鲤、中臀拟鲿、昆明鲇、滇池金线鲃、云南鲴、异色云南鳅、昆明裂腹鱼、滇池球鳔鳅被评估为极危物种，金氏鱼央、银白鱼和多鳞白鱼被评估为濒危物种，昆明高原鳅被评估为数据缺乏，说明数量极少，濒临灭绝。对 5 种软体动物进行评估后，螺蛳、光肋螺蛳、牟氏螺蛳和飘棱拟珠蚌被评估为极危物种，滇池圆田螺被评估为濒危物种。[3]

当然，滇池水生生物尤其是鱼类的减少及消失，还与滇池的浅水湖泊特征决定了营养盐变化规律和水华爆发机制有密切关系。浅水富营养化湖泊中的藻类尤其是蓝藻，对外源性营养盐的控制反映迟缓，导致滇池水质和水生态系统对流域营养物负荷削减呈现出非线性和滞后响应的特征。这与浅水湖泊的动力扰动造成内源污染物不断释放，削弱了外源控制的效果有关。浅水湖泊水深较浅，风浪过程易导致沉积物悬浮，有机颗粒物在底泥中降解后释放营养盐，成为浅水湖泊营养盐的重要来源。滇池是浅水且水体交换缓慢的湖泊，内源污染物在水 - 沉积物界面的交换作用，削减了湖体营养盐负荷的效果。

浅水湖泊水华对外源营养盐控制反应缓慢的另一原因，是蓝藻对营养盐变化具有很强的适应机制。滇池水华的主要藻类是蓝藻，其自身储磷固氮和浮力调节机制可以保证其在营养盐匮乏的环境中生存，加重了湖泊生态系统的破坏，使优势物种发生变化。[4]即水质劣化及富营养化的直接后果是导致滇池水生生物的减少及灭绝。20 世纪 50 年代，滇池的水生高等植物十分丰富，植被占湖面的 90% 以上；20 世纪 70 年代末期，植被面积不到 20%。海菜花群落为滇池的主要特征景观之一，20 世纪 60 年代前，草海曾因海菜花繁茂而被称为"花湖"，70 年代海菜花已寥寥无几，被

---

①　陈静等：《滇池受损湖滨带堤岸处置及基底修复工程技术研究》，《环境科学与技术》2012 年第 6 期。

②　负莉：《环境史视野下云南名贵鱼类变迁研究》，云南大学硕士学位论文，2012 年。

③　原野：《滇池土著鱼类濒临灭绝》，http://news.sina.com.cn/c/2009-07-23/103916000523s.shtml。

④　郭怀成，王心宇等：《基于滇池水生态系统演替的富营养化控制策略》，《地理研究》2013 年第 6 期。

浮萍、水葫芦取代。水体富营养化发展后，藻类增殖，蓝藻、绿藻在整个水域占了绝对优势。[1]湖滨带自然群落的生态结构遭到严重破坏，水域浮游藻类数量剧增，生物状况发生剧变，水生植物种类加速减少，单一种逐渐扩大，水生植物单一化发展，湖滨带滇池开始从草型湖泊向藻型湖泊转变，20 世纪 80—90 年代，藻类数量增至原来的 21.3 倍，生物多样性特点逐渐降低。

随着大型水生植物数量的减少甚至消失及水质富营养化程度日渐加重，湖体透明度锐减，影响了水中植物的光合作用，导致了大量鱼类的死亡，本土鱼类的生长和繁殖受到威胁，特有鱼类种群锐减。2000 年前后，小鲤、云南光唇鱼、黑尾缺、黑斑条鳅等 12 种独特鱼类已绝迹，[2]栖息于湖滨带的鸟类昆虫的数量也日渐减少，破坏了生态系统原有的自然结构和景观，威胁着陆地生物的生存。

四是 2000—2016 年期间，滇池生态的急剧恶化及水质的持续劣化。这一阶段昆明市工业化及城市化、市场化迅速发展，本土水生物种及其生态系统的灭绝加速，虽然引起重视并开始治理，但成效不显著。同时，2920 平方千米的滇池流域承载着城市化及昆明经济迅速发展带来的沉重生态负担，以蓝藻和水华的爆发为标志，成为中国湖泊污染的典型样本而蜚声全球。

首先是点、面源污染的增加。滇池流域以农业及工业生产为主，总产值分别占昆明市的 78.9% 和 82.2%（农、工业总产值占全省 32% 和 44%），1998 年，昆明市国内生产总值达 562 亿元，是 1952 年 1.56 亿元的 360 倍；人均国内生产总值 12117 元，是 1952 年 83 元的 146 倍，但这是以对自然资源的过度开采、侵占及对环境的破坏为代价换取的。1965 年昆明市生产用水和生活用水分别是 505 万吨和 757 万吨，1998 年上升到 10946 万吨和 7926 万吨，生产用水增加 21 倍、生活用水增加 10 倍，[3]从总体上减低了滇池流域的生态用水，这些水最后又以污水形式排入滇池，加剧了滇池水质的恶化。

城乡生活污水和工业废水大量排入滇池，是富营养化的根源。工农业快速发展，数以百计的工厂日夜不停地排放的污水，是滇池最直接的污染源。农民为追求高产而加大了化肥农药的使用，滇池周边农田的农药化肥通过地表径流和土壤渗透流入河流及湖泊，水体氮、磷营养物质迅速增加，不仅大型水生植物纷纷死亡，也使湖

①　沈满洪：《滇池流域环境变迁及环境修复的社会机制》，《中国人口·资源与环境》2003 年第 6 期。

②　南箮，李波等：《滇池湖滨带不合理土地利用方式对生态影响分析》，2012 年中国水治理与可持续发展——海峡两岸学术研讨会论文集《中国水治理与可持续发展研究》，第 140 页。

③　沈满洪：《滇池流域环境变迁及环境修复的社会机制》，《中国人口·资源与环境》2003 年第 6 期。

水营养负荷上升，湖滨带水质污染严重，[①]对滇池饮用水源地的供水安全构成了严重威胁。

城市化及人口增加的直接生态后果，是城镇生活污水排放量和含磷洗涤剂使用率大幅上升。以生活污染源排放量较多，垃圾的增加也使污染物产生量迅速增加，成为滇池流域污染物产生量不断增长的原因。1988—2000 年流域污染物产生量总体上呈迅速递增趋势，日益增加的污染物远远超过了滇池的自净能力及其生态修复能力。2000—2005 年后昆明城镇污水厂建立后，污水处理能力提高，尽管污染物削减量持续增加，递增趋势减缓，工业污染源产生量得到有效控制，但非点源污染物产生总量呈上升趋势。此后，尽管化学需氧量、总磷量得到有效控制，总氮基本持平，入湖污染负荷量呈下降趋势，但长期的污染及生态破坏后果的累积，滇池生态及环境的恢复依然遥遥无期。

其次是水质的持续、急剧劣化，湖泊富营养化程度日益严重，蓝藻水华不断爆发。20 世纪 50—60 年代，无论草海还是外海水质均为 Ⅱ 类，湖水清澈，草海可见底，水生植物种类丰富；70 年代一般为 Ⅲ 类，植被覆盖率接近 20%；70 年代后期水质逐渐开始变差，恶化速度加快；80 年代水污染加重，滇池水质进入全面恶化阶段，草海和外海的水质分别为 Ⅴ 类和Ⅳ类；90 年代草海和外海的水质分别为劣 Ⅴ 类和 Ⅴ 类。仅 30 年时间水质就下降了 3 个等级，草海富营养化程度居高不下，且局部区域开始沼泽化，外海富营养化最为严重，全湖水质超 Ⅴ 类，污染十分严重，2001 年起在 Ⅴ 类与劣 Ⅴ 类之间波动变化。"十五"期间草海水质为劣 Ⅴ 类，水质保护目标是Ⅳ类，高锰酸盐指数呈下降趋势，但总氮、总磷呈上升趋势，浓度是外海的 6—8 倍；外海水质达到 Ⅴ 类（水质保护目标是Ⅲ类），高锰酸盐指数和总氮在一定程度上呈好转迹象，总磷也呈上升趋势，总氮基本稳定，且枯、丰、平各水期间，滇池草海、外海水质变化无明显差异。[②]

2006 年草海水质类别为劣 Ⅴ 类水，综合营养状态指数为 77.2，属重度富营养状态，氨氮（NH3-N）、总氮（TN）、总磷（TP）、化学需氧量（COD）等污染物不断超标。与上年相比，主要污染物生化需氧量（BOD_5）、氨氮、总氮和总磷有所上升，透明度较上年下降，水体富营养化程度加重；外海水质类别为劣 Ⅴ 类水，主要污染物总氮超过 Ⅴ 类水标准，总磷达到 Ⅴ 类水标准，高锰酸盐指数达到Ⅳ类水标准，

①　南箭、李波等：《滇池湖滨带不合理土地利用方式对生态影响分析》，2012 年中国水治理与可持续发展——海峡两岸学术研讨会论文集《中国水治理与可持续发展研究》，第 141 页。

②　李亚：《滇池环境治理与保护规划研究》，重庆大学硕士学位论文，2018 年。

主要污染物氨氮、总氮、需氧量和高锰酸盐指数上升，透明度下降；综合营养指数由 62.5 上升至 65.4，富营养化程度有所加重；水质类别由Ⅴ类下降为劣Ⅴ类。[1] 水体表征富营养化的总磷（TP）、总氮（TN）、叶绿素 a、透明度及表征有机污染的CODMn、BOD5指标浓度持续上升。[2]昆明流传的民谣反映了滇池水质变迁及其遗患："50 年代淘米洗菜，60 年代洗衣灌溉，70 年代水质变坏，80 年代鱼虾绝代，90 年代还在受害，00 年代生态衰败，10 年代疾病淘汰，20 年代是否无奈？"

目前，昆明的城市化还在进行，最新的"现代新昆明"战略将以滇池为中心，到 2023 年将昆明城区面积再扩大两倍，滇池将成"世界上绝无仅有的、最大的城中湖"。美好的城市发展愿景与滇池病态的水质让人忧心忡忡。因为滇池是半封闭性湖泊，缺乏充足和干净的河流水置换，在自然演化过程中湖面逐渐变小，湖床变浅，内源污染物逐渐堆积，长期污染及全湖富营养化积重难返。同时，入滇河流水系的水质也在劣化，2005 年昆明市水质完整的监测结果显示，滇池流域 29 条入湖河流，90％以上的水质为劣Ⅴ类。2006 年滇池入湖河流盘龙江、新河、运粮河、船房河、乌龙河、大青河、宝象河、柴河、采莲河、大河、东大河水质类别劣Ⅴ类，其中宝象河宝丰村断面水质类别为劣Ⅴ类。[3]

滇池水质富营养化之后，占绝对优势的蓝藻恶性繁殖和积累，蓝藻爆发呈现周年性、全湖性特点。滇池自 20 世纪 80 年代出现蓝藻水华，到 90 年代蓝藻水华问题日益突出，到 2001 年滇池首次出现周年性水华，每年 4—11 月为水华爆发的集中期，并在 5—7 月、9—11 月出现两个蓝藻水华爆发高峰期，2004 年后发展成为全年性、全湖性蓝藻水华。2004—2014 年近十余年期间，滇池一直处于重度富营养状态，蓝藻水华爆发也呈加重之势。蓝藻水华爆发时，位于外海北岸的浮藻堆积区叶绿素含量可高达几千至几万 mg/m³，藻量高达几十亿个 / 升，外海水体表层藻类叶绿素含量最高可达 5000 mg/m³，外草海达 2600 mg/m³。藻体在水面聚集形成数厘米厚的藻浆，覆盖湖面的浮藻厚度可达几十厘米，蓝藻水华面积达 16—20 平方千米，盛时遍及全湖，造成水体景观的恶化，[4]并且随藻体死亡分解产生恶臭，使水体发黑，属世界罕见。

再次是湖滨土地被侵占，滇池的自净及修复能力持续遭到打击。城市化的发展导致大量湖滨农用地变为建设用地，水域及生态系统再遭破坏。滇池湖滨带是滇池流域自然资源、人文资源和区位条件较好的区域，但昆明主城区发展受滇池盆地限

① 李亚：《滇池环境治理与保护规划研究》，重庆大学硕士学位论文，2018 年。
② 沈满洪：《滇池流域环境变迁及环境修复的社会机制》，《中国人口·资源与环境》2003 年第 6 期。
③ 李亚：《滇池环境治理与保护规划研究》，重庆大学硕士学位论文，2018 年。
④ 同上。

制，形成了向滇池湖滨蔓延发展的城市格局，大量湖滨农用土地被"蚕食"，变为建设、交通用地，兴建成住宅小区、旅游休闲度假区、培训基地等，土地属性发生改变，违章违法建筑增多。

昆明市主城区占地规模从 1990 年不足 70 平方千米扩大到 2004 年的 160 平方千米，城市土地人口可承载量超过 62.6%，滇池流域耕地总面积从 1990 年的 1315.90 平方千米减少到 2004 年的 461.90 平方千米，耕地总面积减少 65%，年均减少率为 5.7%。[①] 从主城区向呈贡大学城方向的所有耕地及湖滨土地，已被林立的高楼大厦、小区商铺及宽阔的马路、高速公路取代，滇池盆地的生态环境容量日趋饱和，人口、土地、水资源的环境承载力早就已经不堪负重，且这种趋势仍在随城市化的扩大而不断强化。

生态恶化及景观变迁的另一表现，是滇池湖滨带围网养殖的迅猛发展及其导致的生态灾患。养殖期间，渔民为求高产、稳产目的而大量投放饵料，残饵、鱼类排泄物及死亡鱼类的残体成为养殖区主要污染物，湖滨带有机污染负荷明显增加。围网养鱼对局部水域的环境也造成极大影响，因投饵导致营养盐及浮游藻类增多、表层沉积物污染加重，若以 7500—11250kg/hm^2 网围养鱼模式为例计算，养殖后流入水体中的氮、磷量分别相当于投入量的 64.96% 和 64.81%。故每吨鱼要向湖中排放氮 141.25 千克、磷 14.14 千克，日积月累，富营养化就不可逆转，且鱼类的大批量捕食，致使水草和大型贝类的减少，喜好有机污染环境的水生昆虫幼虫迅速增加。[②] 最终导致湖滨带的生物多样性急剧下降，生态系统受到极大影响。

滇池污染及生态系统的恶化，直接危害居民的饮用水安全，威胁着人们的健康，造成了巨大的经济损失。世界上 80% 的疾病与水有关，污染的水通过饮水或食物链进入人体，导致急慢性中毒，砷、铬、铵类、笨并（a）芘等污染物会诱发癌症；被寄生虫、病毒或其它致病菌污染的水，会引起多种传染病和寄生虫病。如人饮食被镉污染的水、食物后会导致肾、骨骼病变，铅中毒引起贫血、神经错乱，六价铬引起皮肤溃疡甚至致癌，砷会引发急慢性中毒及机体代谢障碍、皮肤角质化乃至皮肤癌，有机磷导致神经中毒，有机氯会在脂肪中蓄积并对人和动物的内分泌、免疫功能、生殖机能均造成危害等。近年来各种疾病群发症状明显，与滇池水质的污染及生态的恶化不无关系。

---

① 南箫、李波等：《滇池湖滨带不合理土地利用方式对生态影响分析》，2012 年中国水治理与可持续发展——海峡两岸学术研讨会论文集《中国水治理与可持续发展研究》，第 141 页。

② 同上。

四、余论：湖泊环境史研究的必要性

湖泊有其产生、发展变迁到消失的自然演变过程，滇池湖流缓慢，没有外来充沛水源补给，水体置换周期长，经过数千年的演变，成为了典型的半封闭湖泊，目前已经进入老龄化时期，其各种功能正加速衰退及减弱，加上人为原因的干扰及破坏，使滇池环境及生态向劣化方向演变。由于湖泊生态系统的高封闭程度及补给水源的匮乏，经过历代疏浚及泄水涸田，尤其是 20 世纪以后大规模的人工填湖造田及城市化的扩大，对湖泊水域面积形成了挤压。加上几大入湖河道携带的泥沙不断沉积，不同类型水生生物的繁衍更替导致的大量有机质沉积，也在逐渐淤平湖底，最终使滇池湖面逐渐变小、湖盆变浅，局部区域出现沼泽化的趋势，湖泊的容水能力日渐减少，水生生物的减少及生态系统的崩坏，湖泊的自净能力随之减弱。更重要的是，随着污染物剧增，水质恶化速度加快、程度加重，湖泊水资源及水环境承载能力、净化能力有限，生物多样性及其生态系统近乎崩溃，湖泊的生态服务功能几乎完全丧失。

20 世纪是滇池环境尤其水生生态变化最剧烈的时期，70 年代的围湖造田、80 年代沿湖防浪堤建造，90 年代昆明城市化方向不断南向推进，即陆地化不断向滇池水域方向扩张，构成了对滇池湖滨土地和湿地的大量蚕食，天然湖滨湿地消失殆尽。湿地对上游来水的过滤、沉淀及有毒污染物的降解作用也几乎丧失，对水体中不断富集的蓝藻的捕捉能力及其对氮、磷的吸收功能也丧失殆尽，进入重度富营养化阶段。其千百年来的饮用水水源地功能基本丧失，蓝藻、水华全年全湖性持续发生。在短短二三十年时间中，湖泊水质污染速度及程度都达到了历史以来最严重的状态，成为中国乃至世界上高原湖泊污染最严重的典型，是世界湖泊生态变迁史上最惨重的教训之一。

滇池水污染及其治理的紧迫性及重要性，成为目前昆明生态城市建设及社会经济可持续发展的最大制约因素。长期以来，滇池生态恢复成为了湖泊环境保护及生态文明建设最重要的目标，其生态治理及水域生态系统的修复一直都是以提高水质为目标、以污染控制为主要手段。虽然经过多年治理，但由于边治理边污染，实际的生态成效离公众的预期还有很大距离。转换滇池治理的思路及目标，注重长远的生态及环境效应的考量，不仅要借助人工、科技的干预进行综合治理，全面控制污染源及污染物的入河入湖量，也要注重具有本土生态系统特点的自然恢复，这样，滇池的治理及生态修复才能真正取得成效。[①]

　　滇池生态的破坏过程，书写了一个构造断陷性湖泊在自然发展演变晚期，经历了农垦、植被砍伐、淤浅、泄水、排污、引进新的水生物种等不同类型及程度的人为干扰，加快了环境演进及生态的自然退化速度，也加重了湖泊生态恶化的程度，上演了生态变迁史上"环境破坏论"另类案例。但不同的是，大部分进入研究者视野的被破坏的环境是陆地环境，其变迁及破坏的浅表环境要素及生态内涵、变迁历程，是容易被人注意到的，而湖泊环境变迁的历程及生态要素，大多掩藏在水体中，呈流动、漂移状态，短期内无法引起关注，只有量变引起质变时才受关注。但质变发生时，湖泊生态尤其水体环境往往已经恶化到了无法逆转的程度。从这个层面说，湖泊环境、水域生态的变迁，往往比陆地环境变迁的时限要短、隐蔽性要好。由于水具有很好、很稳定的化学特性，也有最适合生物的物理特性，是大部分生物及其生态系统存在、发展的基础，水域链接的生态点位及环境层域更为丰富和复杂，环境破坏的影响层面及范围、生态恶化的后果也要深远得多。

　　陆地生态的恶化往往是局部性的，短期内具有相对的稳定性，不具有迅速传播的性能，其生态系统往往具有一定的边界，[②]生态链的破坏也具有一定区域性。但水域生态及环境没有明显的分界线，水环境的变迁往往因水体的流动性具有不稳定性，其对相关生物的直接关联性影响及特点，使水域生态的破坏也具有流动性、传播性特点。只要一个点位受到破坏及污染，很快就会波及整个水域。水虽然是可再生资源，但中国淡水资源极为有限，水质一旦被污染以后就不可能再作为洁净水使用，水生态一旦被破坏，就很难修复，其生态功能也很难恢复。因此，水域环境及其生态系统，无论是区域性的湖泊、河流生态，还是更广袤的海洋生态；无论是水域物种的种群及其数量，还是水质及其结构的改变及劣化，都能在短期内变速传布到更大范围，一个小范围的污染及破坏就能使整个湖泊生态受到毁坏，一个物种的灭绝，短期内就能导致水域生态链的崩溃。尤其是像滇池这种没有充沛水源补给的封闭性高原湖泊，其水域环境及生态的毁坏就具有更严重的不可逆后果。

　　这虽然只是滇池生态破坏的单个案例，但不同水域的环境要素及生态系统之间既存在差异性，也存在相似性，水环境及水生态的破坏历程及后果也就有很多的共性，滇池之外的中国大陆其他湖泊及水域环境的变迁，当然也存在此种共性。因此，从滇池生态的变迁尤其是 20 世纪 50 年代以来急速恶化的历程中，可以管窥到中国

---

①　《20 世纪滇池生态修复》将另文论述，此不赘论。

②　周琼：《环境史视域中的生态边疆研究》，《思想战线》2015 年第 2 期。

其他湖泊环境及生态变迁的历程及严重后果。虽然滇池治污多年，投入也较大，但效果甚微，"十年破坏，百年修复"的教训是深刻且惨痛的，昭示人们对待水环境及其生态，要具有更高更系统的保护、治理、修复的制度及系列措施，还需要社会公众具有更广泛及深刻的水环境及生态的思想及意识，并将这种思想意识内化到一个民族、一个国家的生存及生活理念中，作为基本的生存原则及生活习惯、文化传统来遵守，才能更好地保证淡水资源的生态服务功能，也才能够保护及优化与水密不可分的地球生态环境的健康、和谐及永续发展。

滇池生态破坏及污染的历史，不仅给水域环境的治理及水生态系统的修复历史提供了极好的案例及教训，也提醒环境史研究者，除了关注史料极为丰富的陆地生态及环境的研究以外，还应该充分发挥跨学科研究方法的优势，借鉴及利用自然科学的研究丰富及结果，更多地关注湖泊环境、关注水域环境史的研究——当然，内容及范围更广阔的海洋环境及生态史的研究，更应该受到重视。只有水域及陆地环境和生态史的研究广泛开展起来，学科建设中的环境史，尤其是目前提倡的全球史视野中的环境史意识及话语表达，才能具备完整意义上"全球环境"的内涵——才是真正的、名副其实的全球环境史。

目前，水域环境尤其是海洋环境史的研究，无论是成果的数量还是研究的领域、主题等，都还远远不够，根本不能与丰富的海洋环境及生态变迁的历史相对应。学界的研究虽然初步涉及了一定栖息地生境中海洋动植物变迁历史上的组合特点，以及彼此间的关系史、与海洋环境间的相互关系史，或是海洋生物群落形成与发展、变迁的历史等，但海洋环境及生态史的研究，依然只是初步的开始，需要更多的学者关注及学界的大力支持，甚至是国家项目的投入，使海洋环境史与陆地环境史具有同等重要的位置。

如果能够系统研究水域环境史，尤其是对水域环境及生态变迁的历程及后果、影响进行深入研究后，其中的某些研究结论及其内容、观点、理论等，如海洋生物及其种群生态史，尤其是海洋动植物的分类、形态、区系分布、生态、生理、生化、遗传等变迁的环境史，很有可能对陆地环境变迁史中某些领域、某些物的研究及观点起到补充、支持甚至是改写的作用。研究不同历史时期的海洋生物在不同海洋环境中的繁殖、生长、分布和数量变化的历史，以及生物与环境相互作用的历史进程，阐明海洋（水域）生物环境变迁史的规律及特点，不仅为海洋环境生态史研究提供新的支撑点，也为现当代各海域海洋生物资源的开发、利用、管理和养殖提供资鉴，为保护海洋环境和生态平衡提供科学的依据。

当然，河口生态环境史、上升流生态史、珊瑚礁生态史及内湾生态史等在水域环境史研究中几乎没有丝毫研究的领域，亟待借助不同学科的资料及结论，进行系统研究，更好地探讨、研究古代水域（海洋）生物之间及其与地史时期海洋环境的相互关系，有助于理解不同历史时期、不同海域的生物组成及其生态环境变迁的历史、生物种群结构和数量变动的规律史，以及不同生物群落的构成和更替的历史，尤其是水域生态系的结构和功能变迁的历史、水域（海洋）物种的转换和能量循环变迁的历史。不仅能确保目前世界各地海洋生物资源（种群密度）能持续地高产、稳产，预报生物数量和环境变化的方向，最大可能保持地球及海洋生态的动态平衡及其协调共进，也能促进海洋生物环境史其他领域研究的开展，不仅为海洋环境史研究，也为中国"一带一路"建设中各国海洋环境及生态的和谐共生提供资鉴。

很多学者都明显感到水域环境的史料较少，限制了水域环境研究的开展。毋庸置疑，史料的欠缺确实是研究的最大瓶颈，很多古代水域环境、生态问题及领域的研究，势必会因为史料的缺乏而无法进展。当然，古代水域环境的史料已经不可能弥补，只能在各种史籍及学科史料中搜集、治理、解读并研究水环境变迁的历史进程，广泛运用自然科学领域的研究数据及结论，尽可能恢复及构建历史时期水域环境史的脉络及框架。这就提醒了现当代水环境史研究者，在进行学术研究、构建环境史学术话语体系、担负新兴学科建设重任的同时，应该肩负起另一个不可回避及推卸的学术责任——利用各种途径及方法，搜集、整理、书写湖泊环境、水域环境的不同学科、类型、内容的史料。

例如，海洋环境史料的搜集，可以与当下大规模的综合生态调查和实验生态观察相互结合。尤其是与目前正在迅速发展起来的海洋生态系的研究相结合，将自然生态的观察和实验生态的研究置于环境史学的背景下，着重研究并搜集、整理现当代海洋生态系的结构和功能史料，以及海洋生态系中生物与非生物环境之间物质循环和食物链内的能量流动的史料、各级海洋生物生产力的变化及资源的预报和增殖的史料，还可以广泛搜集及运用人工控制下的现场实验生态研究的结果及结论，为海洋环境史新型史料的搜集、整理及书写提供基础。新时期水域环境史史料的搜集及书写，可以与一些正在开展的水域生态学的项目合作，搜集、整理水域环境史资料，如综合利用70年代开始的"控制生态系污染实验"（CEPEX）和"人工小宇宙"（Mesocosm）研究结论的资料等，既能为学术研究服务，也为现实水环境的治理及保护提供充足、可靠的资料，使湖泊环境史、海洋环境史的研究，建立在扎实的基础上。

空碛行潦：民国时期河西走廊洪水的
灾害社会史管窥

张景平[①]

（兰州大学历史文化学院）

【摘要】以民国档案文献为主的地方文献中保存了某些有关河西走廊洪水灾害的信息，由此展示出洪水灾害在这一典型干旱区引发的某些具有代表性的社会现象。本文梳理了对洪水侵蚀土地的瞒报、片面追求灌溉效益导致的"工程型"洪水以及地方社会对洪水后新成湿地的争夺三个现象，指出在自然条件和传统技术条件下，洪水造成的损失和增益对于干旱区区域社会整体而言无关轻重，而洪水治理成本则过于高昂，故地方社会可以有条件地选择忍受洪水损失，而洪水的意外增益亦很难维持。在干旱缺水的整体社会背景中，洪水的实际危害无法充分凸显。

【关键词】河西走廊；民国时期；洪水；区域社会

河西走廊是中国西北部重要的灌溉农业区。该区域处于祁连山与走廊北山的夹峙之间，因为气候干燥少雨，"干旱"成为外界对这里的一般印象。的确，在这个年均降水量30—200毫米、蒸发量1000毫米以上、最大河流年均径流仅为20亿立方米的地区，水资源的匮乏从古至今都是制约社会经济发展的重要问题。尤其到民国时期，河西走廊各流域都不同程度地出现用水矛盾激化甚至流域性水利危机的情况，引起了学术界的关注。[②]但同样在这片区域中，洪水灾害亦时有发生。洪水冲溢河道、

本文系国家重点研发计划"西北典型地区节水与生态修复技术集成提升与规模示范"（2016YFC0402900），国家社科基金青年项目"晚清以来祁连山－河西走廊水环境演化与社会变迁研究"（18CZ068），甘肃省社科规划重点招标课题"甘肃黄河文化保护：传承与弘扬的战略定位和实施体系研究"（20ZD014）阶段性成果。

① 张景平，历史学博士、工学博士后，兰州大学历史文化学院研究员。主要从事中国水利史、环境史研究。

② 相关学术综述参见张景平，王忠静：《干旱区近代水利危机中的技术、制度与国家介入：以河西走廊讨赖河流域为中心的研究》，《中国经济史研究》2016年第6期。

弥漫于茫茫戈壁之上，此种场景并非稀见。仅以河西走廊西部重镇酒泉为例，在防洪工程日渐完善的 1949 年之后，洪水仍然曾三次冲进城区。[①] 至于民国时期，河西走廊洪水灾害则亦有不少见诸史料。河西走廊洪水的成因较为统一，主要为夏季祁连山区暴雨引发山洪，致使各内陆河猛涨所致。[②] 但洪水作为一种灾情，则是这片土地上一些独特的自然社会因素相互作用的结果，并最终形成一些引人遐思的社会现象。目前对于河西走廊洪水灾害的研究主要属于自然科学范畴。笔者长期整理河西走廊水利史文献，发现若干与洪水相关的民国时期微观社会史料，在此谨作敷陈，以就教于各位方家。

一、"内部"洪灾：水权考量下的洪灾瞒报

玉门县蘑菇滩毗邻安西三道沟地区，疏勒河主河道从两地之间经过，为两地界河。1934 年 6 月，疏勒河突发洪水，不但淹没大片耕地，还引发河道中泓线向右岸摆动，侵蚀大片耕地。依据惯例，凡水蚀沙压之耕地，民众都会向政府报告以核销田赋。然而，此番灾情发生后，玉门方面并无报灾之举措。直到 1936 年，此事由邻县安西民众向上级政府机关第一次提出：

> 玉民放刁作伪，其端又不可胜计。民廿一年古五月昌马河大涨、水复东徙，奸绅马四爷、黄二爷、刁民刘复礼、刘再兴地亩二顷余皆没河中。当时顿踣号泣，丑态皆民所亲见……后竟欺瞒官司、匿灾不报，一逞狼跋、犬彘不若。[③]

作为被指证的对象，玉门方面对此坚决否认：

> 前年夏水稍大，中流侵岸，……然安人谓漂没地亩云云，绝非实情。

---

① 其具体情形参见李缵涛《新中国成立后洪水三进酒泉城纪实》，《酒泉文史资料》第 11 辑，政协酒泉县委员会 2000 年编，第 186—191 页。

② 此方面具体研究成果甚多，其集中论述可参见葛其方：《我国最干旱的地区及其洪水灾害》，《气象》1983 年第 9 期；代德彬，庞成，胡晓辉：《河西走廊暴雨灾害致灾机制及减灾对策》，《现代农业科技》2018 年第 4 期。

③ 安西县民众代表：《呈为恃凶强横武断河流伏乞县长为民做主由》，1936 年 5 月，酒泉市档案馆历 3-1-2123。

此隰地盖鳏寡数家偶然自耕，十不一获，不与科田相等。……清平民国，
何来如此灾象？[1]

　　一面是旁观者极力指认受灾，一面是受灾者矢口否认，由此构成一种奇特画面。
此种看似围绕灾害的争议，其背后则与当地的灌溉秩序密切相关。疏勒河是玉门、安
西两县主要灌溉水源，两地分别从疏勒河右岸、左岸取水灌溉，虽有分水办法，但纠
纷一直不断。1936年夏天，安西、玉门又因争水发生纠纷，原因是1934年夏季洪水引
发河道向玉门方向摆动后，安西方面取水口无水可引，不得不重新开辟渠口，致使原
渠道延长近两华里。[2]疏勒河流域传统渠道无衬砌，渗漏严重，故在水权安排方面专门
设置此种损耗的份额，称为"润沟水"，渠道愈长则"润沟水"欲多。[3]1935年，安西
方面向玉门提出，应增加己方用水量以补足新增的"润沟水"的份额，遭到玉门方面
拒绝。[4]1936年春季安西方面修整取水口时，将原渠口宽度自行扩大半尺，玉门方面闻
讯前来阻止，双方爆发冲突，安西方面被殴毙一人。安西方面上书管辖安西、玉门等
七县的甘肃省第七行政督察区专员要求解决。[5]然而，安西方面在呈文中对增加"润沟
水"一事却轻描淡写，而将重点放在1934年洪灾造成的河流改道和玉门耕地侵蚀一事，
这又是什么原因呢？此处必须提到作为河西走廊传统水利秩序基础的"按粮分水"。
　　"按粮分水"中的"粮"即"皇粮"，意为田赋。此制度于明代后期逐渐形成，
其制度核心是以田赋为依据分配灌溉水量，从农户、灌区直到县域之间的水量分配
皆以此安排，玉门、安西两县之间的分水亦不例外。[6]安西县深知，在灌溉水量有限
的情况下，己方要求增加所谓"润沟水"必然导致对方玉门县的灌溉水量减少，上

---

　　[1]　玉门县民众代表：《呈为安西劣绅王伏令马占元虚词混捏强夺水源事》，1936年5月，酒泉市档案
馆历3-1-2123。

　　[2]　甘肃省第七区专员：《三道沟开渠诸事实情若何宜履实具报以彰慎重的指令》，1936年6月，酒泉
市档案馆历1-1-425。

　　[3]　关于润沟水的记载，参见张掖专区文化局编《河西志》，1958年编印，甘肃省图书馆西北文西部
藏，第六章"水利"，第44页。

　　[4]　此事不见于30年代档案。1947年甘肃省政府对疏勒河流域安西玉门两县分水方案重新进行整体
调处时曾列举主要冲突时中云："二十四年两县蘑菇滩三道沟两处商议整顿水权，安西以渠道改易、水行
迁回，故主张增加相应水分，未得响应。"甘肃省第七区专员：《安玉旧案调查记》，1946年11月，酒泉
市档案馆历1-1-1546。

　　[5]　参见前引安西县民众代表：《呈为恃凶强横武断河流伏乞县长为民做主由》。

　　[6]　关于河西走廊"按粮分水"制的主要归纳，参见前引张景平，王忠静：《干旱区近代水利危机中
的技术、制度与国家介入：以河西走廊讨赖河流域为中心的研究》。

级政府仅凭渠道长度的单方面延长恐怕很难支持更改水量分配规则。然而，田赋的征收问题始终是各级政府的头等大事，而对"沙埋水冲"之地的田赋核销自清代开始即为重要行政事务；一旦指明对方的土地被侵蚀，则田赋数量必然下降，对方田赋总额下降则所应分配之灌溉水量亦当下降，指出这一点上级政府不会不干预。

此种策略果然引发第七区专员的重视，指示玉门县政府详细勘察，并要求重点回复"究竟有无地亩冲毁事项"。[①]对于此种指控，玉门县从官到民自然矢口否认，玉门县长尤其强调"查去岁职县田赋并无报减积欠，安西民众所控坍毁地亩等情，实为无主熟荒，并无确切实灾情"。第七区专员见此报告后，当即于原件批示按"通行民事纠纷办理"，不再过问。[②]最后经协调两县，将安西县水口扩大一寸，以示象征性照顾到新增"润沟水"，就此终结此番纠纷。[③]

作为一件河西走廊常见的水利纠纷案例，1936年安玉纠纷从产生到解决并无特别之处。但玉门方面1934年究竟是否遭遇严重的洪水灾害？答案是肯定的。1934年蘑菇滩民众代表给玉门县政府上呈文，即提到在此次洪灾中损失牲畜、房屋若干，更为严重的是"腴地三百余亩尽落河中"，民众"横罹此无告之巨灾惨祸"，要求减免当年赋税。[④]最后是否有赈恤之举动，档案无证。然而就是同一批民众，在1936年矢口否认曾遭受灾祸，这说明耕地的损失与水权的损失相比是微不足道的。事实上，河西走廊地广人稀，耕地资源几乎无限，奈何干旱少雨，无灌溉即无农业，有限的水源是比土地更重要的资源。因此，当民众意识到上报灾情有可能被褫夺水权时，他们宁可自己承受灾害的损失。群众隐忍自救的例子以讨赖河中游的酒泉县最为典型。在1952—1953年土改复查时曾纠正一批因土地面积较大而被划入富农，理由是这些农民原本耕种沿河肥沃土地，但在历次洪水中土地被侵蚀，不得不转垦荒滩。报告指出，这些新垦地由于贫瘠不得不广种薄收，故面积虽大而"反动政府没有承认"，所以"税收没有增加"，仍然按照"本来临河田地征收"。新开垦的荒滩位于渠道末梢，常常不能足量灌溉，故土地面地虽大但农民的生活水平"尚在一般中农之下"。[⑤]

---

①　甘肃省第七区专员:《令玉门县政府详实调查安玉水利案的指令》，1936年5月25日，酒泉市档案馆历3-1-2123。

②　玉门县政府:《为具报安玉水案情形的呈文》，1936年6月7日，酒泉市档案馆历3-1-2123。

③　甘肃省第七区专员:《令安西县玉门县政府妥为裁处水利案的指令》，1936年7月10日，酒泉市档案馆历3-1-2123。

④　黄三复等:《呈为横遭洪灾颗粒无存垂怜以苏民命事》，1935年9月，酒泉市档案馆历3-1-2022。

⑤　酒泉县第三区:《第三区查田定产中若干问题的请示》，日期不详，酒泉市肃州区档案馆2-4-731。

河西走廊诸内陆河的河道普遍摆动十分频繁，一次大的洪水即可造成较为严重的土地侵蚀，这种隐瞒洪灾不报的情况非常普遍，不止局限于疏勒河流域。根据对黑河中游高台县 1940 年档案的不完全统计，当年夏天至少有四个保向县政府报告了耕地被洪水侵蚀的情况。但第二年初县府编制的《民国二十九年高台县政概要》中"灾害"一栏显示，只就一个保的洪灾向甘肃省作了申报。[①] 未上报的四个保，全部位于三清渠灌区，此灌区的干渠渠口在上游临泽县境内，涉及与临泽县的分水问题。有趣的是，三清渠四个保因受灾产生的田赋积欠，县府当局给省政府的汇报时，理由竟为"气候异常致使灌溉失期"。[②] 但在县内，政府大方承认这四保遭受洪灾。1941 年，同属四保的沙河村与南古村发生冲突，作为沙河村传统燃料来源地的柴滩被南古村村民开垦，引发沙河村不满。县政府支持南古村，指出"该村旧有地亩，三成已毁于去岁洪灾"，理当体恤。[③] 由此可见，高台县政府并非完全不承认"洪灾"，而是只在"内部"予以承认。

当然在这里应当指出，惧怕在"按粮分水"制下对被褫夺水权固然是隐匿洪灾的最重要原因，却不是唯一原因。在一个常识意义上的"干旱区"，上级官员对洪灾采取一种忽视态度，也是民众及县级官员没有报灾愿望的原因，他们更愿意上报"旱灾"。[④] 另一方面，许多被冲毁的土地确实并非承担赋税的正式耕地；毕竟在地广人稀的河西走廊，私开荒地从来难以被禁止。

在地方官员瞒报洪灾的同时，另一个耐人寻味的现象，是地方政府与民众在修筑防洪堤防方面非常不积极。1937 年酒泉县长在一份统计河渠工程的表格中，于"防洪堤坝"中填写"无"，备注中说明如下：

> 河西诸河除黑河等枝外，多数仅夏秋行水，冬春干涸，且长流戈壁、杳无人烟。以极瘠苦之地征括极巨量之别赋，修此十无一用之巨堤，空耗物力，别无必要。故并诸县俱无。[⑤]

---

① 高台县政府：《民国二十九年高台县政概要》，1941 年 1 月，张掖市档案馆未编号民国档案。

② 高台县政府：《高台县二十九年田赋分区额征情形表》，1941 年 1 月，张掖市档案馆未编号民国档案。

③ 高台县政府：《为开垦柴滩不宜阻拦以详为宣示给第二区的指令》，1941 年 4 月 28 日，张掖市档案馆未编号民国档案。

④ 参见张景平：《"旱"何以成"灾"：1932—1953 年河西走廊西部"旱灾"表述研究》，《学术月刊》2019 年第 7 期。

⑤ 酒泉县政府：《为报全县河渠工程计划表的呈文》，1937 年 8 月 4 日，酒泉市档案馆历 2-1-1071。

此间透露出清楚的信息，即社会认为修筑防洪堤坝的性价比太低，宁可忍受偶然的洪水，也不愿花费巨资修建十年才用一次的堤坝，尤其是当这个"巨资"是由民间社会承担的时候。

二、与洪共舞：引洪灌溉中的"工程性"洪水

在现代水利工程普及之前，河西走廊灌溉时间集中于夏秋，大抵从每年四月开始到十一月结束。灌溉期间、特别是夏初，河水水量不丰，用水颇感紧张，上下游之间的用水纠纷多发生于此时，河道往往因水流尽数入渠而干涸。然而一俟汛期到来的夏季或灌溉期结束后的冬季，干涸的河道立即形成浩浩汤汤的奇特场景。然而此种大河奔流的景象对广大民众而言并不浪漫，因为他们赖以生存的灌溉工程会把河水变成冲毁房屋、淹没田地的滔天洪水，这其中尤其以金塔县的遭遇最为典型。

金塔县位于讨赖河流域下游，汉代曾于此处设会水县，但因位于走廊北山之外、远离纵贯河西走廊东西交通干线，自汉以后长期没有郡县设置。清康熙末年，清廷在这里开设屯田，后设肃州州同一员于此处，形成实际上的县级行政区划，辛亥后正式命名为金塔县。[1] 该区域土地资源丰富，但自屯田开展之初，就面临灌溉用水不足的问题。每年5月，当地主要作物小麦处于灌溉关键期，而河流尚未进入汛期，此时上游的酒泉绿洲占用了讨赖河径流中的大部分灌溉水源。故早在乾隆时期，金塔绿洲南部的若干灌区就与酒泉绿洲最下游的茹公渠进行协议分水，以维持基本灌溉。[2] 然而到夏季汛期或冬季灌溉停止后，下游完全是另一番景象，讨赖河干流以及支流洪水河、临水河、清水河等河水集中下泄，自南向北经过走廊北山鸳鸯池峡谷进入金塔盆地，地势骤缓、水势益大，天然河道皆成漫流，宽度往往可达数公里。道光年间肃州州同冀修业在左右岸修筑堤坝，人称"东西栏河"，将河道收束至不足五百米。"东西拦河"的最北端，一道拦河堤坝以及并列安置的六渠渠口将二者联结起来。东西河堤、拦河坝、分水口，三者共同构成讨赖河最下游的一个引水工程：王子庄六坪。[3]

---

[1]　参见张景平、郑航、齐桂花主编：《河西走廊水利史文献类编·讨赖河卷》，北京：科学出版社，2016年，《讨赖河卷叙记》，第x—xvii页。

[2]　参见民国《创修金塔县志》，甘肃省图书馆藏抄本，卷四《水利》。

[3]　参见顾淦臣：《重修金塔六坪记》，《甘肃省水利林牧公司同人通讯》1944年第32期。此文价值甚大，不但详细描述了"六坪"工程构造，亦对六坪遭受之水灾有全面之介绍。收入张景平、郑航、齐桂花主编：《河西走廊水利史文献类编·讨赖河卷》第145—149页。

王子庄地区是讨赖河最下游的一个灌区，共由六条干渠组成，当地称渠为"坝"，六条干渠自东至西，分别为户口坝、梧桐坝、三塘坝、威虏坝、王子东坝、王子西坝。六干渠渠口并排安置，渠底高程一致，宽度以各渠所承担之赋税面积决定，赋税愈多则渠口愈宽，以此实现按比例分水。① 这种按比例分水之法称为"镶坪"，故渠首称为"六坪"，即放射状的六条干渠渠首之意。其中梧桐坝的渠口最窄，仅有九尺宽，承担着非灌溉用水时期的河水下泄，最终汇入中国第二大内流河黑河。

从上述描述可以看出，王子庄六坪的工程安排事实上十分不利于防洪。首先，以堤防收窄河道本身十分不利于行洪，两侧堤防不得不愈筑愈高，一旦溃决会加剧洪水的冲击力，同时每年的堤防培筑给当地民众带来了沉重的赋役负担。② 第二，自然河道中水流的下切作用十分明显，河道刷深是自然趋势，但民众为了保持分水公平，始终把维持"六坪"进水口高程不变作为水利活动的核心。这种人为抬高河床的方法，事实上使渠首在洪水期间成为巨大的阻滞物。第三，"六坪"最为致命的缺憾，在于完全没有预留退水与溢洪设施，一条九尺宽的梧桐坝显然无从宣泄洪水，洪水只能沿各渠奔下，直接冲向村庄和耕地。

收束河道、阻滞行洪、退水不畅，三种因素叠加，致使"六坪"地区具备了遭受洪灾的全部必要条件。六月开始，讨赖河进入夏季汛期，洪水往往把灌浆甚至将要成熟的田禾冲毁淹没，农民只有"荷锸号泣，不知今岁生计又在何处"。③ 除了夏季汛期的常见洪水之外，冬季洪水亦具有更大破坏力。夏季洪水的危害主要在于其冲击力，但河西走廊夏季洪水历时较短，危害时间不会过长，冬季洪水则不然。十一月开始，讨赖河逐渐进入冰期，流动冰凌从上游祁连山区漂下，在"六坪"因河道收窄、排泄不畅，开始大量堆积，由此形成凌汛。④ 冰水夹杂，漫过东西河堤以及拦河坝，缓慢而稳定地覆盖农田、逼近村落；如凌势过大，致使拦河坝溃决，则冰水一泻而下，部分村庄积水可达一人之深。且气温继续下降，浸泡于冰水中之村

---

① 参见民国《创修金塔县志》，甘肃省图书馆藏抄本，卷二《渠系》。

② 堤防培筑耗费人力甚多，故令各乡分段包干，成为每年县府之一大任务。参见《金塔县水利委员会三至八次会议记录》，收入张景平、郑航、齐桂花主编：《河西走廊水利史文献类编·讨赖河卷》，第401—404页。

③ 金塔县户口坝民众代表：《呈为洪水冲决颗粒无收乞放赈济以活民命事》，1939年7月11日，酒泉市档案馆历1-1-139。

④ 冰凌最为严重的是1939年冬季，时任县长赵宗晋不得不电请第七区专员协调酒泉协助抗洪。参见《金塔县长请求酒泉派人出物协助金塔抵御水灾等事给七区专员的电文及七区专员处理意见》，1939年12月29日，酒泉市档案馆历1-1-142。

庄将彻底封冻，而附近因地势平衍、受灾百姓无处躲避，只得栖身树上，景象之凄惨难以备述。①

　　既然"六坝"从防洪角度来看是如此不合理，当地民众为何不谋求改进？事实上，当地民众对此并非不知"六坝"不利防洪的弱点，但确实有不得已之处。王子庄"六坝"的设计理念，实际是以最大程度引水灌溉为旨归。这个位于讨赖河最下游的灌区，平时深受灌溉用水不足的困扰，故夏季洪水就是一年中最为重要的灌溉水量。为了最大量的引用这些洪水，王子庄民众与地方官不惜使用筑堤收束河道的办法逼水入渠。至于拦河坝，本为流域乃至河西走廊常见之水工建筑，但上游各坝普遍强度有限，一遇暴洪辄自行溃坝，洪水不至入渠，实际起到防洪之效。②但"六坝"拦河坝因位于下游，且河道比降甚小，洪水冲击力已大不如上游，民众又改革修筑方法，使其尤其坚固，这使"六坝"失去了一道防止洪水入渠的重要保障。③

　　然而对于年年肆虐的洪水，当地民众却长期选择忍受。民国工程师曾指出，民众"贪水"心态现象严重，明知夏季洪水入渠危害极大，但仍然在主动引导洪水入渠。④至于泛滥导致的损失情形，当地人视为一种可以承受的代价。在一桩与水利无干的民事案件中，两户居民因借用骡马交纳正赋粮草而马匹被军用汽车撞死一事发生纠纷，借用一方坚称此种意外责任不在己，而以洪水灾害为譬：

　　　　人各有天命，若王子六坝年年发水，今年损东家、明年损西家，并无定势、随时转轮、各自情愿，不能缘由我家受水，便倒坝翻沟让你们众人不去浇地了。⑤

　　"倒坝翻沟"是当地俗语，意思是渠首毁坏、渠水溢出，引申为各种极为恶劣的行为，这里意思是人为放弃灌溉。这里的信息在于，民众能容忍这种灾害的关键原因，是洪水造成的损害是随机的、代价是由大家共同承受的。金塔地广人稀、人均耕地面积很大，加之讨赖河毕竟是一条年均径流不到 6 亿立方米的内陆河流，看上

---

　　①　此种情形，民初金塔县知事李士璋曾作诗云《辛酉仲冬月十一日到小梧桐坝勘水一片汪洋竟成泽国民有巢居树上者赋此志慨》。参见民国《创修金塔县志》，甘肃省图书馆藏抄本，卷十《艺文》。

　　②　参见张景平：《丝绸之路东段传统水利技术初探》，《中国农史》2017 年第 2 期。

　　③　参见前引顾淦臣：《重修金塔六坝记》。

　　④　参见前引顾淦臣：《重修金塔六坝记》。

　　⑤　金塔县政府：《梧桐坝曹某控户口坝蔺某折损马匹故为抵赖案的笔录》，1943 年 7 月，酒泉档案局历 5-1-4300。

去面积相当可观的洪水淹没区也只影响数量很少的人口；对于一条干渠而言，不加节制地引洪入渠，虽然因洪水损失个别民户的利益，但却使其他人获得更多的灌溉之力，整体上是合算的。且金塔全县有比较发达的民间赈济活动，虽无法证明就是因补偿局部洪灾被淹民众而发达，但确实也起到了一定意义上的"保险"作用。[①]

然而，如果洪水的后果要由一个稳定的群体去承担，地方社会立即变得无法接受。三四十年代之交，"六坪"中的三塘、户口两坝因退水发生纠纷，其实质是三塘坝在渠道上私自安装了一个简易退水装置，一旦洪水过大就引入梧桐坝，梧桐坝容纳不下，便漫溢到户口坝，如此三塘坝安全无虞而户口坝年年受灾，由此引发纠纷。[②]这也从侧面补充说明了另一个问题，即六条相距不远的放射状渠道很难选择退水分洪装置，因为分自己的洪必然损害他人。后由工程师改造"六坪"，说服农民在坪口即将一部洪水放入荒滩，同时设计退水装置，使"六坪"有计划地逐次退水，此问题方告暂时解决。

三、争夺洪灾的"遗产"：洪水引发的草湖纠纷

在河西走廊的生产生活体系之中，以"农田＋人造林＋渠系"为核心的人工绿洲具有核心地位，绿洲边缘还有大量湿地存在。这些湿地多处于农田与戈壁体系的结合部，一般位于地下水集中出露区、灌溉余水排泄区或河道两侧，水草丰茂，是绿洲社会重要的畜牧地。这一类湿地在近世河西走廊被称为"草湖"或"湖滩"。故河西走廊自汉代起虽然即兴起灌溉农业，但畜牧业始终占有相当地位，草湖的作用极为明显。然而，有一种草湖的存在并不稳定，这即是因洪灾而生成的草湖。民国时期酒泉、金塔交界的暗门草湖即为其中一例。

酒泉、金塔两县同属讨赖河流域，酒泉位于上游，金塔位于下游。民国时期，两县之间以大片戈壁为天然界限。大约在20世纪20年代初，讨赖河连续数年发生较大洪水，对上游酒泉绿洲造成一定破坏。洪水涌入戈壁后溢出河槽形成漫流，使原本荒芜的戈壁形成许多水洼和小型湖泊，逐渐形成一片新的草湖。这片戈壁位于两县之间，归属原本并不明确。自此处新形成草湖后，两县民众纷纷进入放牧羊群，

---

① 曾余20世纪40年代担任金塔县建设科长的张文质先生曾应政协金塔县委员会之邀写作《民国时期金塔县的慈善事业》一文，提及金塔曾有每年冬春定期施粥的制度，由当地绅士轮流主办。此文只成初稿而张先生已逝，手稿由笔者2012年在兰州城隍庙购得。

② 甘肃省参议会：《参议员赵积寿建议金塔县长督促三塘坝人民修理坝渠沿照旧退水案咨》，1942年11月6日，甘肃省档案馆藏14-22-765。

一开始并无冲突。1926 年秋天，双方牧羊人在此间因琐事口角，引发一次中等规模械斗，虽无显著伤亡，却由此引发了金塔民众要求明确此处草湖归属的请愿活动。金塔方面认为，此处草湖距最近的酒泉村庄也有 10 华里，但距离金塔方面只有不到 3 华里，且一直为金塔地区民众采集过冬燃料白茨的传统区域，酒泉民众一般不涉足此处，相应放牧权益应明确划归金塔。① 酒泉方面则针锋相对，认为这片草湖的形成原因是来自洪水，洪水对酒泉造成极大伤害，故"天道循环，以彼新成之草湖补益旧圮之田庐"，理应作为酒泉民众受灾之补益；至今金塔虽距离较近，但其于洪灾中毫无损失，不应再占放牧利权。② 时作为金塔、酒泉两县共同上峰的肃州镇守使裴建准对酒泉方面的说辞不以为然，明确将此处放牧权益归属金塔。③ 裴离任后，酒泉方面曾再次争取确权，亦无结果。④ 后由于讨赖河进入枯水小周期，不复大洪水，这片草湖失去补给，大约在 20 世纪 30 年代中期逐渐干涸，不复刍荛之利，两造纠纷亦自然消解。

至迟在清代，河西走廊绿洲已普遍有冬春非灌溉期将河水放入绿洲边缘的草湖以维持其植被的举措，故民众对草湖与河水之间的关系十分清楚。在这个意义上，酒泉民众把因洪水而新出现的草湖当成洪水的"遗产"是非常自然的。另一方面，由于河西走廊内陆河的基本水文特性，洪水灾害的受灾面积一般不大，不会形成流域性的大洪水；在 20 年代的讨赖河流域洪水中酒泉受灾而金塔无虞，酒泉民众从这个角度出发，把自己当成草湖这笔洪水遗产的唯一继承人，即便明知此区域是邻县民众的习惯活动区域。在此，与灾害相关的心理空间范围随着洪水的延伸悄然发生了延展，并进而突破了人文的、自然的界限。可惜金塔民众并不能共享酒泉民众这种延展的空间观念，他们反驳道："倘夏水复大，草湖展至县邑，则全县可为酒民驰突之地乎？恐无此理。"⑤ 除却现实的利益之争，自然环境造就的对灾害的不同感知，致使双方无法形成共鸣。

---

① 金塔县民众代表：《呈为酒泉铧尖乡民强占草湖畜牧无赖伏祈裁断疆界以安民生事》，1926 年 10 月 25 日，酒泉档案局未编号民国档案。

② 酒泉县民众代表：《呈为被潦损业唯以草湖延命祈示判断由》，1926 年 11 月 3 日，酒泉档案局未编号民国档案。

③ 金塔县政府：《金塔县草原调查表》，1943 年 7 月，酒泉档案局历 5-1-4290。

④ 酒泉县民众代表：《呈以昔年旧案裁断不公未便遵结以利公平由》，1928 年 4 月 3 日，酒泉档案局未编号民国档案。

⑤ 金塔县民众代表：《呈为闻邻县浮词狡赖全邑公愤伏惟大老爷明断由》，1926 年 11 月 20 日，酒泉档案局未编号民国档案。

金塔、酒泉之间的暗门草湖之争出现于民国，但关于草湖问题的处理，事实上早已有之。清中叶山丹草湖坝灌区已经形成了一种比较合理的划分。草湖坝是山丹重要的灌区，自上而下分十条支渠，形成十个子灌区，依次以头坝到十坝命名。其中的七坝到十坝关于草湖问题形成了这样一种默契，即八坝附近草湖由七坝民众放牧，九坝附近草湖由八坝民众放牧，十坝附近草湖最大，由九坝、十坝民众共同放牧。之所以能够产生这样的默契，是因为此片区域属于丘陵谷地，七坝到九坝的民众均无法就近排放灌溉余水，而只能在下游灌区附近形成草湖。[1]"灌我水即我（草）湖"，[2]基于共同地理环境产生的同理心，八坝和十坝民众得以容许邻坝民众到自己灌区附近放牧，心理空间得到了来自现实的支持。

然而，山丹草湖坝地区草湖的和平划分还有赖于一个重要的自然条件作为保证，即草湖坝水源为泉水汇集而成的地面径流，其水文特性十分稳定，鲜少旱涝之虞。草湖的维系只需各坝民众稳定地将灌溉余水灌入即可。对于那些作为洪水遗产的草湖而言，要维持这份遗产是很困难的，还可能导致更为复杂的纠纷。在疏勒河支流赤金河，1937 年的一次夏季洪水汇潴在赤金镇以北的长疏地一带，使原本即存在的草湖面积大幅扩大。抗战爆发后，当地迎来甘新公路修筑和玉门油矿勘察，技术人员及工人数量猛增，多收购羊皮制衣御寒，并须采买肉类，致使长疏地一带农户竞相养羊。适逢洪水带来草湖扩大，羊群所需青草不成问题。然而好景不长，一两年后潴留之洪水日渐蒸发，草湖又逐渐缩小，长疏地一带农户颇感焦虑。长疏地一带之农业灌溉，所依凭者为每年在赤金河中修筑之简易柴稍坝，一到汛期辄被冲毁。1940 年，长疏地民众出资聘请玉门油矿有关技师，在河中修建半永久式引水建筑一座，可确保不在汛期被冲毁，同时新开水渠一道直通草湖，待汛期水位高时可分一半水入草湖，由此可维持草湖面积不减。然而工程修建到一半时，下游天津卫一带的民众包围了工地，强烈要求停工。[3]

天津卫是位于长疏地下游的一个灌区，道光年间曾和下游天津卫发生用水纠纷，最后由官方裁定分水办法。[4]但官方用水规程只规定了非汛期的分水办法，汛期不在其列，原因是汛期上游的简易柴稍坝必然被冲毁，下游可以引洪灌溉。长疏地请

① 山丹县政府：《为澈查草湖坝水利情形的呈文》，1944 年 6 月 16 日，甘肃省档案馆 15-11-413。

② 甘肃省第六区：《为报山丹草四坝水利案已解决的代电》，1948 年 3 月 22 日，甘肃省档案馆 015-011-416。

③ 此事件过程之描述，参见甘肃省第七区：《为报玉门县乡民争执分水致油矿局技师被围事的代电》，1940 年 5 月 2 日，甘肃省档案馆 14-1-248。

④ 参见道光《赤金断水碑》，玉门市博物馆收藏列展。

玉门油矿局改建渠首，无疑是钻了制度的空子，而尤其令下游民众愤怒的是，长疏地居然宁可把河水浇灌草湖都不肯让下游灌田。长疏地方面自觉理亏，不知是否经"高人"指点，居然想出下面一种令人啼笑皆非的理由：

> 赤金河夏季多雨洪，冲漂庐舍淹毙人畜。……草湖为天然滞洪之所，民国二十六年洪水，端赖此湖分蓄，不至成灾。今日民等以科学之法，引洪入湖，分杀水势，此欧美诸国常见之法，可保地方无虞。所谓见利忘义、肥草畜羊之指控，皆浮词捏诬，碍难接受。[1]

此种说辞给出了另一种叙事逻辑，即将草湖作为蓄洪区进行描述。这个说法编造事实，在具体细节方面漏洞百出，致使省府方面极为不满，勒令立即停止修建，拆毁渠首半成品。[2] 不过从这种近乎闹剧的申辩中，我们可以发现长疏地要坚定继承洪水"遗产"的决心，甚至不惜把正常的汛期来水说成洪水。洪灾给予某些地区改善生计的契机，如何把这种契机长久地保存下来，显然成为区域社会重要的公共课题。

四、结论与余论

以上我们简单地介绍了近代河西走廊三种与洪水相关的社会现象。区域社会为维持水权而瞒报的"内部洪水"，被水侵蚀的耕地可以在别处重新开垦，丰沛的土地资源一定程度上补偿了为水付出的代价。为片面争取更多灌溉用水的"与洪共舞"中，民众则在代价均摊的前提下对洪水灾害表示出了相当大的隐忍态度。这固然说明，灌溉的利益仍然是干旱区农业社会必须首先考虑的问题，无论水权或水量皆是要尽力争取的对象；但另一点更为重要的在于，干旱区特殊的气象与水文条件决定了这里的洪水灾害是局部、短暂的，洪水对于整个区域社会而言只是癣疥之疾，不是心腹大患。其实要减轻洪水灾害的影响并不难，在地广人稀的戈壁河道修建可靠的护岸工程、官方动用强制力量迫使民众放弃全部引洪入渠的想法而施行渠首分洪，都可以有效防止洪灾，但这都要以消耗大量的有形无形资产为前提，投入甚至可能大于洪灾造成的损失，地方社会和政府都没有足够的兴趣，故水灾不能成为一种社

---

[1] 玉门县民众代表：《呈为赤金峡草湖为天然滞洪区正宜分行洪水由》，1940年7月，甘肃省档案馆14-1-248。

[2] 甘肃省政府：《令第七区专员从速解决玉门县赤金水利案的训令》，1940年8月12日，甘肃省档案馆14-1-248。

会认可的灾害。只是当洪水偶然造成新生草湖，地方社会才会因争夺这意外的遗产而把"受灾"作为一种口实提出来，但效果并不明显。相反，当有人试图分割灌溉用水去维系这意外的草湖时，立即遭到绝大多数人的一致反对。总而言之，无论是可以承受的洪水危害还是意外之喜的洪水遗产，其"损益"对于地方社会而言都不甚重要，洪水灾害在河西走廊水资源整体匮乏的底色中并不能凸显。

河西走廊洪水灾害被逐渐遏制是 1949 年之后的事，改革开放以来基本绝迹。中华人民共和国政府在大力推动水利现代化的过程中，逐渐完备了各种护岸和防洪工程，即便是荒无人烟的戈壁滩也可见各种堤坝，这使得河流侵蚀土地的状况不再发生，而"按粮分水"的水权制度也不复存在，瞒报洪灾损失并无必要。在金塔地区，通过水库和现代化渠系建设，绝大多数洪水被水库拦蓄，民众不必冒着受灾的危险亦可享受洪水带来的富余水资源，洪水究竟是资源还是灾难，他们已不再听天由命。通畅的泄洪河道和严格的泄洪制度，则使冰凌壅塞造成的冬季洪水一去不复返。与洪水的被完全驯化同时，新的草湖也不再可能因某次洪水而"意外"出现；而今我们看到的河西走廊任何湿地的扩大，几乎都是科技人员与政府合作，精心规划、合理调度生态水量的结果。当然我们也不应该忘记这样一个事实，那就是 1979 年党河水库副坝垮塌造成了荡涤敦煌全城的巨大洪水灾害，其严重程度是未建设水库时的"自然"洪水所无法比拟的。[①] 传统技术条件下的河西走廊洪水灾害，犹如地方社会身上长期流血的小伤口，虽不致命却可导致贫血、影响机体健康；以现代水利技术为核心的现代水利体系，如同止血创可贴将其彻底封护，使得身体能更有活力地舒展运动。然而，如果操作不当致使创可贴剥落，则会导致伤口更严重的撕裂。其实灾害这个伤口，在人类社会的集体层面上始终不曾完全愈合。在河西走廊已远离洪水灾害四十多年的今天，回顾几乎被遗忘的民国洪水灾害，并非没有必要。

---

① 党河水库垮坝事故简介，参见《甘肃省志·水利志》附录《大事记》，第 294 页。

1956年海河流域大水灾及救助研究：
以《河北日报》报道为中心

吕志茹

（河北大学历史学院）

【摘要】1956年海河流域爆发了新中国成立以来的第一次特大洪水，河北省受灾极为严重。灾情发生后，《河北日报》对水灾灾情、政府行动、抗洪救灾到生产自救进行了持续大量的报道，从中展现出党和政府对灾区民众的关怀、对救灾工作的重视及协助生产自救开展的状况。通过这些报道，我们不仅可以了解海河流域的灾害状况，而且可以更深层次地认识到新中国成立后人民政府在救灾方面所具有的强大的动员和协调能力。同时，可以看出报纸媒介在传递水灾信息、宣传救灾举措上也担任了重要角色，起到了稳定民心、增强信心、传递制度优越性的作用，从一个侧面增强了民众对人民政府的认同感。

【关键词】海河流域；大水灾；救灾；《河北日报》

海河水系分布于河北省的支流众多，由于特殊的地理和气候原因，这一地区旱涝灾害频发，严重影响着人民群众的生命财产安全。新中国成立后的几年中，海河流域适逢丰水期，经常发生洪涝灾害。尤其是1956年，该流域爆发了一次较大的洪水。当时我国水利设施还不完善，大规模水利工程建设尚未展开。在这种情况下，大水灾的发生考验着党的救灾和协调能力，关系到民生与大众信心。目前，关于1956年海河流域大水灾的记述散见于地方史书和水利志中，尚缺乏专门的研究成果。而这次水灾是海河流域自新中国成立以来的第一次特大水灾，对党的救灾能力是一次较大考验。《河北日报》对水灾及救助的报道版面多、细致、持续时间长，一直从6月份持续到12月份。本文通过《河北日报》对1956年大水灾及救灾的大量报道，考察这次水灾灾情和救灾状况，以期全面认识新中国成立早期党和政府领导下的救灾特点及报纸在其中发挥的重要作用。

一、对水灾灾情的报道

1956年夏季，由于受台风影响，汛期提早到来。自6月初开始，华北平原频降大到暴雨，持续降雨使得各河水位上涨，海河流域许多地区遭受了水灾。从水灾爆发开始，《河北日报》就对水灾灾情进行了详细的跟踪报道。

6月1日到3日，河北省普遍降雨，"山区雨量较大。保定及石家庄专区西部山区一般降雨量在七十至九十公厘。遵化、平谷降雨量都在一百公厘以上。"①大量降雨引起了海河部分水系的水位上涨，河流决堤。从6月2日起，唐河、滹沱河、蓟运河、大清河、子牙河、南运河、潮白河等水位先后出现猛涨的情况，河水流量增大，形成大洪水。2日，清苑县境内唐河水势陡涨，西电的河水流量达100秒公方，3日又上涨到180秒公方，4日继续上涨到293秒公方，水势严重威胁着全县4个区二十多万亩小麦和一些早熟作物的收成。3日，滹沱河黄壁庄最大流量达796秒公方，因该河水势一度陡涨，洪水超过安平、饶阳泛区导流工程的抗洪力，出现两处漫决。②7日起，大清河、子牙河和南运河水位猛涨，南运河水势最大。11日早晨4时，九泉闸下水位即达9.43公尺，超过了保证水位9.3公尺。到下午2时，又上涨到9.68公尺，超出1955年最高洪水位9.34公尺。水位最高处距堤顶仅六、七市寸，不断出现险工。③6月16日，潮白河水势猛涨，"这时上游苏庄的流量骤然增到一千五百秒公方。洪水之大超过以往任何一年"。④虽然宝坻县委立即采取措施，但下游堤水河槽因不能抵御多于容量一倍以上水量，17日上午北堤发生决口。

6月份不少地区降雨量远超1955年。比如涿县一日降雨149公厘，1955年6月份降雨是54公厘；特别是承德专区的青龙、兴隆半月来累积雨量将近300公厘。体现出降雨早、雨量大的特征。滹沱河黄壁庄在6月初就出现了796秒公方的洪峰，蓟运河九王庄达到291秒公方，这些都是较为少见的情况。⑤据《河北日报》相关报道统计："进入六月以来，我省雨水很多。仅从一日到二十日的降雨量，各地都超过了历年六月全月平均降雨量的一倍半以上，有的地区甚至超过历年三倍、四倍。"⑥

---

① 《滹沱、蓟运等河沿岸群众上堤防汛》，《河北日报》1956年6月5日。

② 《饶阳县一千多名民工抢堵决口》，《河北日报》1956年6月6日。

③ 《南运河水势猛涨静海三万民工上堤》，《河北日报》1956年6月14日。

④ 《宝坻县人民战胜潮白河第一次洪峰》，《河北日报》1956年6月20日。

⑤ 《迅速行动起来做好防汛工作》，《河北日报》1956年6月23日。

⑥ 戴禾年：《今年雨季提前了》，《河北日报》1956年7月4日。

6月底水势依然较大。"六月二十五日以来，大清河上游连落三次大雨，从二十七日起，拒马河、白沟河开始涨水。三十日下午，洪峰到达雄县新盖房，水位超过了分洪标准。"① 与此同时，南运河九宣闸附近水位与流量均超出正常保证数值，军民紧急抗洪。② 即使这样，6月份引起的一些水系支流水势上涨情况尚不是十分严重，经过及时护堤抢险损失较小，未造成严重威胁。6月份的降雨仅仅是个开端。

7月初，《河北日报》对洪水的报道版面较少，洪水基本未造成大的威胁。至7月23日，灾情又趋严重，漳河洪水猛涨，出现特大洪峰，水位高达152.9公尺，流量达2,390秒公方，这次洪峰超过了从1951年以来的最高纪录。③ 7月29日下午到30日上午12时，泊头市南运河水势猛涨，水势持续不落。④ 河北省降雨量与水灾情况到8月份逐渐达到高峰，灾情愈发严重。从7月29日起，河北省各地连续降雨，雨量极大，海河五大河系普遍涨水，造成了异常紧张的局面。特别是南运河上游的漳河和滹沱河、滏阳河及大清河南北支，水势十分凶猛，洪峰大大超过了1954年，形成自1939年以来最大的一次洪水。⑤ 8月1日，滏阳河邯郸市段河水猛涨，到23时左右，张庄桥水位达到58.84公尺，超出了保证水位，在张庄桥上下很快有11处漫溢。同日，漳河观台站出现一千多流量的洪峰，卫河楚旺站也出现了四百多流量的洪峰。2日，河水继续上涨，情况更加严重。这一时间段，河北省连降大雨甚至是大暴雨，并且具有雨量大、集中的特点。在《河北日报》对8月3日所降大雨的报道中用到了这样的词汇——"刷刷地下着""河水汹汹地冲击""洪水滚滚地流着""汹涌的巨流"，将这次抢护形容为"战斗"。洪水来临时，瘫痪的居民郭品三的反应是这样的："他见洪水灌满了院，吓得浑身直发抖，面色白得像白纸，他的妻子愁得连话都不会说了。"⑥ 足见这次暴雨之凶、洪水之猛。

从8月3日至8月底，为及时传递信息，《河北日报》对各河水情与救灾工作每日进行跟踪报道，表现出灾情的严重和党和政府对救灾工作的充分重视。水情状况由河北省防汛指挥部办公室提供，全面而详尽。如8月10日的报道中，对大清河南北支、白洋淀、文安洼、子牙河、南运河、蓟运河、潮白河水情、水位涨落进行了详细报道："文安洼水位猛烈上涨，一天来上涨达七公寸，情势紧急。子牙河献县减

---

① 《大清河沿岸农民战胜第一次洪峰》，《河北日报》1956年7月4日。

② 《南运河水位上涨军民紧张抗洪》，《河北日报》1956年7月2日。

③ 《漳河洪水猛涨沿河广大民工严加防守》，《河北日报》1956年7月24日。

④ 《南运河洪峰已进入沧县专区境内，沿河五万多民工上堤护险》，《河北日报》1956年7月31日。

⑤ 《紧急动员起来，战胜洪水》，《河北日报》1956年8月6日。

⑥ 《党组织领导群众同洪水搏斗》，《河北日报》1956年8月10日。

桥，一天来水位下落仅一公寸，仍在保证标准以上八公寸；大城姚马渡决口以后，下游静海段水位下落近一公尺。连日来子牙河两岸堤防全线告急。"①这些详细全面的报道便于各级政府救灾人员和人民群众全面了解水灾状况，及时采取有效措施。经过各级党、政府领导机关领导人民进行抢护排水等工作，以后各河系水位均有所回落，基本呈稳定状态。

总结这次水灾情况，由于受台风引起的降雨影响，北起拒马河，南至漳河之间所有海河流域各河系都同时爆发了几十年来甚至有的是一二百年来所未有的特大洪水。由于洪水大大超过了河道容泄能力和河堤的防御能力，各个河流连续决口、漫溢，洪水横流，形成了建省以来最严重的水灾。②这次水灾的发生引起了严重的灾荒，使得粮食减产，影响到了河北省部分地区的粮食增产计划。有些地区降雨量大，洪水成灾，导致大面积耕地庄稼和粮库被淹。例如，徐水县至8月9日已被水淹了58万多亩土地，共有141个村庄受灾。③通县至8月9日共淹了300万亩地。④邯郸市郊区张庄桥滏阳农业社1956年70%以上的土地遭受了水灾。⑤据估计全省被淹耕地共达四、五百余万亩，全省因灾减产粮食50亿斤左右，减产棉花3亿斤左右。这次水灾前后共持续3—4个月，由开始的河水决堤水淹村镇、冲毁房屋、耕地、牲畜、铁路，到8月份的持续降雨，严重威胁了受灾地区人民的生产与生活，影响了河北省的经济发展，这对正在探索社会主义道路的党中央和地方政府来说都是一项巨大的挑战。因此，迅速做好灾区的救助工作，积极恢复生产成为河北省各级领导机关和灾区人民一项刻不容缓的任务。

随着灾情的出现，《河北日报》对水灾灾情进行了及时的报道，传递灾情与救灾信息，便于民众了解各地水灾状况，便利了各地的抢险救灾与政府整体救灾的安排。

二、对政府行动的报道

在报道灾情的同时，《河北日报》还及时报道了政府的举措，以便民众及时了解政府在救灾中所采取的措施，从而稳定民心、增强信心。

---

① 《我省各主要河流水情》，《河北日报》1956年8月11日。

② 《关于今年水灾情况和生产救灾任务的报告》，《河北日报》1956年10月19日。

③ 《保住一亩是一亩，多收一斤是一斤》，《河北日报》1956年8月9日。

④ 《通县专区等地农民积极排水脱地》，《河北日报》1956年8月10日。

⑤ 《我们有办法战胜灾荒》，《河北日报》1956年11月15日。

早在 6 月初汛情刚露端倪的时候，《河北日报》就报道了河北省防汛指挥部建立的消息。"为加强今年我省防汛工作的领导，省防汛指挥部已于六月五日正式成立，指挥部下设办公室，现已开始办公。"① 报道中列出了指挥部成员的名单，主任高树勋，政治委员林铁，副主任阮泊生、李子光、徐正、丁廷馨、宋学飞。指挥部主要负责人均为省级重要领导人，体现出政府对防汛救灾工作的重视。为了推动各地加强防汛准备工作，防汛指挥部第一次委员会就决定立即从省级单位抽调人员到各地视察，督促各地工作。16 日和 17 日，分成 8 组的 41 名干部分赴各地督促检查防汛工作。② 此外，河北省政府要求各地加紧进行防汛准备。到 6 月 26 日，全省 10 个专区、7 个市、137 个县，都先后建立起防汛指挥机构。据天津、沧县、保定等 6 个专区 77 个县的统计，各地已配备了专职干部 2171 人。邢台专区沿河 8 个县的防汛指挥部已搬到沿河村庄办公。深泽、饶阳等 11 个县建立起乡指挥部 327 处。③ 从这些报道中，能够看出地方政府在灾情出现之后所采取的积极行动。

当灾情加重后，不仅地方政府更加积极实施救灾，党中央国务院也直接参与到救灾工作中。据《河北日报》报道："国务院极为关怀我省受灾地区人民生活、生产上的困难。八月七日，国务院给我省拨来了救济款，救济我省受灾的农民。到八月九日，我省已将二百万元分别下放到邯郸、邢台、沧县、石家庄、通县和保定等专区，急赈受灾灾民。其余救济款不久也将分别下放。"④ 国务院除了在经济上积极支持外，还派来了以内务部优抚局局长潘友歌为首的工作组，他们于 8 月 7 日到达保定，听取了河北省灾情和生产救灾情况的汇报，并于第二天分为两组随省领导机关人员赴灾区慰问。他们深入了解灾区情况，慰问受灾灾民，帮助当地解决防汛、生产和救灾中的问题，将党和政府的关怀送到民间。

各级政府积极利用各团体组织救灾工作。8 月 9 日，青年团河北省委员会发出号召，要求团员、青年积极参加防汛救灾工作，力争缩小灾情，增加生产，以减少和弥补灾害带来的损失。号召指出："遭灾地区各级团的组织，必须集中全力协助党做好救灾、防汛和生产工作。各种工作必须重新加以安排，务使团的一切工作适应和服从这一中心任务的需要。"⑤ 由此看出，政府对救灾工作高度重视，要调动一切组织的力量参与救灾。该通知同时号召团员青年，在抢救遭险群众、抢救粮食、牲畜和

---

① 《省防汛指挥部成立》，《河北日报》1956 年 6 月 9 日。

② 《省派出检查组到各地检查防汛准备》，《河北日报》1956 年 6 月 18 日。

③ 《我省各地加紧进行防汛准备》，《河北日报》1956 年 6 月 29 日。

④ 《国务院拨来救济款急赈我省灾民》，《河北日报》1956 年 8 月 11 日。

⑤ 《团员、青年要积极参加防汛救灾工作》，《河北日报》1956 年 8 月 11 日。

其他财务时，要发挥传统的英勇奋斗、大公无私的精神，积极起带头作用。各地可以组织抢险突击队，有组织地进行抢险工作。同时鼓励团员青年克服悲观情绪，投入到战胜灾害的斗争中去。"广大团的基层干部和团员、青年，要同群众患难相共，使团的组织成为生产救灾中的一支最积极最活跃的力量。"并要求团员、青年到险要的地方去，担负起最困难的任务。在鼓励灾区团员积极抢险救灾的同时，还要求非灾区的团员、青年做好农作物的田间管理，争取更大限度的超额完成增产计划，用实际行动支援灾区。从这些报道中可以看出，政府不仅有着强大的动员组织能力及对救灾工作的重视与部署，同时通过媒体的宣传鼓舞受灾民众战胜灾荒，增强他们的决心。

粮食部门积极行动起来。据《河北日报》报道："我省粮食部门，正在采取多种方法，及时供应受灾地区和因水灾被安置在外的灾民粮食。"[1]各地为了灾民吃饭方便，在供应粮食品种上调整为成品粮，其中保定专区向安新、高阳等地调集了大批成品粮。为了解决成品粮供应不足的问题，"经请示粮食部，确定由天津市调入天津专区成品粮一百七十万斤"。[2]天津专区大力加强对灾民的物资供应工作。"粮食部门在'保证灾民吃上饭'的口号下，对水围村采取了以船代仓送粮到村、巡回流动供应的办法供应灾民。"[3]报纸还详细报道了霸县、武清、安次和宝坻各县的救灾情况。这些地方在8月5—6日，就组织了8只船，载运9万多斤小米、玉米面等成品粮，巡回供应72个村的5万多名灾民。对于水淹村的供应，灾民到哪里，物资供应到哪里。有6个村的灾民转移到大堤上，县粮食局立即送去3万斤小米，就地供应。天津专区粮食局加紧加工成品粮，天津市粮食局也积极加工粮食支援天津专区。

交通运输部门也积极参与到灾区救援工作中。他们不仅奋力抢救灾民，而且排除困难，积极抢运支援灾民的生产自救物资。8月10日，"省交通厅向全省交通运输部门发出了紧急指示，号召全体交通运输部门的职工，要与灾区人民同甘苦共患难，为战胜水灾而斗争"。在大量公路被冲毁的情况下，他们积极抢修、维护道路。沧州地区的运输部门甚至组织了134辆胶轮车、1,050多辆铁轮车和895辆手推车，抢运救灾物资。到8月10日他们共抢运了5,950多吨粮食、煤和种子。[4]这些物资的运输，不仅关系到灾民的生命，也关系到后续的生产，对渡过灾荒至为重要。

① 《我省粮食部门采取多种办法供应灾民粮食》，《河北日报》1956年8月14日。

② 《我省粮食部门采取多种办法供应灾民粮食》，《河北日报》1956年8月14日。

③ 《天津专区及时供应灾民急需物资》，《河北日报》1956年8月13日。

④ 《我省交通运输部门广大职工奋勇抢修公路抢运生产救灾物资》，《河北日报》1956年8月14日。

　　还有大量地方政府领导抢险救灾的报道。"石家庄专区党政领导机关都很关切被洪水围困村庄人民的生命财产。8月4日、6日，专区及各机关先后抽派了一百二十多名干部，由中共石家庄地委书记梁双璧、石家庄专署专员张屏东等带领，到饶阳、衡水、赵县、束鹿、新乐等地具体领导防汛和抢救工作。"①保定专署为解决被冲倒房屋的灾民的住宿问题，于8月10日从保定通过火车、木船急运安国、新城和涿县15,000片苇席。②8月10日，大清、永定和子牙各河洪峰进入下游天津专区境内，由于水势过大，决口增多，全区有800多个村庄被水围困。"这专区党政领导机关，采取了分片包干的办法，先后组织了八百多名干部携带木船三百多只，赶赴灾区抢救。""大城县的干部驾着六只小船，把姚马渡、高庄子等五个村的灾民全部抢救到安全地带。这专区由于事先准备充分，抢救及时，灾民没有发生伤亡事故。"③由此看出，很多地方政府部门的行动是非常及时的。

　　面对灾情，全国供销合作总社发出指示，号召各地供销社积极帮助灾民生产自救。此次受灾地区较广，"因此除要求受灾地区各级供销社在党政领导下，积极配合救灾和处理善后工作，帮助灾民重建家园，恢复生产外，并要求非灾区或轻灾区的供销社予以大力支援，非灾区各级社应该积极热情的给受灾地区以可能的支援"。④中央机关不仅积极参与，而且积极调动下属各级部门力量全力集中救助灾区。

　　河北省政府更是起了总指挥的作用。8月26日，中共河北省委员会书记处书记马国瑞在全省生产救灾、税收分配会议上报告了领导灾民生产度荒的计划：一、迅速做好准备，适时完成种麦；二、做好秋收、秋耕；三、立即动手，广泛开展副业生产；四、举办交通水利建设工程，以工代赈；五、作好救济工作，认真解决灾民吃饭、穿衣、住房和疾病医疗等困难问题；六、作好灾区的物资供应工作。另外，在当年冬天和第二年春天，组织灾区三万辆大车投入运输，免收养路费、手续费和所得税，以增加灾民收入。⑤这种整体规划，无疑是领导救灾工作的总纲领，有了全面的规划，才有利于各地具体贯彻执行。

　　总之，灾情发生后，党中央国务院各部门、河北省委省政府和各级组织领导人民进行了紧张有序的抢险救灾工作。《河北日报》对政府的救灾行动进行了详尽持续的报道，增强了灾区人民的救灾信心，并为接下来的救灾打下了良好的基础。

---

①　《告慰关心被水围困村庄灾民的人们》，《河北日报》1956年8月13日。

②　《解决房屋倒塌的灾民的住宿问题》，《河北日报》1956年8月13日。

③　《告慰关心被水围困村庄灾民的人们》，《河北日报》1956年8月13日。

④　《各地供应社要积极帮助灾民生产自救》，《河北日报》1956年8月16日。

⑤　《我省订出领导灾民生产度荒的全面计划》，《河北日报》1956年8月29日。

三、对直接救助的报道

对于河北省的救灾情况及救灾举措,《河北日报》进行了较为详尽的报道。作为传递信息的媒介,《河北日报》详细报道了救灾的各项进展, 归纳其相关报道板块可将救灾举措总结为以下四点。

第一, 排洪抢险。6、7月份及8月份初期, 河北省的救灾措施主要为做好防汛工作、抢险护堤、抢救被洪水围困的灾民和排水护田。由于1956年汛期提前到来, 河北省各地积极准备防汛工作, 并由河北省防汛指挥部派出检查组到各地检查防汛情况。防汛工作主要从修固堤防、修整险工、多修土牛、认真检查和改善各项水利工程质量等方面展开, 对于防止淹涝, 粮棉减产和保证秋收具有一定积极意义。如6月份唐河出现险情后, 清苑县委立即组织了以县委书记卢新春为首的护堤抢险队伍, 带领干部群众赶赴唐河两岸与洪水进行斗争, 仅6月3日一天, 就将本县境内唐河两岸三十多里的护麦堤埝增高了3—4尺。4日和5日, 堤埝多次出现溃决, 随即被强堵上, 经过12,000多名农民五天四夜的斗争, 保住了堤埝。6月7日唐河下游水势已下落3市寸。[①] 随着7月底河水上涨情况日趋严重, 河北省护险抗洪开始紧张进行。南运河、漳河、滹沱河、大清河等水系出现洪峰时, 沿河地区的党、政领导机关的广大干部、群众纷纷行动起来, 冒雨与洪水坚持斗争, 上堤抢修堤埝, 巩固大堤, 排洪, 加固险工。对于被洪水围困的灾民, 中央调动各种力量迅速救援。一方面派飞机空投救生船、救生衣、食物等物资, 一方面派出船只转移灾民到地势较高的村里并妥善安置, 第一时间保护了灾区人民的生命安全。仅就部分报道举例, 如8月10日下午, 中国人民解放军空军某部的运输机向大城、武强和献县等被水围困的地区空投了4,000个汽车轮内胎, 以帮助灾民逃生。[②] 再就是空投粮食解决灾民的食物问题。另外, 灾区农民积极挖沟排水, 抢救庄稼。到8月10日, 保定专区被淹的700多万亩土地已脱出253万亩, 望都被淹的29万8千多亩土地脱出25万多亩。[③] 8月11日,《河北日报》刊载了长灵、刘琪的文章《洪水冲破堤埝的时候》, 详细报道了潮白河通县东堡段出现险工后, 当地民工和抢险队员以及附近驻军联合抢险的事迹。县委书记杨文彬亲自在暴雨中指挥。"三日下午, 河水猛涨, 洪峰直冲堤埝,

---

① 《清苑一万多农民战胜唐河三次洪峰》,《河北日报》1956年6月9日。

② 《空军某部向我省大城、武强等地空投救生器材和粮食抢救灾民》,《河北日报》1956年8月11日。

③ 《把可能抢救的庄稼抢救出来》,《河北日报》1956年8月11日。

二百五十多公尺的险堤已经坍塌了三分之一。六级东北风猛起，刮的人在堤上站不住脚，暴雨砸的人们喘不过气来，桅灯一个一个的被吹灭了。但是，抢险的人们并没有松劲。"就是在这种艰难的情况下，领导干部带领民工和抢险队员顽强地和洪水博斗着，东堡村一百多名妇女也组织起来，趟泥涉水往堤上运送草袋子。驻军某部1,500多名战士闻讯后趟过了齐腰深的水，跑了三十多里路也赶来支援。经过联合奋战，终于在6日下午抢险成功。关于排洪抢险，《河北日报》进行了大量报道，以8月10日一天举例，关于排洪抢险的消息就占据了大量版面，如《广大干部群众连夜抢救被水围困的灾民》《通县专区等地农民积极排水脱地》《潮白河通县东堡险工堤段的决口堵住了》《北京组织水手协同海军到大兴县抢救灾民》《党组织领导群众同洪水博斗》等。这些报道充分展现了排洪抢险的进展情况。

第二，各地支援。对灾区支援的报道也占有很大的比重。党中央对这次水灾高度重视，采取了积极的救灾举措。首先，国务院派工作组到受灾地区帮助救灾工作，投入大量人力支援，表现出国家对灾区人民的关怀。其次，为了帮助河北灾民渡过困难，国家投入了比往年更多的财力，拨放了大量的救济款，以提供资金上的支援。至9月22日，国家先后拨出2,205万元的救灾款和15,000万元的农贷。[1]据河北省生产救灾委员会办公室11月底统计，保定、天津、通县、石家庄、邢台、沧县、邯郸等7个专区，已经发给425万多名灾民2,712万多元的救济款，基本上可以保证灾民过冬。[2]再次，各地各界为受灾地区捐献运送大量种子、肥料、粮食、席草、红白棉、煤油等物资，帮助灾民解决生产生活问题。河北省未受灾地区增产的粮食支援受灾地区，动用飞机空投、船只运输等将大批的救灾物资集中到受灾地区，为灾区人民顺利渡过灾荒提供了力所能及的帮助。如天津市积极调用人力、物力支援文安、大城两地灾民，8月11日，已有一批人民解放军驻津部队战士开往天津专区参加护堤抢险，同时天津市还为河北省天津专区运送了30万条麻袋、8,000根木桩和约200万斤救灾的粮食。天津防汛指挥部检点了现有的木船和汽船，除少量自用外其余全部运往天津专区。[3]四川、湖北、天津等地调运大批种子支援河北受灾地区，体现了"一方有难、八方支援"的精神，为灾区民众战胜灾难助力。

第三，医疗卫生。水灾发生后容易出现外伤及传染病，"做好灾区的医疗卫生工作，维护灾后广大人民的身体健康，是进行生产自救、战胜灾荒的基本保证之一"。[4]

---

① 《内务部发出关于"加强救灾工作的指示"》，《河北日报》1956年9月22日。

② 《我省四百多万灾民领到救济款》，《河北日报》1956年12月8日。

③ 《天津市支援我省天津专区防汛斗争》，《河北日报》1956年8月13日。

④ 《继续加强灾区医疗卫生工作，维护人民健康》，《河北日报》1956年10月24日。

灾情发生后，各地医务工作者也积极支援灾区的医疗工作。到 8 月 25 日，河北省已经有 7 千多名中西医务人员组成医疗队和医疗组，先后到各灾区进行医疗救护工作。博野、清苑、无极、魏县、大名等 22 个县，在 10 天左右就免费治疗有病灾民 32 万多人次。① 地方部门同样积极行动，清苑县在 8 月 5 日抽调了二十多名公私医疗机构的医务人员，组织了 6 个灾区医疗预防小组，深入灾区给灾民治疗疾病，并在中冉乡和南大冉各设一个灾民急救防治站。② 这些医疗预防小组携带药品深入到被洪水围困的村庄，给灾民治疗外伤和临时性疾病。同时他们还做好预防工作，对灾民居住的房屋进行药物喷洒，清扫居室、厕所等，组织灾民晒衣晒被，取得了较好的效果。河北省医院不仅选派了医疗队，而且从库存中清理出 44 种药品，尤其是灾区急需的治疗痢疾和肠胃炎的药品。③ 北京市、天津市和中国人民解放军北京专区亦组织医疗队，赴灾区对灾民进行救治。文安县西码头乡的干部和灾民不只一次对记者说："天津市来的医生可真好，风里雨里给灾民治病，技术高不用说，那股关心灾民疾苦的劲头，我们真是感激得不知说什么好。"④ 卫生厅也加强宣传，介绍一些预防疾病的饮食等生活常识。有关医疗救助的消息很多，如《保定专区大批医生下乡给灾民治病》《安平县组织医疗小组为灾民治病等》《省级和市的大批医务人员赶赴灾区》等等。另外，针对各地的医疗支援队伍的援助，《河北日报》分别以《灾区人民感谢来自首都的医疗队》《感谢天津市派来的医生们》等为题进行了专门的报道。

第四，慰问灾民。党和政府不仅重视灾区的物质生产建设，而且重视对灾区人民的思想关怀。一些省市也心系灾区人民，主要表现在派慰问团到灾区慰问受灾群众。例如唐山、石家庄两市先后组织工人慰问团，分别到沧县、邢台两专区慰问受灾难胞。⑤ 山西省等一些省份也派来慰问团对灾区人民进行慰问，还有各界人民写的慰问信，也被寄往灾区。天津市不但积极运来救援物资、派出医疗队，还专门写来慰问信鼓励河北灾民积极渡过难关，⑥ 并于 8 月中旬派出慰问团到文安洼等重灾区进行慰问和采访活动。⑦ 8 月 10 日，河北省领导机关到邯郸地区慰问灾民的 28 人慰问团与邯郸地委专署派出的二十余名干部到达重灾区大名、魏县、曲周、丘县、鸡泽

① 《七千多名中西医生深入灾区开展医疗工作》，《河北日报》1956 年 8 月 28 日。

② 《清苑县医务人员给灾民治病》，《河北日报》1956 年 8 月 13 日。

③ 《河北省医院抽人送药支援灾区》，《河北日报》1956 年 8 月 23 日。

④ 《感谢天津市派来的医生们》，《河北日报》1956 年 9 月 10 日。

⑤ 《七千多名中西医生深入灾区开展医疗工作》，《河北日报》1956 年 8 月 28 日。

⑥ 《来自天津市的关怀和慰问》，《河北日报》1956 年 9 月 1 日。

⑦ 《津市文艺界慰问团到我省天津专区慰问灾民》，《河北日报》1956 年 8 月 22 日。

等地，当场帮助灾民搭建窝棚，使民众深受感动。颜场村书记史富真对慰问团的人说："村里大部分灾民都计划过了，水落之后，大家要互助修理房子，打捞残秋，抢种蔬菜，并开展副业生产，以生产自救。"①8 月 16 日，石家庄市慰问团一行 75 人，分别到饶阳、深泽、安平和石家庄专区的其他重灾区慰问，"该代表团携带的慰问品有六万元救济款、七百封慰问信、四千多斤白菜籽和蔓菁籽，还有四箱药品。该代表团里的十六名医务人员，将用这些药品免费为灾区农民治疗各种疾病"。②唐山、石家庄等市也组织工人慰问团分别到沧县、邢台、保定等灾区慰问。天津市还派出万晓塘副市长为首的七人慰问团赶赴天津专区驻地慰问，代表团携带了 11 箱药品、2 万斤饼干和 10 万元慰问款。他们表示今后天津市在物质力量方面将尽最大努力支持天津专区的防汛和救灾工作，支持灾民生产渡荒。③8 月 22 日，秦皇岛市工人慰问团到达河北省天津专区进行慰问。这支由市工会联合会主席带领的，由工人、工程技术人员、医务工作者还有工人家属组成的队伍携带了 1.5 万元的慰问款和一部分药品，还带去职工们的慰问信。④各地对灾区人民的充分关怀体现了人道主义情怀，增强了灾民战胜困难的信心。即使到了灾后，各地的关怀依然不断到来，9 月 17 日，《河北日报》报道了《北京军区慰问团携带粮食衣物到我省灾区慰问》的情况。

以上四方面是《河北日报》报道的主要内容。另外，为了加强对救灾的指导，也有少量技术指导类的文章，如 8 月 11 日发表任杰文章《怎样抢堵决口》，介绍了土囤法和黄河软厢堵口法；15 日，发表《再介绍几种防御风浪的办法》，详细介绍了草帘防浪法、椿撅压枕法、木排防浪法、活动防浪排和挂柳防浪法等五种方法，为抢险救灾提供技术指导。除了抗洪抢险的技术指导外，还有医疗卫生方面的报道，如《预防水灾地区的传染病》《水灾中常见疾病的中医治疗方剂》以及《灾区怎样预防疾病》等。这些技术方法通过报纸进行传播，对灾民以及相关的医疗工作者都是一个切实的指导。

四、对生产自救的报道

这次救灾的一大重要措施，在于大力开展生产自救，生产渡荒。当时国家还处于经济困难时期，仅仅依靠国家的救助不能从根本上渡过灾荒，于是政府号召灾民行动起来，实施生产自救，即主要依靠自身力量渡过难关。

---

① 《省赴邯郸地区慰问团深入重灾区慰问灾民》，《河北日报》1956 年 8 月 15 日。
② 《石家庄市慰问团到重灾区慰问农民》，《河北日报》1956 年 8 月 17 日。
③ 《天津市支援我省天津专区防汛斗争》，《河北日报》1956 年 8 月 13 日。
④ 《秦皇岛工人慰问团去天津专区慰问灾民》，《河北日报》1956 年 8 月 23 日。

从《河北日报》对于生产自救的大篇幅报道来看，河北省从 8 月份到 10 月份的救灾措施重点体现在生产自救方面。《河北日报》8 月 13 日报道中开始倡导"及早动手，生产自救"，认为"这是救灾工作的根本方针"，"国家对灾区群众是关怀的，也会大力支持的，但是单靠国家救济毕竟是有限度的，只有生产才是创造财富的无穷的源泉。因此，应当克服单纯依赖国家的思想，要在国家的支持扶助下，自己动手，生产自救"。① 这明确地宣传了国家的政策导向。文章在倡导生产自救的同时，详细分析了生产自救的有利条件。首先，在实现了高级农业合作社后，社里可以统一支配劳动力，按照生产专长分工，有利于开展多种副业生产。同时，高级农业社的物力和财力都比较集中，便于克服生产中工具和资金方面的困难。其次，新中国成立后，很多地方的干部和群众已经积累了很多生产自救的经验。再次，随着国家建设事业的发展，政府会更有力地支持灾民同灾荒作斗争。最后，河北省受灾的只是一部分地区，还有很多地区没有受灾，非灾区的丰产可以对灾区实现支援。《河北日报》通过这种分析，增强了基层干部和民众开展生产自救的信心。

在倡导农民生产自救的同时，中央首先积极行动，予以必要的支持。中国农业银行总行拨给河北省农业贷款 1,000 万元，支持灾民生产自救。这些贷款主要用于支持灾民抢种晚田，提供副业生产资金，以及解决社员生活口粮的困难。② 地方政府也积极响应，8 月 20 日，中国农业银行河北省分行再次发放生产救灾贷款 576 万元，先后分配到邯郸、邢台、石家庄、保定、通县、沧县和天津等七个专区。③ 政府大力支持灾区人民生产自救，不仅体现在为灾区发放生产救灾贷款，还实行以工代赈，给副业产品找销路等，大大增强了河北人民生产渡荒的信心。基层地方则响应国家号召，饶阳、霸县和曲周等县人民银行和信用合作社结合各经济部门积极组织发放贷款，支持灾民生产自救。如饶阳县人民银行和信用合作社的干部，登门发放生产救灾贷款 7,754 元，扶植了编织、粉坊、运输等 13 种副业生产，组织 7,000 多人参加了副业生产。还发放生活贷款 7,800 元。霸县人民银行扶植 3 个农业社开展治鱼生产，扶植 31 个农业社，解决了 14,398 户社员的困难。曲周县人民银行和信用合作社帮助 42 个农业社和社员制订了副业生产规划等。④ 保定专署农产品采购局为帮助重灾区灾民度过难关，特意把安新、高阳、蠡县、博野等重灾区灾民调往完县、唐县、易县和涞水县去做轧花工人，棉花加工生产一般不用本地工人做工，尽量用灾民做

① 《及早动手，生产自救》，《河北日报》1956 年 8 月 13 日。

② 《中央拨农业贷款支持我省灾民生产》，《河北日报》1956 年 8 月 13 日。

③ 《我省农业银行再次发放生产救灾贷款》，《河北日报》1956 年 8 月 27 日。

④ 《发放生产救灾贷款》，《河北日报》1956 年 8 月 20 日。

轧花工。"这样共可安排灾民八千七百人。按参加一百天计算，每人除去个人生活费用外，还能得工资八十元。"①徐水县商业局则积极派出干部携带副业产品的样品到张家口、大同、太原、包头、石家庄等地寻找产品销路，对外订立了推销土篮、土筐、扁担、案板、搓衣板、草纸、罗圈、锤把子等的合同，为51个农业生产社签订了60份生产合同。②相关部门采取这些积极措施，为灾民生产自救助力。

　　生产自救主要从以下四个方面开展：第一，修堤，防水，打捞抢救农作物，抢种晚田，维护农业生产，修筑房屋。如任县齐村的灾民，在8月8日至9日两天，全村240多人到水里捞出甘薯3,000多斤，玉米穗66,000多斤。灾民们提出的口号是：能捞一亩是一亩，能捞一穗是一穗，一定把能捞的庄稼，全部捞上来。③徐水联盟社则组织妇女和孩子采集野菜，并详细制定了记工和奖励办法，鼓舞他们采集的积极性。仅8月9日一天，21名妇女和16名儿童就采了250斤野菜。他们还规定8月10至20日为打野菜突击旬，要求在这一旬里每户积存干野菜50斤，以便灾民渡过难关。第二，重视开展副业生产。大力开展副业生产是生产自救的一个重要环节，对增加灾民收入，减轻生活负担，顺利渡过灾荒意义重大。例如大力发展养猪，保护耕畜，打鱼，织布等，可以增加社员收入。对于一些地区开展副业生产的情况，《河北日报》开辟了较多板块进行报道。保定、邢台等专区副业生产开展得较好。从8月份开展副业生产，至11月份，已经使灾区农业社得到4,964万元的收益。④以徐水县黄土岗乡联盟社为例，他们"在社内旧有副业的基础上，研究出织铁丝筛子、织口袋、开粉坊、编笊篱等七种副业生产，并和县供销合作社订立了产销合同"。⑤在开展副业生产中，农业合作社统一规划，发挥了重要的积极作用。第三，未受灾地区及一些公司部门救济帮助受灾地区恢复生产。如未受灾地区为受灾地区提供种子、粮食、草席等。河北省一些石油公司向灾区运煤油，医药系统向灾区运医药。各种物资运往灾区，发挥了互帮互助的精神。第四，国家实行以工代赈。如发动灾民修堤修路等，有效地使救灾与防灾相结合，特别是组织灾民改进水利工程，既能增加灾民收入，又有利于避免今后的灾害，并且可以防止灾民盲目外逃，是一举几得的事情。⑥《河北日报》对各地在生产自救中有突出表现的集体进行了报道，以鼓

① 《以工代赈》，《河北日报》1956年8月20日。

② 《给副业产品找销路》，《河北日报》1956年8月20日。

③ 《大家动手生产就能战胜灾荒》，《河北日报》1956年8月14日。

④ 《三百五十万灾民搞起副业生产》，《河北日报》1956年11月10日。

⑤ 《大家动手生产就能战胜灾荒》，《河北日报》1956年8月14日。

⑥ 《内务部发出关于"加强救灾工作的指示"》，《河北日报》1956年9月22日。

舞民心和起到模范带头作用。

政府相关部门积极支持灾民的生产自救。据《河北日报》的报道,河北省供销合作社保定专区办事处在 8 月 9 日至 12 日期间派出 4 批业务人员到江苏、湖南、东北、武汉和西安等地。"他们将从东北、包头等地采购回受灾民欢迎的萝卜渣和土豆等代食品;从武汉等地买回支持牲畜度荒的稻糠饼、谷糠等代饲品;从江苏、湖南和湖北等地购回支持灾民开展副业生产的毛竹、苇子等原料。"①该办事处本着为灾民生产自救助力的指导思想,要求各县的供销合作社组织业务人员分赴各地,寻找开展副业生产的原料和采购渡荒的物资。《河北日报》对保定专区供销合作社的报道无疑也起到了宣传和示范作用。

在河北省召开的第一届人民代表大会第五次会议上,重点总结了这次救灾工作。期间,《河北日报》对一些受灾地区各级干部领导开展生产自救工作的经验感受和反思总结进行了大篇幅报道,其中反思了过去生产救灾工作中对灾情认识不清、存在一般化工作作风、经济工作赶不上生产救灾要求和依靠农业生产合作社做好工作的思想还不明确等问题,指明了今后以深入开展生产自救为重点的救灾工作的方向。10 月 24 日,通过了《关于今年水灾情况和生产救灾任务的报告的决议》,决议中指出:"生产救灾是今冬明春全省的中心工作,生产救灾的基本任务是:依靠农业生产合作社,充分发挥农业生产合作社的劳动生产力,积极调动各方面有利因素,深入开展生产自救,节约渡荒运动。"②会议指出高级农业合作社在生产救灾中发挥了重要作用,并强调要积极联系人民群众,深入进行生产自救工作。这说明生产自救渡荒仍旧是今后救灾工作的重点。

生产自救是渡过灾荒的根本措施,而且延续时间较长,在灾情过后的几个月中,救灾工作的重心明显地转移到生产自救工作上,《河北日报》对生产自救的报道持续了 1956 年整个冬季。

五、《河北日报》水灾报道评述

综上所述,《河北日报》将 1956 年水灾灾情和救助情况最直观最及时地呈现出来。从报纸对灾情及救助的大量报道中,可以总结这次水灾的救灾特征,吸取经验

---

① 《保定专区供销部门组织四批业务人员到各地为灾民采购生产自救物资》,《河北日报》1956 年 8 月 14 日。

② 《关于今年水灾情况和生产救灾任务的报告的决议》,《河北日报》1956 年 10 月 25 日。

教训，并能深入认识报纸在宣传报道中的所起的作用。由《河北日报》的报道可以看出，1956 年河北省的救灾具有以下特征：

第一，以党的指挥领导为主，各级政府部门发挥了积极的作用。由以上陈述可以看出，自灾情发生以来，政府部门就发挥了极其重要的领导作用。地方政府首先建立了救灾机构，深入到灾区领导救灾工作。当灾情扩大以后，党中央国务院给予了高度重视，并积极下拨救灾粮款驰援灾区。政府各部门都被积极动员加入到救灾的行列中去，供销商业部门、粮食部门、运输部门首当其冲，医疗团体积极加入。团组织都被动员起来，要求团员在救灾中起先锋模范作用，表现出政府强大的动员组织和协调能力。各级干部身先士卒，不仅积极指挥救灾，而且起了非常重要的模范带头作用。很多报道都让人能切身感受到人民干部以身作则的良好形象，使民众感受到了强大的来自党和政府的支持和帮助。在救灾中，党和政府的力量得到充分体现，这一方面显示出党为人民服务、救民于水火的执政理念，另一方面也体现出明显的体制特征。新中国成立后权力的下移使党与人民群众建立了密切的联系，同时随着合作化进程的推进，农业社会主义改造正如火如荼地开展，高级农业合作社已大量建立起来，使党对民众的组织领导更为便捷。

第二，集中各界力量救灾，军队发挥了极为重要的作用。在救灾的过程中，政府动员了各界力量加入进去，政府各机构积极配合，便于粮食、物资、医药等的调配。人民军队更是发挥了极为重要的作用。在救灾的过程中，每到危险时刻，总会看到人民军队的身影。如晋县祁底乡境内滹沱河出现险情时，"全堤都在漫水，某部人民解放军和五千多个民工赶到了，中共晋县县委组织部长刘振华带领二十个干部也前来帮助，使堤没有决口，保住了村庄房屋和人畜的安全"。[1] "武清县泛区各村遭灾后，得到当地驻军的帮助，已有五千多灾民被抢救脱险。"[2] 在《河北日报》的报道中，不仅在各种救灾信息中经常会看到人民军队参与救灾，而且出现了大量有关军队救灾的单独报道，如《解放军官兵站在斗争最前线》就报道了在防汛抢险救灾的过程中，中国人民解放军驻天津、北京和河北省的海、陆、空军数万名官兵，始终战斗在最前线，保卫人民的生命财产安全。另外，还有《空军救灾》《河北军区部分官兵赶千里堤护堤抢险》《解放军数千官兵战斗在千里堤上》等报道军队战士在救灾中战斗在抗洪一线的事迹。

第三，积极组织生产自救，发挥了农业合作社的作用。1956 年发生大水灾之时，

---

[1] 《英勇奋斗的共产党员赵忠杰》，《河北日报》1956 年 8 月 21 日。

[2] 《告慰关心被水围困村庄灾民的人们》，《河北日报》1956 年 8 月 13 日。

正值高级农业社积极推进的时期。河北省受灾的地区多数已经建立起农业社。一些农业社充分利用组织起来后容易集中人力物力的优势条件，动员民众排水抢险、抢救粮食，并发展副业生产，进行生产自救，收到较好的效果。《河北日报》已对多个农业社的生产自救情况进行过报道，还发表民众来信，来信者回顾了灾情发生后党和人民政府所采取的救助措施，进而表达了抗灾的决心："我们这里已经实现了完全社会主义农业合作化，为了报答党和人民政府无微不至的关怀，我们一定要把农业社搞好，努力生产，提高产量，大力开展生产自救，胜利渡过灾荒，以支持国家社会主义工业化。"①这一时期救灾款、贷款的下发均以农业社为单位，为发展较大规模的副业生产创造了条件。

总体来看，政府在这次洪灾中的行动是积极的，随着新中国成立后农业合作化进程的推进和政府职能的强化，民间组织已经消失，政府成为领导民众救灾的绝对主导，发挥了非常重要的作用。政府的强大动员能力也使这次救灾表现出"集中各界力量"的明显特点。民众对政府组织的救灾活动给予了充分肯定。清苑县纳贤村灾民秦利儿说："虽然遭了灾，但是现在吃住不发愁，有了病有医生给治，还给我们撒药灭蚊子，照顾的多么周到呀，有人民政府我们就能战胜灾荒。"②在博野30个村庄被水围困后，县党政领导干部带领会泅水的干部和群众积极抢救被困灾民，"被抢救出的灾民都一致感谢党和人民政府对他们的关怀，并表示有信心渡过灾荒"。③政府及时有效的救灾措施增强了民众的信心。大名县被救出并安置在城关镇、老堤村的四千多名灾民是政府派船从洪水包围的村里抢救出来的。成营村成安者说："一九四三年闹灾荒，俺们村里死了三分之二的人；这一次发生了百年不遇的大水，没有一人死亡。"④人民用最朴实的话语表达了对党和政府救灾效果的肯定。经过这次大水灾的救助行动，民众对人民政府的认同感进一步增强了。

《河北日报》作为河北省委机关报，在报道突发事件，传达中央、省委各机关的政策信息，弘扬正能量方面责任重大，此次对救灾的报道也确实有效地增强了大众的信心。《河北日报》对水灾救助的报道具有持久性、鼓舞性的特点。报纸对抗洪抢险积极的宣传具有激励作用，充分增强了人民群众尤其是灾区民众战胜困难的决心与信心。从《河北日报》对救灾情况报道的拟题、遣词造句可见其鼓舞作用，例如

① 马玉明，原泽欣：《感谢党和人民政府对灾民的关怀》，《河北日报》1956年8月9日。

② 《清苑县医务人员给灾民治病》，《河北日报》1956年8月13日。

③ 《告慰关心被水围困村庄灾民的人们》，《河北日报》1956年8月13日。

④ 《省赴邯郸地区慰问团深入重灾区慰问灾民》，《河北日报》1956年8月15日。

"大家动手生产就能战胜灾荒"①，"不战胜洪水决不下堤"②，"天大的困难我们也能战胜"③，"只要大家一条心，天大的灾荒难不倒人"④等，还有对抗洪抢险的干部和战士的英勇事迹的报道，对各方提供的支援情况的报道等，均展示出这一特点，对报道灾情、呼吁救灾、鼓舞灾民及安抚民心具有积极作用。这种报道具有很强的时代性，体现了 20 世纪 50 年代民众在党的领导下充足的干劲儿、强大的救灾力量与团结互助的精神，激发了人民群众的救灾信心与救灾热情。面对灾情，民众容易产生悲观心理，而报纸作为舆论工具具有稳定民心、增强信心、传递制度优越性和进行思想教育的作用。

在大量报道干部群众奋力抗洪救灾和生产自救消息的同时，《河北日报》也没有回避问题，如 8 月 21 日第 3 版就以《这些都是对灾民不负责任的态度》为题刊发了五篇读者来信，反映在抗洪救灾中部分干部不作为及对灾民不积极施救的情况，并冠以《派来抢救船干什么》《不应向灾民索取房租》《这是什么制度》《对灾民为什么这样冷淡》和《郑队长"抢险"》的标题来反映遇到的问题。这些来信都冠名发表，足以看出报道的真实性。9 月 11 日，《河北日报》又以《不应该把劣种运往灾区》为题报道了在援助灾区过程中调换优质麦种的事件。报纸作为宣传媒介，在积极鼓舞民众的同时也曝光了一些存在的问题，为那些不负责任、不积极履行自己职责的人敲响警钟，起到一定警示作用。

结语

综上所述，1956 年夏季发生于海河流域的大水灾情势较为严重，《河北日报》进行了大量的持续报道。通过报道能够看出，党和政府对人民生命财产充分重视，各项救灾措施相辅相成，紧张有序。各方的支援也比较及时，体现了"一方有难、八方支援"的精神。经过全面抢险救助，基本解决了灾民的生活问题，改善了灾区的环境卫生状况，并通过开展生产自救较为有效地解决了灾民的生产问题，大力发展了副业生产。在党的领导下，各方共同参与的救灾工作尽力减轻了水灾造成的损失，保护了灾区人民群众的生命财产安全，保障了社会主义改造事业的稳步进行。总体

---

① 《大家动手生产就能战胜灾荒》，《河北日报》1956 年 8 月 13 日。

② 《不战胜洪水决不下堤》，《河北日报》1956 年 8 月 15 日。

③ 《天大的困难我们也能战胜》，《河北日报》1956 年 9 月 6 日。

④ 《只要大家一条心，天大的灾荒难不倒人》，《河北日报》1956 年 9 月 8 日。

来说这次救灾成效显著，显示了新中国成立后党和政府强大的动员和协调能力，能够集中各界力量共同参与到救灾中去。这次救灾也证明了党和政府有能力处理突发的灾情，并进一步提升了民众对人民政府的认同感。从《河北日报》的报道也能够看到救灾中存在的一些问题，起到一定的警示作用。报纸对报道重大事务、传播信息、引导大众有重要的作用，《河北日报》对水灾及救助的报道及时详尽，传递了正能量，具有积极鼓舞性的特点，增强了民众战胜灾难的决心和信心。

京津冀雾霾污染的空间聚集和空间溢出效应

刘　超[①]　陈志国　李依弯

（河北大学经济学院）

【摘要】本文以京津冀地区 13 个地级市为研究对象，以 $PM_{2.5}$ 浓度作为衡量雾霾污染的指标，对京津冀地区 $PM_{2.5}$ 浓度进行空间聚集效应分析，并建立空间面板杜宾模型对雾霾影响因素进行空间溢出效应分析。空间聚集效应分析结果表明，京津冀雾霾污染之间存在显著的空间正自相关性，并且京津冀雾霾污染之间存在空间异质性，呈现出高高聚集和低低聚集的空间分布特征。由空间面板杜宾模型结果可知京津冀雾霾污染具有显著的空间溢出效应，产业结构和人口规模对雾霾污染具有显著的不利影响，不利于本地区及周围地区对雾霾的治理。由此得出结论：实际利用外商投资对京津冀雾霾污染的影响不符合"污染避难假说"；经济发展和京津冀雾霾污染之间存在倒 U 型曲线关系，符合 EKC 假说。

【关键词】京津冀雾霾污染；空间杜宾模型；空间聚集效应；空间溢出效应；环境库兹涅茨曲线

一、引言

京津冀地区是我国雾霾污染重灾区。雾霾的治理和防治成为这一地区近年来的重要任务之一，学界也加入其中，探索其成因、演变规律及防治对策。目前的研究成果认为京津冀雾霾具有较强的空间聚集效应。一些学者使用空间探索性分析的方法，通过全局 Moran's *I* 指数（或 Geary's *C* 指数）分析京津冀雾霾污染是否存在空间相关性，利用局部莫兰指数对雾霾污染的空间分布特征进行分析。研究结果表明

基金项目：河北省教育厅人文社会科学重大课题攻关项目"京津冀地区湿地生态价值与生态保护机制研究"（ZD201715），2019 年度河北省社会科学发展研究课题"基于综合承载力评价的京津冀城市群协同发展研究"（2019020201001），河北省教育厅青年拔尖人才计划项目"土地资源价值核算及在京津冀环境协同治理中的应用研究"（BJ2017081）。

①　刘超，河北沧州人，博士生，河北大学经济学院副教授，研究方向为商品选择与服务供给。

雾霾污染在整个京津冀显著空间自相关，[①]而河北省的雾霾污染呈现出高高聚集和低低聚集的空间分布特征。[②]也有学者使用社会网络分析方法，建立空间网络关系图并进行网络中心度分析来衡量空间聚集效应。研究结果表明我国省际雾霾污染空间相关性较强且不存在对称特征，[③]而且不同污染物在不同区域的空间相关性不同。[④]但目前尚未发现利用空间关系网络图对京津冀雾霾空间聚集效应进行分析的研究。

同时，京津冀雾霾也呈现出空间溢出效应。对京津冀的部分地区进行的研究表明京津冀雾霾污染存在溢出效应。[⑤]雾霾污染的影响因素较多，比如北京市雾霾受到污染气体浓度和气象因素两个方面的影响，[⑥]经济发展、能源消费、交通发展和城市绿化等社会经济因素也对北京市雾霾有显著影响。[⑦]学者通过建立空间面板模型，发现了产业集聚度[⑧]、煤炭石油电力消耗[⑨]、技术水平、人口密度、交通运输和对外开放[⑩]对雾霾污染的空间外溢效应。但是现有研究多采用建立多个空间模型再根据结果分析的思路，选择的模型不具有代表性，适用性较差。本文结合空间关系网络图完善京津冀雾霾的空间聚集分析，并根据 LM 检验、LR 检验、Wald 检验和

---

① 王一辰，沈映春：《京津冀雾霾空间关联特征及其影响因素溢出效应分析》，《中国人口·资源与环境》2017 年第 S1 期。

② 回莹，毛培，戴宏伟：《河北省雾霾污染的空间分布及其影响因素的实证分析》，《经济与管理》2018 年第 3 期。

③ 逯苗苗，孙涛：《我国雾霾污染空间关联性及其驱动因素分析——基于社会网络分析方法》，《宏观质量研究》，2017 年第 4 期。

④ 刘华军，孙亚男，陈明华：《雾霾污染的城市间动态关联及其成因研究》，《中国人口·资源与环境》，2017 年第 3 期。

⑤ 潘慧峰，王鑫，张书宇：《重雾霾污染的溢出效应研究——来自京津冀地区的证据》，《科学决策》2015 年第 2 期；潘慧峰，王鑫，张书宇：《雾霾污染的持续性及空间溢出效应分析——来自京津冀地区的证据》，《中国软科学》2015 年第 12 期。

⑥ 梅波，田茂再：《贝叶斯时空分位回归模型及其对北京市 PM2.5 浓度的研究》，《统计研究》2016 年第 12 期；梅波，田茂再：《基于时空模型北京市 PM2.5 浓度影响因素研究》，《数学统计与管理》，2018 年第 4 期。

⑦ 李卫东，黄霞：《北京市雾霾的社会经济影响因素实证研究》，《首都经济贸易大学学报》2018 年第 4 期。

⑧ 刘耀彬，袁华锡，封亦代：《产业集聚减排效应的空间溢出与门槛特征》，《数理统计与管理》2018 年第 2 期。

⑨ 向堃，宋德勇：《中国省域 PM_（2.5）污染的空间实证研究》，《中国人口·资源与环境》，2015 年第 9 期。

⑩ 邵帅，李欣，曹建华等：《中国雾霾污染治理的经济政策选择——基于空间溢出效应的视角》，《经济研究》，2016 年第 9 期。

Hausman 检验结果，合理选择最优的空间计量模型，分析京津冀雾霾污染的空间溢出效应。

二、京津冀雾霾污染的空间聚集效应分析

选取 $PM_{2.5}$ 的浓度作为度量雾霾污染的指标，分析京津冀雾霾污染的现状，并从全局空间相关性和局部空间相关性两方面进行空间聚集效应分析。进行空间聚集效应分析：一方面是进行全局空间相关性分析，最常使用全局莫兰指数（Moran's I）和吉里尔指数（Geary's C）表示；另一方面进行局部空间相关性分析，使用 LISA 聚集图表示。

1. 全局空间相关性分析

全局空间相关性考察的是整个空间的分布聚集情况，度量全局空间相关性最常用的指标是 Moran's I 指数和 Geary's C 指数，计算公式分别为：

$$I = \frac{\sum_{i=1}^{n} \sum_{j=1}^{n} w_{ij} (x_i - \overline{x})(x_j - \overline{x})}{S^2 \sum_{i=1}^{n} \sum_{j=1}^{n} w_{ij}} \tag{2-1}$$

$$C = \frac{(n-1) \sum_{i=1}^{n} \sum_{j=1}^{n} w_{ij} (x_i - x_j)^2}{2 \left(\sum_{i=1}^{n} \sum_{j=1}^{n} w_{ij} \right) \left[\sum_{i=1}^{n} (x_i - x_j)^2 \right]} \tag{2-2}$$

其中，$S^2 = \sum_{i=1}^{n} (x_i - \overline{x})/n$ 是样本方差，n 表示京津冀地区的 13 个城市，x_i 为第 i 个地区的 $PM_{2.5}$ 浓度值，$\overline{x}$ 为 13 个地区的 $PM_{2.5}$ 平均浓度，w_{ij} 为空间权重矩阵。Moran's I 指数的取值范围是 $-1 \leqslant I \leqslant 1$，当 Moran's I 指数的取值为 $0 < I \leqslant 1$ 时，表示各地区雾霾存在空间聚集效应，且越接近 1，空间聚集效应越强；当 Moran's I 指数的取值为 $-1 \leqslant I < 0$，表示各地区雾霾存在空间扩散效应；当 Moran's I 指数的取值为 0 时，表明不存在空间聚集效应。与 Moran's I 指数不同，Geary's C 指数的取值一般为 $0 \leqslant C \leqslant 2$，但 2 并不是严格的上界，当 $0 \leqslant C < 1$ 时，表示存在正相关；当 $C > 1$ 时，表示存在负相关；当 $C = 1$ 时，表示不相关。Moran's I 指数与 Geary's C 指数呈反方向变动。

空间权重矩阵是进行空间相关性分析的前提和基础，根据地理学第一定律，空间权重矩阵可以分为邻接矩阵、地理距离矩阵、反距离矩阵和嵌套矩阵等。本文采用邻接矩阵，有共同的边或顶点均视为相邻，设定原则如下：

$$w_{ij} = \begin{cases} 1, & i \text{ 地区和 } j \text{ 地区相邻} \\ 0, & i \text{ 地区和 } j \text{ 地区不相邻} \\ 0, & i = j \end{cases} \qquad (2\text{-}3)$$

根据上述空间权重矩阵的设定原则，计算京津冀地区 13 个地级市 2002—2016 年的全局 Moran's I 指数值和 Geary's C 指数值。

表 1　2002—2016 年京津冀地区 $PM_{2.5}$ 的 Moran's I 和 Geary's C 指数

年份	Moran's I	p-value	Geary's C	p-value
2002	0.394**	0.010	0.541**	0.013
2003	0.421***	0.007	0.523**	0.010
2004	0.351**	0.019	0.583**	0.025
2005	0.410***	0.008	0.538**	0.013
2006	0.403**	0.009	0.550**	0.016
2007	0.449***	0.004	0.508***	0.008
2008	0.342**	0.021	0.606**	0.034
2009	0.334**	0.023	0.610**	0.037
2010	0.335**	0.021	0.603**	0.034
2011	0.366**	0.014	0.575**	0.023
2012	0.422***	0.006	0.534**	0.012
2013	0.429***	0.006	0.518**	0.010
2014	0.375**	0.013	0.574**	0.022
2015	0.339**	0.020	0.598**	0.031
2016	0.425***	0.007	0.537**	0.012

注：p-value 为伴随概率。当 $p < 0.1$ 时，标注 *；当 $p < 0.05$ 时标注 **；当 $p < 0.01$ 时，标注 ***。

从表 1 可以看出，全局 Moran's I 指数均通过了 5% 的显著性水平检验，其中一部分通过 1% 的显著性水平检验，表明京津冀 $PM_{2.5}$ 存在显著的空间聚集效应，即空间正自相关性。由于 2002—2016 年的 Moran's I 指数一直维持在 0.3—0.4，所以表明雾霾污染的空间聚集效应持续稳定。Geary's C 指数的计算结果也表明了这一点，比如 Geary's C 指数值均处于 0—1 之间，且维持在 0.5—0.6 的水平，可见全局 Moran's I 指数和 Geary's C 指数均能够表示京津冀地区雾霾污染具有空间聚集效应，即 $PM_{2.5}$ 浓度高的地区聚集在一起，$PM_{2.5}$ 浓度低的地区聚集在一起。

从京津冀地区 2002 年、2007 年、2013 年和 2016 年的 $PM_{2.5}$ 浓度莫兰散点图（见图 1）可以看出，京津冀的 13 个地区中主要集中在 I、III 象限，呈现出高高正相关和低低正相关的特征，进一步体现其空间聚集效应。

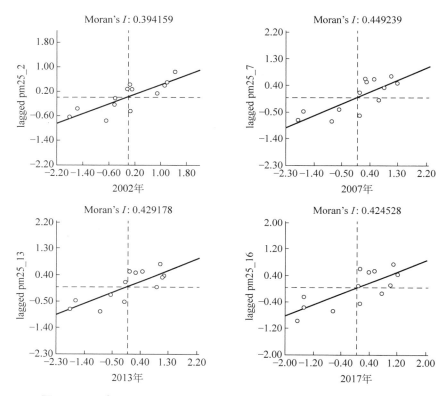

图 1　2002 年、2007 年、2013 年和 2016 年的全局 Moran's I 散点图

2. 局部空间相关性分析

全局 Moran's I 指数只能反映雾霾污染整体的空间相关状况，忽视了空间异质性，无法反映局部地区的空间特征。这里使用局部空间相关指标——局部莫兰指数（LISA）来检验局部地区的空间相关状况。局部莫兰指数的计算公式为：

$$I_i = \frac{(x_i - \overline{x}) \sum_{j=1}^{n} w_{ij} (x_j - \overline{x})}{S^2} \qquad (2\text{-}4)$$

I_i 表示地区 i 的局部莫兰指数，用于度量 i 地区和它周围地区之间的 $PM_{2.5}$ 的空间相关性。$x_i,\ \bar{x},\ w_{ij},\ S^2$ 含义、设定均与全局莫兰指数相同。当 $I_i > 0$ 时，为正相关，表示 $PM_{2.5}$ 浓度高的地区被 $PM_{2.5}$ 浓度高的地区包围（高–高聚集），或者 $PM_{2.5}$ 浓度低的地区被 $PM_{2.5}$ 浓度低的地区包围（低–低聚集）；当 $I_i < 0$ 时，为负相关，表示 $PM_{2.5}$ 浓度相反的地区聚集在一起（高–低聚集、低–高聚集）。根据公式 2-4 计算出各个地区的局部莫兰指数，绘制每一年 $PM_{2.5}$ 浓度的 LISA 聚集图。图 2 是 2004 年和 2014 年根据局部莫兰指数绘制出的京津冀地区 $PM_{2.5}$ 浓度值的 LISA 聚集图，聚集区域均通过了 5% 的显著性水平检验。

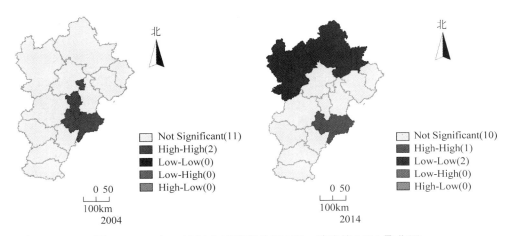

图 2　2004 年、2014 年京津冀地区 $PM_{2.5}$ 浓度值 LISA 聚集图

从图 2 和其他年份的 LISA 聚集图可以看出，廊坊市、沧州市基本属于雾霾污染高高聚集区，张家口市和承德市属于雾霾污染低低聚集区。在 2002—2016 年的雾霾污染局部地区聚集图中，高高聚集区域和低低聚集区域无明显变化，这表明京津冀雾霾污染的空间效应明显且处于长期稳定状态。京津冀雾霾污染的高高聚集地区主要集中在河北南部地区，低低聚集地区主要集中在河北北部，这种情况的存在与各地区的产业结构有密切联系，邯郸、邢台、石家庄、保定、唐山等地区的主要产业为水泥钢材等重工业，存在众多大型污染企业，这势必会导致本地污染物排放量高于其他地区，而与之相邻的区域也是高污染地区，结果就导致南部地区成为高雾霾污染聚集区。地理因素也不可忽略，河北省与北京高度落差大，容易在春季和冬季引起北风，将空气污染物渗透到京津冀地区的东南部，西南部易形成下垫气流，不利于区域污染物的扩散，夏季和秋季的偏南风使得河北省西南走向线容易受到阻碍，对该地区的环境污染影响较大。

　　综上，京津冀雾霾污染存在显著的空间正自相关性，且处于长期稳定的状态。局部空间聚集图显示高高类型的聚集主要集中在河北省南部地区。要治理雾霾，就必须考虑到因为空间效应所导致的雾霾污染的空间分布。

三、京津冀雾霾污染的空间溢出效应分析

　　全局相关性分析和局部相关性分析可以证明京津冀雾霾污染存在空间聚集效应。通过建立空间计量模型，在考虑空间因素的基础上对京津冀雾霾污染的影响因素进行分析，并探究空间溢出效应。

1. 变量选取

　　STIRPAT 模型（可拓展的随机性的环境影响评估模型）认为环境受到人口、财富和技术水平的影响，形式为 $I_{it} = \alpha P_{it}^b A_{it}^c T_{it}^d e$，其中 I 为环境影响，具体到本文中为雾霾污染；P 表示人口水平；A 为富裕程度；T 为技术水平；e 为模型误差项。根据 EKC 假说，环境库兹涅茨曲线显示出经济发展水平与环境污染呈现出"倒 U 型"曲线的关系。STIRPAT 模型和 EKC 假说是目前研究环境污染影响因素的重要理论模型。STIRPAT 模型可以进行参数估计，也可以对影响因素进行适当的分解和改进。[①] 本文根据结合 STIRPAT 模型和 EKC 假说，并结合文献和现实状况，选取经济发展水平、对外开放程度、人口规模以及产业结构作为影响因素，见表 2。

表 2　变量选取

变量	指标	符号	单位
雾霾污染	PM$_{2.5}$ 年平均浓度	pm	μ/m^3
经济发展水平	实际人均地区生产总值	agdp	元
对外开放	实际利用外商投资	FDI	万美元
人口规模	年平均人口	ps	万人
产业结构	第二产业占地区生产总值的比重	is	%

　　注：对各自变量（除产业结构）进行对数化处理；在建立模型时引入（lnagdp）^2。

---

　　① Shuai Shao, Lili Yang, Mingbo Yu, Mingliang Yu, Estimation, Characteristics, and Determinants of Energy-related Industrial CO$_2$ Emissions in Shanghai (China), 1994—2009, *Energy Policy*, 39(10), 2011。

2. 数据来源

2012 年国务院重新修订并发布《环境空气质量标准》，开始对 $PM_{2.5}$ 浓度进行检测，而京津冀地区现有的 $PM_{2.5}$ 数据记录是从 2013 年底开始的。我国各地区雾霾污染的现有文献中，不少学者采用哥伦比亚大学和巴特尔研究所提供的利用卫星搭载设备对气溶胶光学厚度（AOD）进行测定得到的全球 $PM_{2.5}$ 栅格数据。[①] 由于京津冀地区的 $PM_{2.5}$ 浓度的历史数据缺失，为保持数据统计口径一致，本文将采用基于气溶胶光学厚度测定的 2002—2016 年 $PM_{2.5}$ 年平均浓度的数据进行分析。

京津冀地区雾霾污染呈现出先上升再下降的倒 U 型曲线趋势，在 2011 年以后 $PM_{2.5}$ 浓度开始下降，如图 3 所示。2012 年我国开始对 $PM_{2.5}$ 进行检测，并相继发布了一系列关于雾霾治理的政策制度和规范性文件；京津冀地区在雾霾治理方面也制定了地方性法律规范，并采取了一定的措施：取缔高污染小工厂、单双号限行、煤改气等。从总体上来看，这些雾霾治理措施取得了一定的效果，雾霾污染有所减轻但污染水平仍然很高，我们应该清醒地认识到治理雾霾是一个长期复杂的过程。

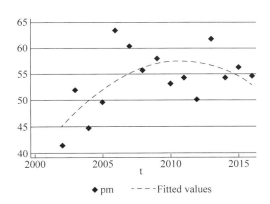

图 3　京津冀地区雾霾平均水平散点图

实际地区人均生产总值、实际利用外商投资、各地区年平均人口和产业结构的数据主要来源是历年《中国城市统计年鉴》，部分数据来自《北京统计年鉴》《天津统计年鉴》和《河北经济年鉴》。

3. 理论基础

空间聚集效应的分析结果表明雾霾污染存在空间相关性，可以建立空间计量模

---

① 马丽梅，张晓：《中国雾霾污染的空间效应及经济、能源结构影响》，《中国工业经济》2014 年第 4 期。

型进一步进行分析。常见的空间计量模型有空间滞后模型，空间误差模型和空间杜宾模型。

空间滞后模型（SAR）认为一个地区 $PM_{2.5}$ 浓度会受到相邻地区 $PM_{2.5}$ 浓度的影响，模型为：

$$\ln PM_{it} = \alpha_i + \rho \sum_{j=1}^{n} w_{ij} \ln PM_{jt} + \beta X_{it} + \mu_i \tag{3-1}$$

空间误差模型（SEM）认为一个地区的随机扰动项会受到相邻地区的随机扰动项的影响，模型形式为：

$$\ln PM_{it} = \alpha_i + \beta X_{it} + \mu_i$$
$$\mu_i = \lambda W \mu_i + \varepsilon_i \tag{3-2}$$

空间杜宾模型（SDM）认为一个地区的 $PM_{2.5}$ 浓度不仅会受到本地区自变量的影响，也会受到相邻地区的自变量的影响，模型形式为：

$$\ln PM_{it} = \alpha_i + \rho \sum_{j=1}^{n} w_{ij} \ln PM_{jt} + \beta X_{it} + \theta \sum_{j=1}^{n} w_{ij} X_{jt} + \mu_i \tag{3-3}$$

相比于空间滞后模型和空间误差模型，空间杜宾模型是一个更一般化的模型。当 $\theta = 0$ 时，空间杜宾模型退化成为空间滞后模型；当 $\theta = \rho * \beta$ 时，空间杜宾模型退化成空间误差模型。

通过空间杜宾模型的参数估计结果来检验空间杜宾模型能否退化，当接受原假设 $H_0 : \theta = 0$ 时，表示空间杜宾模型可以退化为空间滞后模型；当拒绝原假设 $H_0 : \theta = 0$ 时，表示空间杜宾模型显著，不能退化为空间滞后模型。同理，接受原假设 $H_0 : \theta = \rho * \beta$ 时，空间杜宾模型可以退化为空间误差模型；当拒绝原假设 $H_0 : \theta = \rho * \beta$ 时，表示空间杜宾模型显著。采用 LR 检验（或 Wald 检验）和 LM 检验来实现。

模型选择有三种情况：

第一，当 LR 检验（或 Wald 检验）的两个原假设都被拒绝时，使用空间杜宾模型可以更好的拟合数据。

第二，当 LR 检验（或 Wald 检验）接受原假设 $H_0 : \theta = 0$（指向 SAR），且 LM-lag 检验拒绝原假设（指向 SAR），使用空间滞后模型；当 LR 检验（或 Wald 检验）接受原假设 $H_0 : \theta = \rho * \beta$（指向 SEM），且 LM-error 检验拒绝原假设（指向 SEM），使用空间误差模型.

第三，LR 检验（或 Wald 检验）指向空间滞后模型，而 LM 检验指向空间误差模型，即 LR 检验（或 Wald 检验）结果与 LM 检验结果相矛盾时，采用空间杜宾模型。

4. 模型选择

在进行空间计量模型回归估计前需要对模型进行检验，以选取最佳的模型形式。主要分为三步，首先进行最小二乘回归并进行 Moran's I 检验，确定是否引入空间变量；其次通过 LM 和 robust LM 检验确定选择 SAR 还是 SEM；最后，估计 SDM，通过 LR、Wald 检验来判断 SDM 是否可以退化为 SAR、SEM。当 LM 与 LR 结果一致时采用指向的模型，当结果不一致时采用空间杜宾模型。

表 3　京津冀雾霾污染的面板数据诊断性检验

	OLS	空间滞后模型	空间误差模型
Moran's I	1.937*	—	—
LM	—	0.121	40.958***
Robust LM	—	0.832	41.667***

首先对面板数据进行最小二乘估计并进行诊断性检验，结果见表 3。检验结果表明 Moran's I（1.937）在 10% 的显著性水平上通过检验，表明可以在模型中引入空间变量。

其次，在表 4 中 LM-error 和 robust LM-error 均通过了 1% 的显著性检验，而 LM-lag 和稳健 LM-lag 都没有通过显著性检验，LM 检验指向空间误差模型。

最后，进行空间杜宾模型的估计并进行 LR、Wald 检验，检验结果见表。（1）在空间固定的情况下，LR-lag 不能拒绝原假设，表示空间杜宾模型不显著，可以退化为空间滞后模型，而 Wald-lag 检验在 10% 的显著性水平检验拒绝原假设，空间杜宾模型显著；而 LR-error 和 Wald-error 都不能拒绝原假设，空间杜宾模型可以退化成空间误差模型。（2）在双向固定模型下，LR-lag，Wald-lag 和 LR-error，Wald-error 均不能拒绝原假设，空间杜宾模型不显著。（3）在时间固定模型下，LR-lag，Wald-lag 和 LR-error，Wald-error 通过 1% 显著性检验，空间杜宾模型显著。

表 4　LR 检验和 Wald 检验

	空间固定	双向固定	时间固定
LR-lag	7.54	5.31	70.28***
LR-error	5.44	7.02	50.81***
Wald-lag	7.63*	2.4	18.83***
Wald-error	4.39	7.22	85.41***
Hausman	−2.46	−24.45	59.37***

虽然在时间固定和双向固定的效应下 LR 检验指向空间误差模型，但在时间固定效应下 LR 检验和 Wald 检验结果表明空间杜宾模型显著。为了更好的拟合数据，应选择更为一般的空间杜宾模型。再根据 Hausman 检验结果，本文最终采用了空间杜宾模型。

根据 LM 检验、LR 检验、Wald 检验和 Hausman 检验的检验结果，建立空间面板杜宾模型分析京津冀雾霾污染的影响因素，在考虑空间反馈效应的基础上对空间溢出效应的直接效应、间接效应进行分析。

① 空间面板杜宾模型的参数估计

空间聚集效应。表 5 中的空间滞后系数 ρ 在 1% 的显著性水平下显著为正，再次证明了京津冀雾霾污染存在显著的空间聚集效应。在风速、降雨和温差等天气因素导致的空气流动和区域间产业转移、产品贸易等社会经济因素的双重作用下，一个地区的雾霾污染程度与相邻地区的雾霾污染程度紧密相关。[①] 相邻地区的 $PM_{2.5}$ 浓度平均提高 1%，本地区的 $PM_{2.5}$ 浓度平均提高 0.63%，这就表明在进行雾霾污染治理时，传统的行政区域碎片化治理难以有效解决跨区域雾霾污染问题，要构建统筹协调机制，提高污染防治保障服务水平，创新区域雾霾治理的体制机制。[②]

表 5　空间面板杜宾模型的参数估计

	Coef.	Z	p-vaule
lnagdp^2	-0.141^{***}	-3.19	0.001
lnagdp	3.273^{***}	3.73	0.000
lnFDI	0.003	0.10	0.923
lnps	0.149^{***}	2.59	0.009
is	0.012^{***}	5.98	0.000
W*lnagdp	0.504^{***}	2.80	0.005
W*lnFDI	-0.129^{**}	-2.48	0.013
W*lnps	0.499^{***}	4.28	0.000
W*is	0.023^{***}	5.43	0.000
Spatial_rho	0.656^{***}	9.79	0.000
Variance sigma2_e	0.052^{***}	9.12	0.000

注：*，**，*** 分别表示通过了 10%，5% 和 1% 的显著性检验

---

① 邵帅，李欣，曹建华等：《中国雾霾污染治理的经济政策选择——基于空间溢出效应的视角》，《经济研究》2016 年第 9 期。

② James P. LeSage, R. Kelley Pace, *Spatial Econometric Models*, in Manfred M. Fischer, Arthur Getis ed., *Handbook of Applied Spatial Analysis*, Springer, 2009, pp. 355-376.

经济发展水平（agdp）。传统的 EKC 曲线表示经济发展水平与环境污染呈倒 U 型曲线关系。在表 5 中，二次项系数为负，一次项系数为正，都通过了 1% 的显著性水平检验，表明 PM$_{2.5}$ 浓度与经济发展水平的发展存在显著的倒 U 型曲线走势，即 PM$_{2.5}$ 浓度随着经济发展水平的提升呈现先上升再下降的趋势，见图 4。京津冀地区的雾霾污染状况与经济发展水平之间符合 EKC 假说。当人均实际地区生产总值超过某一点后，经济增长会显著改善雾霾污染。未来经济发展要实现从量到质、从速度到效益，从粗放型发展到集约型发展的转变，努力实现经济和环境双赢。

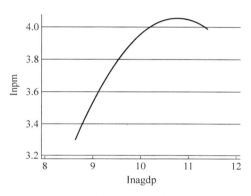

图 4　人均实际地区生产总值与 PM$_{2.5}$ 的关系

产业结构（is）。产业结构的系数为正，并通过了 1% 的显著性检验，表明第二产业产值占地区生产总值的比重对雾霾污染存在正向影响。京津冀地区存在以钢筋水泥为主的高污染、高能耗和高成本的三高行业，尤其是河北省地区，重工业的占比较高，严重影响区域的环境状况。京津冀雾霾污染与以重工业为主的产业特征密不可分。

人口规模（ps）。人口规模对 PM$_{2.5}$ 浓度具有显著的正向影响，在其他变量保持不变的情况下，人口规模每增长 1%，PM$_{2.5}$ 浓度就提高 0.149%。人们对住房、家电和机动车等的需求会直接或者间接导致雾霾污染。人口规模扩大必然需要大量的工业产品，而工业产品在生产过程中会产生大量的环境污染物，使京津冀雾霾污染程度加深；人口增长带动汽车规模增长，汽车尾气排放量增加，雾霾污染加重。当然治理雾霾不仅仅要控制人口规模，还要倡导绿色的生产生活方式。

对外开放（FDI）。关于对外开放对雾霾污染的影响有"污染晕轮假说"和"污染避难所假说"两种情况。在本文中 FDI 的系数没有通过显著性检验，京津冀地区对外开放程度对雾霾污染的影响在统计学上不显著，这能够在一定程度上反映出外商投资对雾霾污染的影响符合污染晕轮假说，各地区政府在引入外商投资时注重 FDI

的绿色程度。

② 直接效应和间接效应

雾霾污染的空间溢出效应可以分解为直接效应和间接效应。[①] 直接效应即本地效应，指某影响因素对本地区雾霾污染的影响，包括本地区影响因素变动引起的相邻地区雾霾变动进而对本地区雾霾污染造成的影响（即空间反馈效应）；[②] 间接效应即溢出效应，指某影响因素对相邻地区雾霾污染造成的影响。

本文采用空间回归模型偏微分方法对空间溢出效应进行分解，能够较为精确地度量直接效应、间接效应和总效应。表 6 为分解后的效应，可以看出各影响因素的直接效应系数与 SDM 中系数的显著性相同，但是由于这里考虑了空间反馈效应，所以数值大小存在差异。

表 6　直接效应和间接效应

	直接效应	间接效应	总效应
$lnaagdp^2$	− 0.170***	− 0.256**	− 0.426**
lnaagdp	4.122***	7.321**	11.443***
lnFDI	− 0.036	− 0.345*	− 0.381*
lnps	0.337***	1.597***	1.933***
is	0.023***	0.087***	0.109***

从直接效应来看，除实际利用外商投资外，其他变量均通过了显著性检验。其中实际人均地区生产总值的二次项系数为正，一次项系数为负，这就表明实际人均地区生产总值的增长会使本地区 $PM_{2.5}$ 浓度呈现出先上升后下降的趋势，验证了 EKC 曲线。在经济发展时期，对资源的消耗过高，产生大量废气和可吸入颗粒物，规模效应大于技术效应和结构效应，导致雾霾污染加剧；当经济发展到新阶段，技术效应和结构效应大于规模效应，雾霾污染减缓。人口规模的估计值为 0.337，表明人口规模不利于 $PM_{2.5}$ 浓度的下降，人口总数多往往意味着人口密度大，人口密集不利于空气流动，雾霾也不易消散。产业结构的估计值为 0.023，不利于 $PM_{2.5}$ 浓度的下降，也间接表明了该地区的产业结构不合理，高污染高排放的行业比重高，需要不断优

---

① 卢华、孙华臣：《雾霾污染的空间特征及其与经济增长的关联效应》，《福建论坛》（人文社会科学版）2015 年第 9 期。

② Federico Belotti, Gordon Hughes, Andrea Piano Mortari, Spatial panel data models using Stata, *The Stata Journal*, 17(1), 2016.

化产业结构。

从间接效应来看，各变量估计值通过了不同水平的显著性检验。随着实际人均地区生产总值的增长，相邻地区的 $PM_{2.5}$ 依然呈现出先上升后下降的倒 U 型曲线走势。实际利用外商投资的系数估计值为 -0.345，表明实际利用外商投资有利于相邻地区 $PM_{2.5}$ 浓度下降。实际利用外商投资拉动本地人均地区生产总值的增长，而实际人均地区生产总值的增长导致相邻地区 $PM_{2.5}$ 浓度下降，间接表明了实际人均地区生产总值的发展已经越过拐点，开始走绿色经济发展道路。年平均人口和第二产业占地区生产总值比重的系数估计值分别为 1.597 和 0.087，均不利于邻地 $PM_{2.5}$ 的降低，这种影响正是由于空间溢出效应造成的。

在总效应中，各变量都通过了显著性水平检验，实际人均地区生产总值对 $PM_{2.5}$ 的影响依然符合 EKC 曲线。年平均人口和第二产业占地区生产总值比重与 $PM_{2.5}$ 浓度之间依然存在显著的正相关关系。实际利用外商投资的总效应估计系数为 -0.381，有利于 $PM_{2.5}$ 的缓解。实际利用外商投资的直接效应为正，但是总效应却为负，这就表明了其对经济增长的拉动作用间接影响了 $PM_{2.5}$ 浓度。虽然在短期内外商直接投资拉动经济增长对 $PM_{2.5}$ 的影响会因经济发展所处阶段不同而有所不同，但在长期看来，实际利用外商投资拉动经济增长会降低 $PM_{2.5}$ 浓度。

四、结论与对策

本文选取京津冀 13 个地级市 2002—2016 年的面板数据作为研究样本，借鉴 EKC 假说和 STIRPAT 模型，建立空间面板杜宾模型，对京津冀雾霾污染的空间聚集效应和空间溢出效应进行分析。

在空间聚集效应中，全局空间相关性分析结果显示 Moran's I 指数和 Geary's C 指数都通过显著性水平检验，并且各年份的 Moran's I 指数的估计值均为正，Geary's C 指数在 0.5 的水平上下波动，表明京津冀雾霾污染在总体上呈现出明显的空间聚集效应并处于长期稳定的状态。局部空间相关性的分析结果表明京津冀雾霾污染在局部地区呈现出高高聚集和低低聚集的空间分布特征。因此，依靠行政区域划分各自为政治理雾霾的方法行不通，构建统筹协调机制是很必要的，对于推进京津冀区域协同治理雾霾具有重要意义。

空间面板杜宾模型的结果显示，京津冀地区雾霾污染具有明显的空间溢出效应，各因素对京津冀雾霾污染的具体影响与建议对策如下。

经济发展水平对京津冀雾霾污染的影响显著，两者之间存在"倒 U 型"曲线关系。

短期来看，实际人均地区生产总值对 $PM_{2.5}$ 浓度的影响与经济发展所处时期有关：在实际人均地区生产总值达到某一水平之前，实际人均地区生产总值增长不利于 $PM_{2.5}$ 浓度的降低；当实际人均地区生产总值达到这一水平之后，实际人均地区生产总值增长会使得 $PM_{2.5}$ 浓度降低。长期来看，$PM_{2.5}$ 浓度会随着实际人均地区生产总值的提高而降低。从 EKC 曲线来看，虽然京津冀地区的雾霾污染开始随经济发展水平的提高呈现出逐渐缓解的趋势，但应该贯彻新发展理念，注重转变发展方式、优化经济结构、转换增长动力，必须树立和践行绿水青山就是金山银山的理念，以供给侧结构性改革为主线实现经济的高质量发展。

产业结构对京津冀雾霾污染的正向影响显著。在其他影响因素保持不变的情况下，第二产业产值占地区生产总值的比重每增加 1%，雾霾污染的总效应提高 0.109%，其中直接效应提高 0.023%，间接效应提高 0.087%。为治理雾霾，首先要优化产业结构、降低第二产业尤其是重工业的比重，重工业中的三高行业是导致雾霾污染的重要源头，且重工业中能源消耗以煤炭为主，这样的能源结构也会导致雾霾污染加剧，因此应改进能源消费结构、降低重工业比重，大力发展第三产业。其次要强调京津冀功能定位，科学规划产业布局，明确产业定位和方向，加强京津冀产业规划衔接和产业协作，实现京津冀功能互补错位发展，增强区域整体性。

人口规模对京津冀雾霾污染有显著的正向影响。在其他影响因素保持不变的情况下，年平均人口数平均增长 1%，$PM_{2.5}$ 浓度平均增长 1.933%，其中直接效应增长 0.337%，间接效应增长 1.597%。为此要优化人口布局，控制人口密度；同时倡导绿色科学可行的生产生活方式，发展公共交通，提高公众环保意识。

对外开放对京津冀雾霾污染的影响下 10% 的水平下显著，其他影响因素保持不变的情况下，FDI 平均增长 1%，雾霾污染的总效应降低 0.381%，其中间接效应降低 0.345%，直接效应不显著，表明 FDI 通过拉动经济增长来带动 $PM_{2.5}$ 浓度下降。FDI 对雾霾污染的影响符合污染晕轮假说，并不会对京津冀雾霾污染产生不利影响。FDI 的空间溢出效应为负，优质外商投资有助于雾霾污染治理，京津冀在引入外商投资时要对 FDI 的绿色程度进行鉴别，并提高 FDI 的准入门槛，发挥 FDI 在雾霾治理方面的积极作用。

圆桌论坛：湖泊湿地生态修复的理论与实践——白洋淀及其他

编者按：

白洋淀，属海河流域大清河南支水系湿地，是华北平原最大的浅水湖型湿地，其绝大部分为雄安新区所辖，是雄安新区发展的重要生态水体。研究该流域生态环境变化，对华北平原生态平衡的维持和雄安新区的建设具有重要意义。为了给白洋淀环境生态系统修复提供理论和实践依据，本次讨论邀请来自不同学科的学者，围绕白洋淀相关生态问题，或以其他地区的湖泊湿地生态修复为参考，对自己在这一领域内的研究实践和个人思考进行一番总结，以学术观点的碰撞和交融，来推动这个跨学科研究方向的发展。这些文章既是众作者多年学术研究的心得，更是各地区湖泊湿地生态修复实践长期积累的经验。这组文章正是要体现出理论与实践的紧密结合，理论指导实践，再由实践上升和完善理论。

白洋淀水体富营养化分析及其生态修复策略

梁淑轩　冯子康　刘　琼

（河北大学化学与环境科学学院）

湿地生态系统在多水和过湿条件下形成，是介于水、陆生态系统之间的一类特殊生态单元，具有较高的生态多样性、物种多样性和生物生产力，是地球上珍贵的自然资源，在抵御洪水、调节径流、控制污染、调节气候、美化环境等方面具有不可替代的生态价值和综合功能，但湿地的易变性导致湿地生态系统具有脆弱性。[1] 白洋淀作为华北地区最大的湖泊湿地，具有独特的自然风景和重要的湿地功能，同时，又是淀区及周边几十万人民赖以生存的主要物质生产来源之一，对于维护华北地区生态环境、维持生物多样性以及发展社会经济具有重要作用。[2] 但不容乐观的是，白洋淀作为一个复杂、开放的交互系统，由于水资源短缺导致的水量不足以及环境污染造成的水质下降，加之湿地生态系统本身的脆弱性，其水环境安全面临着巨大威胁。[3] 雄安新区是高标准高起点的国家新区，白洋淀的问题则是雄安新区建设中首先需要解决的重大问题，建设雄安新区一定要把白洋淀修复好、保护好，为此，对白洋淀水体富营养化进行有效修复，拯救和恢复白洋淀生态系统迫在眉睫且意义重大。

生态调水和污染治理都可达到促进水质改善的效果。调水增加水量，会使水体污染物浓度得以稀释，水质好转，但从目前现状来看，针对白洋淀的调水仍未形成长效措施，只可使水质得以短时改善，如果能够长期合理分配一定的生态水量，无疑是改善水质的重要措施；整治污染是从源头上削减污染物的排放，减少污染物进

① J. Walter Milon, David Scrogin, Latent Preferences and Valuation of Wetland Ecosystem Restoration, *Ecological Economics*, 56(2), 2006；盖世广，窦志国，汤日红：《湖泊湿地生态系统管理研究概述》，《湿地科学与管理》2017 年第 4 期；Yohannes Zergaw Ayanu, Christopher Conrad, Thomas Nauss, Martin Wegmann, Thomas Koellner, Quantifying and Mapping Ecosystem Services Supplies and Demands: A Review of Remote Sensing Applications, *Environmental Science & Technology*, 46(16), 2012.

② 梁淑轩，张振冉，秦哲：《白洋淀沉积物理化特性及营养盐分布特征》，《安全与环境学报》2016 年第 1 期；江波，陈媛媛，肖洋：《白洋淀湿地生态系统最终服务价值评估》，《生态学报》2017 年第 8 期。

③ 李华，沈洪艳，李双江，梁雅卓，卢传昱，张璐璐：《富营养化对白洋淀底栖－浮游耦合食物网结构和功能的影响》，《生态学报》2018 年第 6 期。

淀负荷，可保障白洋淀的长期改善，因此整治污染的力度仍需加大。

浅水湖泊的水质状况与污染输入以及湖泊内部自身的循环过程之间具有十分复杂的关系，同时由于沉积物复杂的内源释放机制，白洋淀水质对于流域污染控制管理计划的响应相对较小。浅水湖泊的复杂性决定了白洋淀要科学治理与修复。[①]

本文在对白洋淀水质系统监测的基础上，分析了白洋淀富营养化的限制因素及污染特征，提出了进行湿地修复的主要措施建议。

一、实验材料与方法

1. 采样点的设置与样品采集

根据湖库面积、湖盆形状、水动力学条件、污染物的循环及迁移转化等因素，在淀区设置 18 个监测点，布点图如图 1 所示。在水面下 0.5 米处采样，采集的样品尽快测定。

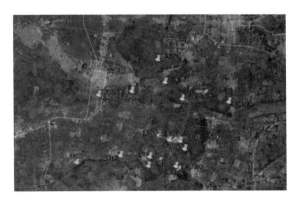

图 1　淀区监测点布置图

2. 水质监测指标与测定方法

水质监测指标与测定方法见表 1。

---

① David A. Kovacic, Mark B. David, Lowell E. Gentry, Karen M. Starks, Richard A. Cooke, Effectiveness of Constructed Wetlands in Reducing Nitrogen and Phosphorus Export From Agricultural Tile Drainage, *Journal of Environmental Quality*, 29(4), 2000; C.W. Drake, C.S. Jones, K.E. Schilling, A. Arenas Amado, LJ Weber, Estimating Nitrate-nitrogen Retention in a Large Constructed Wetland Using High-frequency, Continuous Monitoring and Hydrologic Modeling, *Ecological Engineering*, 117, 2018；金建丽，石兰英，杨春文：《湖泊富营养化的生态修复策略》，《国土与自然资源研究》2012 年第 2 期；颜雄，魏贤亮，魏千贺，王晨，彭尔瑞：《湖泊湿地保护与修复研究进展》，《山东农业科学》2017 年第 5 期。

表 1　水质指标监测项目与方法

编号	监测项目	分析方法	编号	监测项目	分析方法
1	水温	温度计测定	14	铜	原子吸收法
2	透明度	塞氏盘目视法	15	锌	原子吸收法
3	溶解氧	溶氧仪法	16	氟化物	离子色谱法
4	pH	玻璃电极法	17	硒	原子吸收法
5	氧化还原电位	玻璃电极法	18	镉	原子吸收法
6	色度	稀释倍数法	19	铅	原子吸收法
7	浊度	浊度计法	20	汞	冷原子吸收法
8	高锰酸钾指数	滴定法	21	铬（六价）	二苯碳酰二肼分光光度法
9	化学需氧量（COD_{Cr}）	重铬酸盐法	22	氰化物	异烟酸－吡唑啉酮比色法
10	总氮（TN）	碱性过硫酸钾－紫外分光光度法	23	挥发酚	4－氨基安替比林分光光度
11	氨氮（NH_4^+-N）	纳氏试剂分光光度法	24	硫化物	亚甲蓝分光光度法
12	总磷（TP）	钼酸铵分光光度法	25	石油类	红外分光光度法
13	砷	二乙基二硫代氨基甲酸银光度法	26	阴离子表面活性剂	亚甲蓝分光光度法

3. 数据处理方法

为评价水质，并找出主要污染物，分析人类生产活动对水环境质量的影响及危害程度，分别采用单因子指数法和内梅罗污染指数综合评价法对水质进行评价。单因子指数和内梅罗指数计算方法分别见式 1、式 2。[1]

$$C_p = \frac{C_{pi}}{S_p} \qquad\qquad 式 1$$

式中，p = 1，2，3，…，k，k 种污染参数；i =1，…，m，m 个样品；C_p 为第 p 种污染物的单项污染指数；C_{pi} 为第 i 个样品的 p 指标实际检测值；S_p 为第 p 种污染

---

[1]　Chen Yixian, Jiang Xiaosan, Wang Yong, Zhuang Dafang, Spatial Characteristics of Heavy Metal Pollution and the Potential Ecological Risk of a Typical Mining Area: A Case Study in China, *Process Safety & Environmental Protection*, 113, 2018; Joanna Kowalska, Ryszard Mazurek, Gąsiorek Michał, Marcin Setlak, Tomasz Zaleski, Jarosław Waroszewski, Soil Pollution Indices Conditioned by Medieval Metallurgical Activity—A Case Study from Krakow (Poland), *Environmental Pollution*, 218, 2016；杨婷婷，魏月梅，燕文明：《CCME WQI 在我国水质评价中的应用》，《水电能源科学》2017 年第 7 期。

物标准值。

$$P_{内} = \sqrt{\frac{(C_{pi}/S_p)^2_{ave} + (C_{pi}/S_p)^2_{max}}{2}} \qquad 式2$$

式中：$P_{内}$为环境指标 p 的内梅罗污染指数；$(C_{pi}/S_p)^2_{ave}$为第 i 个样品的指标 p 的单项污染指数平均值的平方；$(C_{pi}/S_p)^2_{max}$为第 i 个样品的指标 p 的单项污染指数最大值的平方。

二、实验结果与讨论

1. 白洋淀水质问题分析

各监测点污染物浓度用单因子评价结果如图 2 和表 2 所示。从图 2 可以看出，白洋淀水污染主要污染因子总氮、总磷等营养物质以及耗氧有机物污染，17 个监测点高锰酸盐指数和化学需氧量超标，总氮在 16 个监测点出现超标，其中总氮污染最严重。

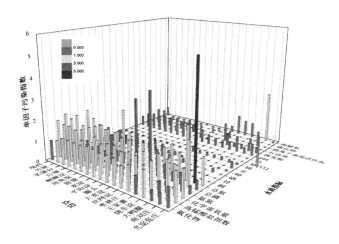

图 2　淀区各监测点单因子评价结果

表 2　淀区浓度和单因子评价指数

指标	高锰酸盐指数	化学需氧量	总氮	氟化物	总磷
Cp 最大值	1.85	2.15	5.53	1.32	3.3
Cp 最小值	0.67	0.97	0.97	0.47	0.19
超标比例（%）	94.44	94.44	88.89	72.22	11.11
平均超标倍数	0.45	0.67	0.77	0.09	/

内梅罗指数评价结果表明，白洋淀整体的水质状况为轻微污染，18 个监测点位中，府河入淀口的水质状况为重度污染，2 个监测点的水质状况为中度污染，其他的 15 个监测点水质状况为轻微污染。

2. 白洋淀富营养化及污染源分析

根据国际上常用的综合营养状态指数方法对白洋淀水体进行分级评价，[①] 白洋淀水体属于中度至重度富营养化，富营养化已经成为影响其可持续发展的最大障碍。白洋淀水质实测数据显示，总氮浓度在 0.973—8.29mg/L 之间，平均浓度为 1.99mg/L，总磷浓度在 0.04—0.66mg/L 之间，平均浓度为 0.156mg/L。白洋淀氮磷比（TN/TP）为 12.8∶1。Redfield 提出了 N∶P 为 16∶1 的原子比，[②] 这是被全球广泛接受的一个平均的营养盐组成，应用于营养盐限制的初步判定，认为水域氮磷比高于此值是磷限制，低于此值是氮限制。根据该比值，总磷成为影响白洋淀富营养化进程的最主要限制因子。水体富营养化的形成除主要受营养物质影响外，[③] 还受到溶解氧、气温、光照、水动力和底泥等因素的影响。

白洋淀富营养化的污染来源主要包括外源和内源，营养盐的输入破坏了系统的物质与能量的流动，导致水体的生态失衡和紊乱，水生生态系统结构与功能异化，[④] 部分淀泊出现沼泽化和陆地化。外源污染即外源性污染物的输入，主要包括点源和面源，上游工农业生产及生活污染引起的氮、磷等营养物质大量进入水体。内源污染一般主要指积累在湖泊底泥表层的氮、磷营养物质在一定的物理化学及环境条件下，从底泥中释放出来而重新进入水中，从而形成湖内污染负荷，即使在外源污染得到有效控制的情况下，内源污染仍会导致湖泊长期处于富营养化状态。对于白洋淀，内源污染源除内源循环释放外，还有淀内居民生产生活排放造成的污染。居民每天产生大量的生活污水、排泄物和垃圾，冲刷过村落、街道的雨水，以及家禽畜

---

① 张文涛：《浅议湖库富营养化的评价方法和分级标准》，《环境科学》2010 年第 1 期。

② A.C. Redfield, B.H. Ketchum, F.A. Richards, *The Influence of Organisms on the Composition of the Sea Water*, in M.N. Hill Ed., *The Sea, Vol. 2*, Interscience Publishers, 1963；陈洁，高超：《Redfield 比值在富营养化研究中的应用及发展》，《四川环境》2016 年第 6 期。

③ 梁慧雅，翟德勤，孔晓乐：《府河－白洋淀硝酸盐来源判定及迁移转化规律》，《中国生态农业学报》2017 年第 8 期；龙幸幸，杨路华，夏辉：《白洋淀府河入淀口周边水质空间变异特征分析》，《水电能源科学》2016 年第 9 期。

④ 李华，沈洪艳，李双江，梁雅卓，卢传昱，张璐璐：《富营养化对白洋淀底栖－浮游耦合食物网结构和功能的影响》，《生态学报》2018 年第 6 期。

牧业的废弃物、粪便等直接或间接入淀，但缺乏有效的处理措施；淀区群众为了发展经济，曾经大面积发展网箱养鱼、围堤养蟹，水中投放的饵料含有大量的 N 和 P，除少量被鱼食用，大部分的剩余物沉积水体，成为严重的污染源。畜禽、水产养殖及生活垃圾和生活污水排放等不同类型污染源呈现不同的污染特征，研究表明，生活源对水体氮营养盐影响较大，水产养殖明显增加水体磷的负荷，对淀内水质造成污染。此外，随着白洋淀旅游业的快速发展，旅游旺季游船、游客大量增加，旅游业机动船舶管理不规范，废水随意排放，对游客丢弃的垃圾废物处理不善，也给白洋淀生态环境带来不利影响。

3. 白洋淀湿地保护与修复的主要措施及成效

湖泊富营养化治理一般应该遵循的路线是控源截污、生态修复和流域管理。[1] 即首先改善基础环境，再实施生态恢复措施，而后通过全流域统一的科学化管理，有效配置调控，实现水资源的可持续利用。鉴于上述白洋淀的生态特征和污染来源，控源包括流域上游各种外源负荷以及沉积物释放和淀区污染所产生的内源负荷，这对白洋淀浅水湖泊富营养化控制非常必要，尤其重视提高淀区地域居民对白洋淀生态系统的认识和保护意识，发挥他们在保护白洋淀中的主体作用，从源头上进行污染预防。白洋淀目前的重点应放在控制污染源，从根本上切断生态失衡的原因。

在富营养化水体的治理中，现流行的技术主要是生态修复，其本质是恢复系统的必要功能并使系统达到自我维持的状态。该类技术的特点是修复措施与退化水生态系统紧密融合，利用水生生态学及恢复生态学基本原理，对受损的水生态系统的结构进行修复，促进良性的生态演替，因此在富营养化防治中应用潜力很大。对于白洋淀，以水生植物为核心的生态修复主要措施建议如下：

① **因地制宜恢复水生植物，培植草型生态系统。**根据淀区自然条件，筛选出优势种，恢复宽叶香蒲、芦苇、苦草、狐尾藻等挺水植物、浮水植物和沉水植物，实践证明这些植物对营养物质和污染物均具有较好的吸收效果。可采用分区培养、生物浮床、人工浮岛等不同方式，通过水生植物的吸收、转移或生态浮床、滤床的过滤、吸附等措施减轻水体中氮磷营养负荷及再悬浮程度，并通过优势植物重建改变群落结构，逐步实现全湖性生态系统的修复，达到湖泊水质改善的目标。淀区应减

① Md. Rabiul Awual, Efficient Phosphate Removal from Water for Controlling Eutrophication Using Novel Composite Adsorbent, *Journal of Cleaner Production*, 228, 2019；李娜，黎佳茜，李国文，李晔，席北斗，吴易雯，李曹乐，李伟，张列宇：《中国典型湖泊富营养化现状与区域性差异分析》，《水生生物学报》2018年第 4 期。

少由围淀造田和坡地栽种速生杨等变相围垦所导致的陆地化。

② **设置湖滨带人工处理湿地**。在入淀口沼泽地面设置湿地处理，降低湖泊径流中营养物质的浓度，达到减少入湖总量的目的。湿地处理具有一高三低（高效率、低投资、低运转费用、低维持技术）的优点，对氮磷的去除率可达到50%—60%，通过对湿地自然生态系统中的物理、化学和生物作用的优化组合，形成循环良好的自适应系统，在湿地土壤、植物和微生物共同作用下水质得到了高效的净化。

③ **滤食性鱼类直接控制藻类的生态技术**。利用生物操纵管理生物组成，直接投放滤食性鱼类（鲢、鳙）来控制浮游生物，进而促进大型浮游动物发展。向白洋淀村落周围藻型富营养化污染水域投放河蚌、鲢鱼等，抑制藻类繁殖生长，促使藻型富营养化水体向草型富营养化水体演替。

多年来白洋淀持续推进污染防治，尤其雄安新区高标准加强环境保护，已经显示出治理成效，根据河北省省水质月报，近5年来水质变化见图3，水质逐渐提升。

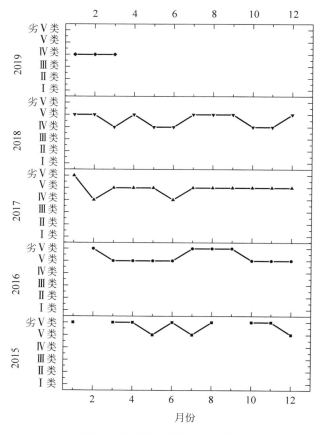

图3　近五年白洋淀水质变化

三、结论

　　雄安新区作为具有全球意义的未来国际城市，将努力建设成为人类发展史上的典范之城。在雄安新区的高标准要求下，白洋淀环境综合治理正在大力开展。水体富营养化成为当今白洋淀水环境面临的主要问题，其中氮营养盐超标程度比磷营养盐严重，针对白洋淀污染特征及空间差异，白洋淀生态修复治理技术必须遵循自然生态规律，在环境条件所能支持的限度内，设计合理的治理方案，以期逐步形成可持续的健康湖泊生态系统，到本世纪中叶全面完成白洋淀生态修复，实现淀区水质功能稳定达标，淀区生态系统结构完整、功能健全。

白洋淀芦苇演变及其未来利用前景

谢吉星

（河北大学化学与环境科学学院）

引言

随着雄安新区的设立，白洋淀湿地由一个华北地区的旅游景点变成了全世界关注的生态建设示范区。作为华北地区最大的淡水湖泊，白洋淀是一种以芦苇为优势群落的典型水陆交错的内陆湿地生态系统，是华北地区气候变迁的见证者。近年来，受到气候变化及人类活动影响，白洋淀入水量减少、湿地面积萎缩，水质恶化，生态功能受到破坏，湿地功能逐渐减退。[①] 而作为白洋淀湿地优势物种和淀区主要经济作物的芦苇，在白洋淀的生态变化过程中，不仅受到生态变化的影响，同时也对生态变化有着重要的作用。

现有白洋淀湿地主要由芦苇台田、台田间沟壕和开阔淀水面组成，形成淀中有淀、沟壕相连的复杂湿地格局，芦苇是白洋淀生态系统中不可或缺的重要组成部分，是白洋淀标志性的植物和景观。白洋淀湿地中各类芦苇面积总和超过区域总面积的1/3（如表1所示）。大量芦苇的存在，不仅为鸟类以及小型动物提供栖息地，为生物多样性提供保障，而且具有净化水质，调节局地小气候的功能。此外，芦苇也是白洋淀历史文化的重要组成部分。

表1　白洋淀地貌概况 [②]

项目	总面积（亩）	占白洋淀总面积（%）
园田	18,528.4	4.0
白地	40,762.5	8.8
台田	5,696	1.0

---

① 闫欣，牛振国，《1990—2017 年白洋淀的时空变化特征》，《湿地科学》2019 年第 4 期。

② 河北省地方志编纂委员会编：《河北省志·水产志》，石家庄：河北人民出版社，1996 年，第 89 页。

续表

项目	总面积（亩）	占白洋淀总面积（%）
苇田	91,252	19.7
苇茬田	68,555	14.8
汕柴苇	9,727	2.1
沟壕	37,056	8.0
淀泊	190,379	41.1
村庄	2,316	0.5
合计	463,211.9	100

随着社会经济发展，芦苇经济价值衰退，导致每年有大量芦苇无人收割，这些残留的人工栽培芦苇已经对白洋淀水质、景观、生态构成直接的威胁。如何维护白洋淀湿地的芦苇生态平衡，是雄安生态建设的重要组成部分。本文试从芦苇利用角度对白洋淀芦苇的变迁、现状及未来前景进行浅要探讨。

白洋淀芦苇的演变

白洋淀的自然成因仍不可考，[①]但白洋淀地区的人文历史却有诸多文献记载。白洋淀上古时期曾是黄河故道，战国时期已有"燕南赵北"之说，燕国曾在白洋淀地区修有燕长城。唐代以前，白洋淀的人文活动较少，基本保持天然面貌。宋代出于军事需要，为防止契丹（辽兵）的入侵，修建了"深不可行舟，浅不可徒步"的"塘泺防线"，奠定了白洋淀的基本格局。而关于的白洋淀地区芦苇的记载也见于北宋《太平寰宇记》："淀中有蒲柳，多葭苇。"

在漫长的历史中，芦苇最主要的用途是制作苇席。我国人民利用芦苇的历史可追溯到 7000 年前，在邯郸磁山文化中发现了类似现代苇席的残余纹路。[②]白洋淀苇席生产也是历史悠久，在宋代之前，已十分繁盛，《保定郡志·食货志》中已提到唐朝时就有土贡"席三千领"，宋朝时"席二千领"。

宋代以后，因北方气候恶化以及游牧民族入住中原，苇席的生产主要转移到南

---

① 王若柏，苏建锋：《冀中平原历史地貌研究与白洋淀成因的探讨》，《地理科学》2008 年第 4 期。

② 河北省文物管理处，邯郸市文物保管所：《河北武安磁山遗址》，《考古学报》1981 年第 3 期。

方。①明代中期，白洋淀发生淤积，中间部分（北淀）辟为牧马场，直到明正德年间，潴泷河决口，水患巨大，民田尽没，白洋淀才重新蓄水。②

明代永乐年间大量移民的涌入，使得白洋淀地区的人口增加。但由于白洋淀地区土地贫瘠，盐碱化程度较高，且水灾频发，为谋求生路，淀民"所赖以养家者，唯织席耳"。③芦苇的繁殖力高，且适应能力较强，水灾发生时，芦苇大量生长，为苇席编织提供了丰富的原料，在一定程度上可以说是自然灾害促进了苇席业的发展。

明清两代大量外地移民迁来白洋淀区域定居，随着村庄和人口的增加、水区和半水区的相继出现以及苇田面积的不断扩大，苇席生产规模逐渐扩大。到明清时代，苇席生产已成为淀区人民的主要收入来源。民国时期，白洋淀苇席的产量达到200余万领，苇田面积达7万亩。④抗战期间白洋淀雁翎队的诸多传奇也部分依赖于当时庞大的苇田种植规模。遭到破坏的芦苇生产在抗战胜利后得以迅速恢复，建国前苇席的产量达340万领，苇田面积达8.5万亩。⑤建国后，为解决芦苇产量不足问题，政府多次提供粮食、资金等，鼓励芦苇种植，安新县的苇田面积由1950年的5万多亩增长到1978年的11万多亩，⑥其相应的芦苇产量的变化趋势可见图1中，芦苇产量在上世纪80代达到顶峰后逐渐回落。

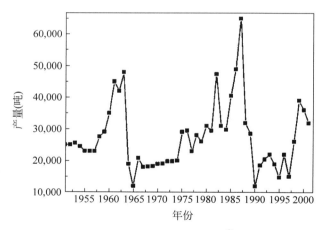

图1　安新芦苇历年产量⑦

---

①　程杰：《论中国古代芦苇资源的自然分布、社会利用和文化反映》，《阅江学刊》2013年第1期。

②　石超艺：《明代前期白洋淀始盛初探》，《历史地理》第26辑，2012年。

③　俞湘：《道光安州志》，上海：上海书店出版社，2006年。

④　舒伟：《近代白洋淀特色经济述论》，河北大学硕士学位论文，2009年，第23页。

⑤　孙文举：《安新苇席生产史略》，《河北学刊》1984年第3期。

⑥　同上。

⑦　安新县地方志编纂编委会：《安新县志》，北京：新华出版社，2000年。

白洋淀作为国内重要的芦苇产地，曾被誉为"芦苇之乡"，并因其生产的芦苇数量庞大、质地优良而享誉全国。然而，白洋淀的芦苇产量在上世纪80年代达到顶峰后逐渐减少。白洋淀的芦苇产业在经历了上世纪的繁荣后，逐渐萎缩，苇席生产也慢慢退出了历史的舞台。

芦苇的种植对白洋淀湿地的形成产生巨大影响，如今白洋淀苇田密布、沟壕相连的复杂湿地格局正是人类活动的结果。人工苇田的大量存在使得白洋淀与其他自然湿地明显不同，具有显著的人类印记。数百年来芦苇的大面积种植，造就了当前白洋淀湿地的主要地貌，形成了如今的白洋淀湿地生态系统，但也使得白洋淀的生态系统十分脆弱，对人类活动具有极大的依赖性。

白洋淀芦苇的现状

白洋淀的芦苇因苇席的需求而繁盛，也因苇席的消失而衰落。普通的芦苇，曾经是白洋淀人赖以生存的主要经济作物，白洋淀芦苇素有"铁秆庄稼、寸苇寸金"之说。然而，在经历了建国后的繁荣发展，随着人民生活水平的提高和生活习惯的改变，尤其是结实耐用的人造革、防水薄膜等塑料制品的出现，苇席的使用量骤减。自上世纪80年代后，芦苇产业逐步没落，芦苇制品从生活日用品、建筑材料等常规产品，变成了如今旅游市场的工艺品。芦苇需求的降低使得淀区人民精心培护的芦苇台田不得不荒弃，大量的芦苇无人收割。

芦苇可通过种子和根茎进行繁殖，生存能力较强，但其生长条件需水深0—50厘米，尤其是在水深20—30厘米处生长最好。[1] 随着白洋淀水域面积的变迁，白洋淀芦苇的分布也随之变化，如今芦苇主要分布在白洋淀淀区的北部、中部以及东部地区，西北与西南地区已所剩不多。从1975年起至今，白洋淀地表水位经历了多次干涸过程，[2] 苇地面积也呈现"落-起-落"的现象。上游兴建水库和围淀造田是导致白洋淀水域变化的主要原因。[3] 水域与耕地是白洋淀苇田变化的两个主要方向，前者主要分布在地势较低的北部与东部地区，后者主要分布在西北部与西南部地势较高的地区。

---

① 李长明，叶小齐，吴明等:《水深及共存对芦苇和香蒲生长特征的影响》,《湿地科学》2015年第5期。

② 朱金峰，周艺，王世新等:《1975—2018年白洋淀湿地变化分析》,《遥感学报》2019年第5期。

③ 朱宣清，施德荣，何乃华等:《白洋淀的兴衰与人类活动的关系》,《河北省科学院学报》1986年第2期。

白洋淀地区芦苇发芽期在 4 月上旬，生长期在 4 月上旬至 7 月下旬，7 月中旬芦苇高度一般可以达到全株最终高度的 70%—80%，芦苇在 10 月中下旬种子完全成熟。因此，7 月和 8 月成为白洋淀最美的季节，是白洋淀的旅游旺季落叶期，11 月后是芦苇的收割季节。以前，冬季是白洋淀人民热火朝天地忙碌的日子，而如今大片枯黄的芦苇矗立在寒风中无人收割，收苇、去皮、织席、编箔等劳作场景在淀区已经很少看见。

现阶段，除芦苇编织产业外，其他方面的芦苇利用量较少，以致芦苇的产量远大于需求。白洋淀地区仅部分村镇还存在少量芦苇加工点，一些老人或妇女在进行少量的工作。在淀区，芦苇的收割成本较高，收割的人工费与其市场价值出现严重倒挂。因此，近几年来白洋淀区域每年收割的芦苇不足芦苇总面积的 1/3，有近 5 万吨的芦苇被就地废弃。[①] 在白洋淀周边村落中随处可见居民收割的芦苇垛于空地处，期待着芦苇的价值再次走高。

白洋淀现有芦苇品种多为野生品种长期以来人工培育的结果，现在安新地区适于编织苇席的芦苇大约有 5 种，其中白皮苇最佳。[②] 白皮苇植株高大，其水面上高度可达 4—5 米，是白洋淀独特风景所在。然而，白皮苇的种植需要精心管护，经过定期培泥、打药、除草等养护措施，方能成为经济价值较高、外形美观的芦苇品种。由于苇田缺少管护，导致芦苇的生长萎缩，大片的芦苇被杂草缠绕倒伏，昔日整齐青绿的芦苇田变成了如今的杂乱"荒草滩"，高大的白皮苇逐年退化为植株矮小的柴苇（如表 2 所示）。芦苇退化后，植株密度增加，但株高和地下茎干重均明显降低。

表 2　白洋淀健康芦苇与退化芦苇的比较 [③]

项目	株高（m）	密度（株/m³）	地下茎干重（g/m³）
健康芦苇	4.2	61	19,264
退化芦苇	2.2	86	11,567

①　朱静，吴亦红，李洪波等：《白洋淀芦苇资源化利用技术及示范研究》，《环境科学与技术》2014 年第 S2 期。

②　孙文举：《安新苇席生产史略》，《河北学刊》1984 年第 3 期。

③　李建国，李贵宝，刘芳等：《白洋淀芦苇资源及其生态功能与利用》，《南水北调与水利科技》2004 年第 5 期。

白洋淀湿地生态脆弱，其生态平衡严重依赖于人类活动。作为白洋淀湿地优势物种的芦苇多为人工种植，人类的放任不管对湿地生态环境产生一定危害。未收割的芦苇残体倒伏在水中腐烂，消耗水体中溶解氧，并释放出氮磷等元素造成水质的富营养化。[①]在春夏两季，枯黄的老苇与翠绿的新苇交织在一起，严重破坏了白洋淀的水上风光。而在冬季，干枯的芦苇一旦被引燃，将直接威胁淀区居民的生命财产安全，并形成严重的大气污染。

当前白洋淀芦苇的存在不兴利反而生害，因此对于芦苇的收割处置势在必行。雄安新区政府于 2017 年设立后，曾向社会征集白洋淀芦苇解决方案，[②]但收效甚微；安新政府于 2018 年末号召企业参与白洋淀芦苇收割，但响应者较少。白洋淀芦苇的收割处置问题仍有待解决。

白洋淀芦苇的未来利用前景

在白洋淀湿地的未来发展中，无论是生态还是景观，芦苇都是不可或缺的。如何对芦苇进行管护并进行产业化开发，重建芦苇的生态产业链，使之适应新时代的发展要求，是解决当前日益迫切的白洋淀芦苇问题的核心。

芦苇曾经是白洋淀地区的农作物，但与普通农作物不同，其主要利用部分是植株而非种子。芦苇的处置不同于一般的农业废弃物，其自身就是经济价值所在，成本是普通农业废弃物的十倍以上；再加上白洋淀水域沟壑纵横，交通不便，大型机械无法作业，更增加了大规模采集芦苇的难度。因此，普通农作物的资源化利用方式，如制备沼气、农用有机肥料、牲畜饲料等均不适用于白洋淀芦苇的处置利用。

芦苇的植株高大，优质芦苇茎秆高度可达 4—5 米，平均直径为 0.4—1.0 厘米，年干物质产量可达每公顷 10 吨以上，[③]是良好可再生资源。与典型的纤维高粱、红麻、芒属植物、柳枝稷、芦竹等能源作物相比（见表 3），芦苇的干物质产量与红麻、柳枝稷相当。因此，寻求新的芦苇利用方式，将其作为可再生的天然资源利用，而非废弃物进行处置，是芦苇产业化的必经之路。

---

① 王薇，刘茂松，孔进等:《充气和自然条件下苦草、荇菜和芦苇腐烂过程中水质指标的变化》，《湿地科学》2017 年第 6 期。

② http://hebei.hebnews.cn/2017-09/08/content_6614414.htm

③ 闫明，潘根兴，李恋卿等:《中国芦苇湿地生态系统固碳潜力探讨》，《中国农学通报》2010 年第 18 期。

表 3　主要能源作物的产量及其产能特征 [1]

作物	干物质产量 （t/hm²）	能量含量 （GJ/t）	能量产出 （GJ/hm²）	能量产投比 （%）	能量净收入 （GJ/hm²）
纤维高粱	20—30	16.7—16.9	334—507	13—39	309—494
红麻	10—20	15.5—16.3	155—320	6—25	130—313
芒属植物	15—30	17.6—17.7	260—530	12—66	238—522
柳枝稷	10—25	17.4	174—435	8—54	152—427
芦竹	15—35	16.5—17.4	240—600	11—75	118—592

　　传统芦苇产业是将采割的芦苇茎秆经过适当处理后制成相关的日用消耗品，苇席、苇箔的生产等正是此类产业的代表。但芦苇原材料形态复杂，几乎所有的操作工序都依靠手工完成，需繁琐的步骤和大量的劳动力，其产品做工欠精致、耐久性差、成本较高。芦苇传统产业的没落与其产业特性不无关系。某些特制的芦苇编制品，如芦苇画等产品仍然受到市场的欢迎就是最好的证明。[2] 通过现代科技手段提升芦苇编织品的品质和加工效率，赋予其更高的性能以满足人民对精致生活的要求，是芦苇产业的一个发展趋势。

　　塑料行业的兴起是芦苇产业衰落的根源，在产业竞争中，天然可降解的芦苇输给了廉价结实耐用的塑料制品。社会的发展是曲折前行的，昔日受到欢迎的塑料制品也可开始面对越来越多的质疑，"微塑料"问题正逐渐被人类所重视。[3] 而来源于天然可再生资源、可生物降解的芦苇制品在不久的将来也许会随着塑料行业的衰落而再次兴起。

　　造纸是芦苇的另一个传统用途，作为多年生禾本植物，芦苇的纤维素含量较高，介于木材和草本植物之间，是造纸的良好原材料。利用芦苇进行造纸曾盛行一时，早在上世纪 30 年代，就有时人在安新同口镇筹备手工芦苇造纸工厂。[4] 芦苇中无机物含量高，在造纸废液（黑液）处理过程中易堵塞设备，使得其处置工艺复杂，成本较高，易造成严重污染。现以芦苇为原料的小造纸厂因环保问题而已基本关停，

---

　　①　谢光辉，郭兴强，王鑫等：《能源作物资源现状与发展前景》，《资源科学》2007 年第 5 期。.

　　②　杨炳军：《白洋淀芦苇艺术产业发展之路》，《大众文艺》2010 年第 17 辑。

　　③　吴辰熙，潘响亮，施华宏等：《我国淡水环境微塑料污染与流域管控策略》，《中国科学院院刊》2018 年第 10 期。

　　④　肖红松，王永源：《白洋淀区域的村庄、集市与社会变迁（1840—1937 年）》，《河北大学学报》（哲学社会科学版）2018 年第 6 期。

但在某些造纸厂中，芦苇仍是纸浆的重要来源，可用于生产本色纸等产品。[1] 芦苇造纸存在诸多缺陷，需要技术上较大的创新突破才可能迎来大规模推广应用的希望。

除了期待苇编和造纸两个传统行业在将来能够复兴外，开发新的芦苇基生物降解材料是重建芦苇产业链的另一条重要途径。芦苇作为天然高分子材料，含有大量纤维素、半纤维素和木质素（如表4所示），具有较好的力学性能，具备作为高分子材料的基础，[2] 其特殊的清香气味使其具有成为地方特色产品的可行性。

表4　芦苇主要成分[3]

成分	水分（%）	灰分（%）	纤维素（%）	半纤维素（%）	木质素（%）
含量	9.27	3.48	37.82	41.39	25.01

纤维素、木质素、淀粉等天然高分子材料无论是改性独自作为高分子材料或是与合成高分子材料共混制备高分子复合材料，均已取得良好效果。[4] 芦苇中纤维素和木质素含量较高，适宜制备高分子复合材料，尽管目前尚无工业化产品面世，但以芦苇替代木粉等制备木塑复合材料的研究已开展多年。[5] 芦苇基木塑复合材料的制备工艺简便、吸水性低、力学性能良好，在建筑、家居、园林、环卫等领域应用广阔，其广泛应用可使得塑料总量得到较好的控制，其良好的回收利用性能也可减轻人工材料对环境的负荷。

芦苇的生产地域性强，收割具有时限性，这一些特点限制了芦苇基相关产品的开发。雄安新区千年秀林的建设为芦苇产业发展提供了契机，以散落的树枝和湿地芦苇交替为原料，使得在白洋淀地区形成规模适度的芦苇基木塑产业更具有可行性。

与芦苇基木塑产业相类似的是芦苇基建材板的开发，同样是以芦苇为原料替代木材。以芦苇为原料的制备刨花板和密度纤维板，产品耐水性好，但防霉性和力学性能较差。[6] 目前已有公司在盘锦地区进行了有益的尝试，并于2018年推出了无醛芦苇基密度板，有待于市场的检验。

---

[1]　张菊先，王志杰：《芦苇浆纤维特性及造纸前景》，《纸和造纸》2006年第2期。

[2]　汪怿翔，张俐娜：《天然高分子材料研究进展》，《高分子通报》2008年第7期。

[3]　朱静，吴亦红，李洪波等：《白洋淀芦苇资源化利用技术及示范研究》，《环境科学与技术》2014年第S2期。

[4]　刘彬，李彬，王怀栋等：《木塑复合材料应用现状及发展趋势》，《工程塑料应用》2017年第1期。

[5]　夏英，王前，张卉等：《PP/LLDPE/芦苇木塑复合材料的制备与研究》，《现代塑料加工应用》2014年第4期。

[6]　王新洲，邓玉和，王伟等：《芦苇中（高）密度纤维板的研究》，《林产工业》2010年第2期。

　　芦苇的另一个大规模的潜在应用是制备生物炭。生物炭是植物在无氧或者低氧条件下低温热转化的产物，在原始农业阶段人类就利用植物焚烧灰烬作为农田肥料，而生物炭作为近年来新兴的一种土壤改良剂受到广泛关注。[①]芦苇基生物炭的制备在土壤改良、水质净化等方面[②]均具有良好的应用前景。

　　作为生物质燃料焚烧回收能源是当前农业废弃物最主要的处理方案，但芦苇的高成本使得这一途径受阻。凯迪生态环境科技股份有限公司于2017年收购了部分芦苇（大约数百上千吨）用于生物质发电，[③]但没有后续跟进。芦苇的热值与普通农业废弃物相当，但灰分较高，再加上较高的采购成本，使得芦苇焚烧回收能量这一看上去合理的处置方案实际效果并不理想。

　　大规模的焚烧不合适，但因地制宜将芦苇压缩制成生物质颗粒，替代环保煤作为淀区居民的冬季采暖燃料，适合在淀区周边村镇推广，十一五期间河北省环境科学研究院曾对芦苇燃料颗粒的制备进行了有益的探讨。[④]芦苇生物质颗粒焚烧炉的推进，比在淀区施行天然气或电力采暖要更为经济，但燃烧尾气对空气污染的影响还需进一步的调研，[⑤]毕竟此种利用方式类似于秸秆焚烧。

　　更复杂的芦苇利用方式还包括从芦苇中提取制备纳米纤维素[⑥]、通过芦苇生物炭制备石墨烯[⑦]或离子电池的负极材料[⑧]等。这些芦苇的相关研究工作均有一定的应用前景，但目前仍停留在理论探讨或实验室研究阶段。总之，芦苇作为一种可再生资源，在资源日渐短缺的今天，其在工农业业领域的应用必将越来越丰富。

　　此外，芦苇具有较高的医用和食用价值。[⑨]芦苇根在中医上称为芦根，具有良好

---

　　① 刘鸿骄，侯亚红，王磊：《秸秆生物炭还田对围垦盐碱土壤的低碳化改良》，《环境科学与技术》2014年第1期；戴中民：《生物炭对酸化土壤的改良效应与生物化学机理研究》，浙江大学硕士学位论文，2017年。

　　② 唐登勇，胡洁丽，胥瑞晨等：《芦苇生物炭对水中铅的吸附特性》，《环境化学》2017年第9期。

　　③ http://hbrb.hebnews.cn/pc/paper/c/201804/04/c61482.html

　　④ 朱静，吴亦红，李洪波等：《白洋淀芦苇资源化利用技术及示范研究》，《环境科学与技术》2014年第S2期。

　　⑤ 塞守卫，孙孟琪，何桂海等：《生物质燃料高温燃烧过程中有害气体的排放》，《生态与农村环境学报》2016年第5期。

　　⑥ 戚军军，蒋绮雯，韩颖等：《离子液体体系制备芦苇微晶纤维素及其表征》，《大连工业大学学报》2017年第6期。

　　⑦ 张志礼，杨仁党：《生物质基石墨烯复合材料的综述》，《化工学报》2016年第S2期。

　　⑧ 闫磊：《生物质基硬炭的制备及其在钠离子电池中的应用研究》，天津工业大学硕士学位论文，2019年。

　　⑨ 邵荣，郭海滨，许伟等：《芦苇中活性物质研究进展》，《中国生化药物杂志》2011年第2期。

的药用功效；芦苇嫩芽含大量蛋白质和糖分，类似于竹笋，可食用；芦苇叶可做粽子，可惜只有端午销量较大。尽管此类方式对芦苇利用量较小，但附加值高，是芦苇综合利用的有益补充。

芦苇的生态价值同样是不可忽视的，也是芦苇重要价值的体现。芦苇对污染物的净化能力很强，在污水入淀前充分利用湿地生态工程净化，将会大大改善淀内水质；充分利用芦苇，可有效降低淀内污泥的氮磷含量。[①] 采取科学手段，利用白洋淀自身生长的芦苇的环境净化功能来改善白洋淀水环境，[②] 无疑是一种经济可行的办法。

芦苇作为良好的可再生资源，尽管目前利用较少，但其未来利用前景广阔。如何重建芦苇的生态产业链，在于能否利用现代科技手段对传统芦苇产业进行升级改造，在于能否开发出高附加值的新型芦苇基制品，在于能否将白洋淀区域的芦苇资源整合，多方面多角度地综合利用。

结论

"蒹葭苍苍，白露为霜。所谓伊人，在水一方。"随着历史的变迁，芦苇作为白洋淀湿地的象征已经深入人心，白洋淀地区的经济、人文、历史、景观都与芦苇息息相关。白洋淀湿地生态建设的重要一环就是如何利用好白洋淀的芦苇与生态的关系。当前白洋淀芦苇问题的根源在于芦苇手工产业的没落，因而如何实现芦苇产业的现代化升级，才是芦苇问题的根本解决之道。当然，芦苇成为白洋淀湿地的特色物种是漫长的人类活动的结果，因而芦苇的处置亦应当考虑长远，其开发利用必须以综合开发和可持续发展为前提，开发与保护并举，实现经济效益和生态效益双赢。

---

① 刘存歧，李昂，李博等：《白洋淀湿地芦苇生物量及氮、磷储量动态特征》，《环境科学学报》2012 第 6 期。

② 王为东，王亮，聂大刚等：《白洋淀芦苇型水陆交错带水化学动态及其净化功能研究》，《生态环境学报》2010 年第 3 期。

湖滨带植物多样性空间格局评估技术

苏　明

（大连大学医学院）

张乐平

（山东大学博物馆）

张治国 *

（山东大学生命科学学院）

湖滨带是湖泊与陆地之间的过渡带，属于水陆生态交错带。湖滨带对于陆地和湖泊之间的物质和能量交流起到了很好的传递作用，这个天然屏障能把陆地生态系统的营养有机物质输送进入湖泊，同时也能作为过滤带，减少陆地生态系统中有毒有害物质对湖泊造成的危害。相比敞水区，湖滨带具有明显的水文和地形梯度，生境异质，物种丰富，生产力高，[①]并具有诸多重要的生态和服务功能，因此，保护湖滨带对维持区域生态系统健康十分重要。湿地植被是在地表过湿、有季节性积水或常年积水，有潜育层或泥炭积累的水成土壤上生长的以湿生和水生植物为主的植物群落，[②]是湿地生态系统的重要组成部分。湿地植被不仅能反应湿地生态系统的状况特征，而且在湿地水分、物质、能量循环以及湿地的演替过程中发挥重要的作用。[③]

位于山东境内的南四湖，其湖滨带湿地植被丰富度是衡量生态系统初级生产能力及生态系统健康与否的重要指标，因此对于湖滨带植物物种多样性进行调查，研究植物分布格局，以及分析造成这种植物多样性及分布现状的原因，可为制定因类型和区域而异的湖滨带及其缓冲区生态调控与运行管理方案提供基础，具有重要的意义。

国内外专家学者对南四湖进行了许多研究，侧重点大多数集中在两个方面，其

国家科技支撑计划课题（2012BAC04B00）。

　* 　通迅作者，E-mail: zgzhang@sdu-edn.cn

① 　Wolfgang Ostendorp, Klaus Schmieder, Klaus D. Joehnk, Assessment of Human Pressures and Hydro Morphological Impacts on Lakeshores in Europe, *Ecohydrology and Hydrobiology*, 4(4), 2004.

② 　刘兴土：《东北湿地》，北京：科学出版社，2005 年。

③ 　陆健健，何文珊，童春富等：《湿地生态学》，北京：高等教育出版社，2006 年。

一是对南四湖流域农田营养物质和有机质的情况进行调查，[①] 其二是运用各种模拟及物理化学方法对水质进行调查，[②] 但是对南四湖湖滨带的研究较为罕见。本文以南四湖湖滨带为基础，基于 RS 和 GIS 技术，利用多时相遥感数据及相关数据，构建包括社会经济、物理化学、生态学三方面的评价指标体系，对湖滨带植物物种多样性及分布格局进行评价。

一、研究区域概况

南四湖，是山东第一大湖，也是中国大型淡水湖泊之一，全湖面积 1266 平方公里。该湖属浅水富营养型湖泊，自然资源丰富，盛产鱼、虾、苇、莲等多种水生动植物，是山东省最重要的淡水渔业基地，是具有极高价值和生产力的生态系统。南四湖地处暖温带、半湿润季风气候区，四季分明，光照充足，气候温和，雨热同季，雨量集中。春季干旱多风，夏季炎热多雨，秋季天高气爽，冬季寒冷干燥。湖面与周围陆地相比，温度略高，积温较多，无霜期较长，相对湿度和风力较大，降水和辐射量略小，为较典型的湖区气候。但随着区域内人为活动的不断增强，特别是 1999 年南四湖大开发以来，人工围湖养殖和围湖造田规模的不断加大，湿地挺水植被带逐渐破碎，自 2000 年之后破碎化程度尤其加重。[③] 生物多样性锐减，植被破坏严重，急需保护。

二、调查方法

于 2017 年 7 月沿南四湖采集 59 个样点，对样点的近岸植物群落的出现、水生植物丰富度、独特的植物种及挺水与浮水植物等的情况进行了调查记录。经实地调查，结

---

①　谭德水、江丽华、张骞、郑福丽、高新昊、林海涛、徐钰：《南四湖过水区不同施肥模式下农田养分径流特征初步研究》，《植物营养与肥料学报》2011 年第 2 期；谭德水、江丽华、张骞、郑福丽、高新昊、林海涛、徐钰、刘兆辉：《不同施肥模式调控沿湖农田无机氮流失的原位研究——以南四湖过水区粮田为例》，《生态学报》2011 年第 12 期；付伟章：《南四湖区农田氮磷流失特征及面源污染评价》，山东农业大学博士学位论文，2013 年；高兴家、梁成华、李成高：《南四湖流域农田肥料和农药流失率研究》，《河南农业科学》2014 年第 2 期。

②　陈珊：《WASP 水质模型在南水北调东线南四湖水质预测中的应用》，青岛理工大学硕士学位论文，2012 年；于光金、商博、王桂勋、刘菁：《济宁南四湖水质富营养化评价及防治对策研究》，《中国环境管理干部学院学报》2013 年第 6 期；纪杰善、孔舒：《南四湖水质及富营养化状况分析》，《治淮》2011 年第 12 期。

③　刘恩峰、侯伟、崔莉、邓建才、杨丽原：《南四湖湿地景观格局变化及原因分析》，《湿地科学》2009 年第 9 期。

合 GPS 定点及遥感影像，收集实验数据，运用 ARC GIS 软件作图，对结果进行分析。

根据每个调查地的实际情况制订了合理的得分标准。见表 1。

表 1　样地得分标准
Table 1　Scoring criteria of sample

	窗口中有 2 种或更多的特殊植物种类	窗口中有 2 种或更多的特殊植物种类	窗口中没有特殊植物种类	
独特的植物种类 The diversity of special plants	3	2	1	
	>75% 的窗口出现植物群落	25%—75% 的窗口出现植物群落	<25% 的窗口出现植物群落	没有植物群落
近岸植物群落的出现 The emergence of the offshore plant community of sample	3	2	1	0
	窗口中植物类群 >10 种	窗口中植物类群 5—10 种	窗口中植物类群 1—4 种	窗口中没有植物类群
水生植物丰富度 The richness of floating plants	3	2	1	0
	窗口中挺水与浮水植物占水生植物 >25%	窗口中挺水与浮水植物占水生植物占 5%—25%	窗口中挺水与浮水植物占水生植物占 <5%	窗口中没有挺水与浮水植物
挺水与浮水植物 The emergence of floating plants	3	2	1	0

在实际工作中，由于成本的限制、野外工作实施困难大等因素，我们不能对研究区域的每一位置都进行测量，通过合理选取采样点，使用适当的数学模型，对区域所有位置进行预测，形成测量值表面。插值之所以可称为一种可行的方案，是因为我们假设，空间分布对象都是空间相关的，也就是说，彼此接近的对象往往具有相似的特征。运用 ARCGIS 进行空间插值，得出南四湖湖滨带植物分布格局。

三、结果

（1）从图 2 可以看出，总体来说，南四湖湖滨带独特的植物种类较少，盖度低，根据实地调查情况发现常见物种芦苇（*Phragmites australis*），香蒲（*Typha orientalis*），葎草（*Humulus japonicus*）等盖度较高，大部分地区植物多样性低。

（2）从图 3 中可以明显看出，植物格局分布不均匀，独山湖附近植物群落覆盖率极低，还可以看出湖区尤其是二级坝附近，近岸植物群落的出现率及丰富度都很低。

（3）图 4、5 表明不同地区植物的多样性差别较大，穿过独山湖的支河附近，水生植物丰富度贫乏。挺水与浮水植物丰富度低，多样性及原始生态遭到严重破坏。

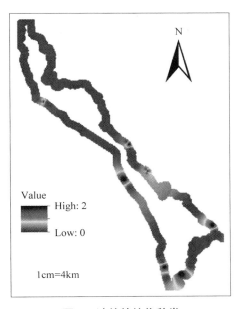

图 1 独特的植物种类

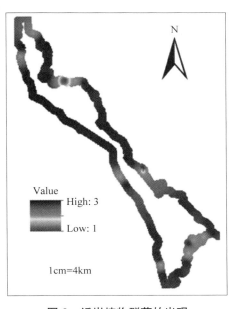

图 2 近岸植物群落的出现

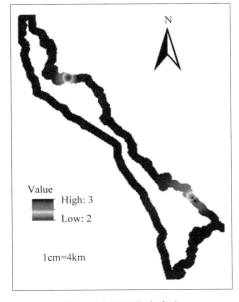

图 3 水生植物丰富度

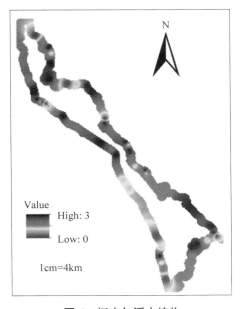

图 4 挺水与浮水植物

四、结论

南四湖的水质变化是导致独特植物种类数量少的因素。从图3中可以明显看出独山湖附近植物群落覆盖率极低，多样性及原始生态遭到严重破坏。穿过独山湖的支河起源于鱼台县唐马乡境内的郭楼村，向北流经县城区（贯穿鱼台县城），过陈湾至渡口入独山湖，全长为14.4千米，西支河的主要功能是农田灌溉、行洪排涝，并接纳鱼台县城区的生活污水和工业废水。这可以看出人类活动对植物多样性起到了一定的破坏作用。从图4还可以看出湖区，尤其是二级坝附近，水生植物群落的出现率及丰富度都很低，在实地调查中我们发现此处已被围湖造田、圩田、鱼池、林地等大量覆盖，原始的湿地也因沼泽化导致淤积严重，破坏了湖区仅存少量的原始湿地风貌。南四湖流速很慢，换水周期为503天，由河流带来的生活污水、工业废水以及农业灌溉回水中的有机污染物、有毒物质等累积在河流入湖口附近。[①] 有机物污染、水质恶化，也是导致南阳湖和独山湖植物丰富度少的一个重要原因。南四湖区既是百万亩稻田灌溉的供应地，也是重要水产品的生产基地，同时又是沿湖工农业发展、城镇居民生活及航运的重要水资源，还是南水北调东线调水工程中重要的调蓄库。其重要的地位，使人类对该地区自然环境的干扰深刻。[②] 随着人类活动负向扰动的加剧，南四湖水质逐年恶化，生物群落负向演替速度加快，富营养化、沼泽化问题严重，水旱灾害频发。[③]

针对南四湖湖滨带植物多样性低，丰富度少及生态系统环境恶化等现实问题，可根据实际情况，对得分较低的地带进行恢复，建立保护区域，运用不同的修复技术，提高低得分区域的健康水平：

（1）对于南四湖沿岸居民的住宅密集区应该严格控制生活污水的排放，避免含有较多重金属的污水沿着入湖河流排入湖中，南四湖水流速慢，换水周期长，这些都会加重水体污染，影响水生植物的生长。

[①] 张雅洲，谢小平：《基于 RS 和 GIS 的南四湖生态风险评价》，《生态学报》2015 年第 5 期。

[②] 袁怡：《南四湖湿地遥感信息提取及景观格局动态变化研究》，山东师范大学硕士学位论文，2010 年。

[③] 张祖陆，辛良杰，梁春玲：《近 50 年来南四湖湿地水文特征及其生态系统的演化过程分析》，《地理研究》2007 年第 5 期；程凤鸣：《南四湖水环境污染特征及其重金属离子去除机理研究》，山东大学博士学位论文，2010 年；于泉洲，张祖陆，吕建树，孙京姐：《1987—2008 年南四湖湿地植被碳储量时空变化特征》，《生态环境学报》2012 年第 9 期。

（2）重点采用工程和植物措施相结合的方法，对南四湖生态河岸进行整体规划和构建，研究沿岸带基础环境改造控制技术、水生植被快速组建技术、生物多样性保护发展技术等系统关键技术。

（3）重新营造被污染的水体的水生生物群落时，应选择抗污染和对水污染具有生态净化功能的植物群落。对水污染具有较强净化作用的湿生水生植物包括茭白（*Zizania latifolia*）、芦苇、香蒲、水葱（*Scirpus validus*）、灯芯草（*Juncus effusus*）、菖蒲（*Acorus calamus*）、慈姑（*Sagittaria trifolia* var. *sinensis*）、菱（*Trapa bispinosa*）、菹草（*Potamogeton crispus*）、金鱼藻（*Ceratophyllum demersum*）等。

（4）选择植物时，应注意植物选取的多样性及各种植物的种间关系，还应该注意避免采用生长过于繁茂而影响其它植物生境的水生植物，如水花生（*Alternanthera Philoxeroides*）等。

基于空间分析的湖滨带类型划分技术及应用

张乐平

（山东大学博物馆）

张治国 *

（山东大学生命科学学院）

　　湖滨带是湖泊生态系统与陆地生态系统之间的生态过渡带，是水陆生态系统进行物质交换、能量传递和信息交流的桥梁与纽带，同时也是最脆弱的湿地生态系统之一。[①] 相比于陆地与湖泊生态系统，湖滨带具有更加明显的地形和水文梯度，生境异质性高，物种多样性丰富，生态系统生产力高，[②] 对于维持湖泊生态系统结构和功能的稳定起着重要作用。由于人类大力开发与利用湖泊及其周围地区，对于湖滨带的干扰不断增强，湖滨带生态系统的严重退化已成为世界范围内的普遍现象。[③] 我国自上世纪 70 年代以来，围湖造田运动的兴起、环湖直立驳岸的兴建、沿湖区域渔业的超常规发展、旅游业的过度扩增，都侵占了大量的湖滨湿地，加速了湖滨带的生态退化。[④] 在生态建设日益受到重视的背景下，湖滨带的生态修复成为研究热点，国内已有学者对太湖、滇池、洱海等湖泊的湖滨带进行了恢复与重建研究，并取得了一定成果。[⑤] 由于湖滨带具有明显的空间异质性，因此不同的湖滨带需要不同的修复

国家科技支撑计划课题（2012BAC04B00）。

　　* 　通讯作者，E-mail：zgzhang@sdu.edu.cn

　　① 　王潜、李海涛、梁涛等：《湖滨带退化生态系统健康评价指标体系研究》，《安徽农业科学》2009 年第 5 期；刘晓敏，陈星：《生态湖岸带基本特性、功能及保护规划研究》，中国科技论文在线，2011 年，http://www.paper.edu.cn/releasepaper/content/201101-245；颜昌宙，金相灿，赵景柱等：《湖滨带的功能及其管理》，《生态环境》2005 年第 2 期。

　　② 　Wolfgang Ostendorp, Klaus Schmieder, Klaus D. Joehnk, Assessment of Human Pressures and Hydro Morphological Impacts on Lakeshores in Europe, *Ecohydrology and Hydrobiology*, 4(4), 2004.

　　③ 　颜昌宙，金相灿，赵景柱等：《湖滨带退化生态系统的恢复与重建》，《应用生态学报》2005 年第 2 期。

　　④ 　叶春，李春华，陈小刚等：《太湖湖滨带类型划分及生态修复模式研究》，《湖泊科学》2012 年第 6 期。

　　⑤ 　李英杰，金相灿，胡社荣等：《湖滨带类型划分研究》，《环境科学与技术》2008 年第 7 期。

方案。对湖滨带类型的科学划分是认识湖滨带生态特征的基础，也是实施"一点一策"的生态修复方案的前提，在此基础上才能开展针对性的修复方案设计，有助于湖滨带的快速而有效的恢复与重建。已有文献将湖滨带划分为河口型、山坡型、平原型、大堤型等不同类型，主要是基于水文，但是，由于北方湖泊人为干扰严重且大部分区域为典型的平原型湖滨带，现存的分类体系不能完全适用于这些平原型湖泊生态修复与面源污染控制的要求。在本文中，我们依据对南四湖流域全部岸段的湖滨带进行的实地调查，选取了适合的分类指标，利用空间分析方法，提出了对南四湖湖滨带类型划分的基本技术框架，并进行了实践性探索研究，以期对相类似湖泊湖滨带类型划分及南四湖湖滨带的生态修复有所借鉴。

一、南四湖及其湖滨带概况

南四湖位于山东省西南部（34°27′N—35°20′N，116°34′E—117°21′E），是我国著名的浅水型河流堰塞湖，[①] 为山东省最大的淡水湖泊，中国第六大淡水湖泊。湖泊呈条带状，西北 - 东南向延伸，自北向南由南阳湖、独山湖、昭阳湖和微山湖 4 个相互连贯的湖泊共同组成。[②] 南四湖南北长 126 千米，东西宽 5—25 千米，最大水域面积达 1266 平方千米，平均水深 1.46 m，湖岸线周长 376.2 千米。南四湖流域以孙氏店断裂和南四湖一线为界分为两大地貌单元。[③] 湖东为山前剥蚀堆积平原，湖西为黄河下游冲积扇平原。[④] 入湖河流 53 条，出湖口在山东省微山县境内的韩庄闸和尹家河，以及江苏境内的蔺家坝闸。[⑤] 20 世纪 80 年代以来，随着工业废水、生活污水污染、农业面源污染和湖区养殖业污染的不断加剧，南四湖水质逐年恶化，[⑥] 湿地面积不断减少，生态环境受到破坏。作为山东省重要的水源地以及南水北调东线工程主要的调蓄枢纽，南四湖的生态环境恢复与重建是水质保障的关键之一。南四湖湖滨带为典型的平原型湖滨带，地处平原与湖泊的交界处，地势平坦，起伏小，带

---

① 沈吉，张祖陆，杨丽原等：《南四湖——环境与资源研究》，北京：地震出版社，2008 年。

② 刘煜杰：《南四湖湿地地区洪水风险与土地利用变化研究》，山东师范大学硕士学位论文，2010 年。

③ 宋坦花：《南四湖流域生态经济区划研究》，山东师范大学硕士学位论文，2011 年。

④ 张祖陆，沈吉，孙庆义等：《南四湖的形成及水环境演变》，《海洋与湖沼》2002 年第 3 期。

⑤ 刘煜杰：《南四湖湿地地区洪水风险与土地利用变化研究》，山东师范大学硕士学位论文，2010 年。

⑥ 张祖陆，沈吉，孙庆义等：《南四湖的形成及水环境演变》，《海洋与湖沼》2002 年第 3 期；张祖陆，辛良杰，梁春玲：《近 50 年来南四湖湿地水文特征及其生态系统的演化过程分析》，《地理研究》2007 年第 5 期。

内有滩地、沟渠、堤坝等景观镶嵌分布；南四湖湖滨带内人为干扰严重，分布着大量的池塘、网围、农田等人为景观，湖滨带原始的自然景观被破坏，呈现破碎化的特征，并逐渐向单一的人文景观演变。

二、划分方法及分类指标的选取

1. 野外调查

在对南四湖流域全部岸段的湖滨带进行了实地取样调查的基础上，根据对湖滨带内地形地貌、水文特征、土地利用、植物群落分布等的考察，结合南四湖具有明显的丰水期与枯水期，因此不同时期湖滨带的范围有所变化的特点，采用景观生态学方法，将南四湖湖滨带的范围界定为以湖岸线为基础，湖向面 400 米，陆向面 600 米的环形区域。由于湖岸线向内的区域多为水陆交界处，不同区域环境差异小，而湖岸线向外的区域，人为利用程度大，环境差异明显，因此本文所界定的南四湖湖滨带的范围陆向面区域略大于湖向面区域。在调查的同时，还研究了湖滨带内生态系统的空间分异规律，使用特征分类法，分析了影响湖滨带生态系统的因素以及各因素之间的相互联系，选取其中最能体现湖滨带空间异质性特征的因素作为分类依据，对湖滨带类型进行划分。

2. 分类指标的选取

湖滨带是一个复杂且开放的生态系统，[1]会受到地形地貌、地质变化、气候条件、生物和人为等因素的协同作用。参考已有研究提出的湖滨带类型划分原则，[2]选取对湖滨带生态环境影响最大，最能体现湖滨带空间异质性特征的因素。在各因素中，由于地质因素和气候因素随时间变化缓慢，地形地貌对于湖滨带的影响就格外重要，直接决定着湖滨带的结构及其变化，同时还影响湖滨带内水资源的空间分布格局、底质状况及物质循环等。[3]所以首先选择地形地貌作为南四湖湖滨带类型划分的一级指标。

南四湖自然环境优越，资源丰富，水陆交通便利，[4]还是南水北调东线工程主要

---

① 刘晓敏，陈星：《生态湖岸带基本特性、功能及保护规划研究》，中国科技论文在线，2011 年，http://www.paper.edu.cn/releasepaper/content/201101-245

② 李英杰，金相灿，胡社荣等：《湖滨带类型划分研究》，《环境科学与技术》2008 年第 7 期。

③ 同上。

④ 张祖陆，孙庆义，彭利民等：《南四湖地区水环境问题探析》，《湖泊科学》1999 年第 1 期。

的调蓄枢纽。其巨大的区位优势决定了该区域土地利用强度高、人为因素影响大。人类活动在自然地貌的基础上塑造出了许多新的地貌单元，如防洪坝、农田、成片鱼塘、城镇村落、山水景点等，改变了水资源的空间格局并影响水质，导致土壤种子库分布改变，干扰了生态系统过程，导致湖滨带圈层状的自然格局被打破，结构破碎化严重，甚至形成结构单一的人工基质景观。[①] 因此南四湖湖滨带二级分类的划分不宜完全选用自然属性，土地利用类型须作为类型划分的主要指标之一。

3. 基于 GIS 的分类方法

① 数据来源

根据研究的需要以及资料的可获取性，选取了 2018 年 5 月 3 日的 Landsat 8 OLI_TIRS 卫星数字产品影像作为数据源，利用 ERDAS9.0 和 ArcGIS10.0 作为工作平台，提取了南四湖湖岸线遥感信息，并在此基础上绘制了南四湖湖滨带的轮廓图。

同时收集南四湖及周边区域土地利用数据、南四湖流域地貌资料等专题资料，作为湖滨带类型划分的基础数据。

② 分类方法

研究湖滨带类型划分的流程为：读入南四湖湖滨带轮廓图，再分别读入南四湖地貌图以及土地利用数据，根据覆盖于湖滨带上的不同地貌以及土地利用类型，利用 Clip 以及 ArcToolbox 中的多种工具进行类型划分，最后用 ArcMAP 进行各种专题图的制作。

三、南四湖湖滨带类型划分

1. 类型划分

根据对南四湖的实地勘察以及对湖滨带生态系统影响因素的分析，选取了最能体现湖滨带空间异质性特征的因素，确定为南四湖湖滨带类型划分的依据，利用 GIS 技术处理相关数据建立了针对南四湖湖滨带的二级分类体系。一级类型界线以南四湖流域大型的地貌单元为基础，按地域分异的规律，将孙氏店断裂作为一级区划的界线，同时考虑较大河口的特殊生态意义，把南四湖湖滨带划分为湖东平原-丘陵型湖滨带、湖西平原型湖滨带以及河口型湖滨带。二级分类以土地利用类型为指标，将南四湖湖滨带共分为 19 个子类型，命名方式为自陆至水向的土地利用方式，南四

---

① 李英杰，金相灿，胡社荣等：《湖滨带类型划分研究》，《环境科学与技术》2008 年第 7 期。

湖湖滨带分类结果见图1。

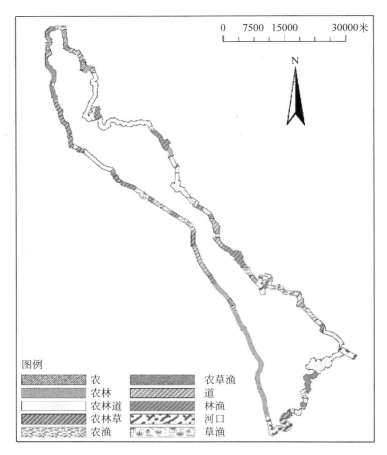

图例

农　　　　　农草渔
农林　　　　道
农林道　　　林渔
农林草　　　河口
农渔　　　　草渔

图1　南四湖湖滨带类型图

2. 不同类型湖滨带的分布统计

　　在分类的基础上还对各类型湖滨带的分布以及长度进行了统计。各类型的湖滨带分布情况见图1和图2，长度统计结果见图3和表1。通过各类型湖滨带的长度统计可以看出，南四湖湖滨带总长376.2千米，其中湖东平原－丘陵型湖滨带长度为210.2千米，约占整个湖滨带总长的56%；湖西平原型湖滨带长度为116.1千米，约占整个湖滨带总长的31%；河口型湖滨带长度为49.9千米，约占整个湖滨带总长的13%。河口类型的湖滨带多是零星分布于湖东平原－丘陵型湖滨带和湖西平原型湖滨带之间，但是由于南四湖入湖河流众多，其中流域面积在1000平方千米以上的入湖河流就有泗河、梁济运河、白马河等11条河流，因此使得河口型湖滨带长度占到了整个湖滨带总长的13%之多。

表 1　南四湖湖滨带分型长度统计（km）

型名称	湖西	湖东	总计
草地型	0.0	2681.0	2681.0
农地－林地－农地型	0.0	24621.3	24621.3
林地－渔业型	1766.1	16020.5	17786.6
农地－渔业型	13348.5	52941.8	66290.3
农地型	20667.0	7376.7	28043.6
建筑－农地型	3157.4	0.0	3157.4
渔业型	16055.2	0.0	16055.2
农地－林地型	5665.8	11762.6	17428.5
农地－林地－渔业型	32908.7	49129.0	82037.7
渔业－林地型	6874.7	11757.3	18631.9
林地－农地型	0.0	9152.5	9152.5
渔业－林地－草地型	3674.7	1247.7	4922.5
建筑－林地型	0.0	10120.5	10120.5
建筑－渔业型	0.0	2173.9	2173.9
草地－渔业型	0.0	2913.1	2913.1
草地－农地型	0.0	3683.0	3683.0
林地型	0.0	1229.4	1229.4
农地－林地－草地型	10725.8	3415.2	14141.0
农地－草地型	1277.2	0.0	1277.2
总计	116121.1	210225.4	326346.5

　　南四湖湖滨带二级分类类型共有 19 种，其中，湖西部分有 11 种类型，湖东部分有 16 种类型。不管是湖西还是湖东部分都出现了较为严重的景观破碎化现象。在所有的二级类型中，农林渔型湖滨带长度共计 82.04 千米，约占整个湖滨带总长度的 22%，是南四湖最主要的二级湖滨带类型。在湖西部分，农林渔型湖滨带更是占据了其湖滨带总长度的 26% 之高。在湖东部分，虽然农林渔型不再是最主要的二级湖滨带类型，但依然占了湖东湖滨带总长的 20%，仅次于农渔型湖滨带。不论是农渔型

还是农林渔型湖滨带，他们的高百分比都说明了湖滨带土地利用强度高，人为因素影响大。除了农林渔型和农渔型湖滨带，其他主要二级湖滨带类型也多是包含农业用地的类型，如单农型、农林农型、农林草型湖滨带，这些结果符合南四湖及周围地区被过度开发利用的现状。

3. 不同类型湖滨带的特征

① 一级分类湖滨带的特征

湖东平原－丘陵型湖滨带，位于鲁中南低山丘陵区和山前冲洪积平原区，平原较狭窄，其间夹有高出平原不足百米的低山丘陵，地势起伏大。[①]湖滨带内河道短，水流急。主要包括昭阳湖和微山湖以及独山湖的小部分湖滨带。湖西平原型湖滨带，位于黄河冲洪积平原区，平原面积广阔，地势平缓，局部略有起伏。[②]湖滨带内河道宽浅，水流量较大。主要包括南阳湖和独山湖的大部分湖滨带。不论是湖东平原－丘陵型湖滨带还是湖西平原型湖滨带，带内都具有滩地、洼地、平原、堤坝等景观，与纵横交错的河道形成了类型多样、微地形复杂的地貌格局。湖滨带内土壤中沉积物较厚，富含有机质，使得湿生植物类型丰富，分布广泛。

河口型湖滨带多零星分布于湖东平原－丘陵型湖滨带和湖西平原型湖滨带之间。由于河口型湖滨带是河流进出湖泊的门户，人类多会基于通航和对于水的利用需求对河口进行改造，从而使河口型湖滨带受到破坏，因此河口型湖滨带是最易受人类影响的湖滨带类型之一。南四湖湖滨带中的河口型湖滨带多被农地－渔业及农地－林地－渔业型湖滨带包围，利用强度高，这样会造成河口内湖滨带不断淤积扩展，使水道变窄，同时还易引起湖泊和河流污染，因此需要加大对河口型湖滨带的治理与保护。

② 二级分类湖滨带的特征

图3为几种典型的南四湖湖滨带横截面示意图。南四湖湖滨带二级类型是根据湖滨带内土地利用类型进行划分的，根据现场调查以及空间分析研究发现，具有草地的湖滨带内生态系统结构与功能良好，而具有耕地及建设用地的湖滨带内较差，具有林地与鱼类养殖用地的湖滨带内生态环境适中。

在南四湖土地利用数据中具有草本植物以及水生植物的土地都被归为了草地类型。大型的水生植物对于湖泊以及湖滨带的健康起到了至关重要的作用，他们可以

---

① 沈吉，张祖陆，杨丽原等：《南四湖——环境与资源研究》，北京：地震出版社，2008年。

② 同上。

固坡护岸，净化水质，产生廊道效应，美化水景，还能为亲水鸟类、昆虫和野生动物提供食物和栖息场所，从而保证了生态系统的生物多样性。南四湖中具有草地的湖滨带数量稀少，只占了整个湖滨带总长的 8%，多分布于湖的西岸。

虽然整个湖滨带内大部分水陆交界处都有水生植物分布，但分布范围窄，且有些地段天然的水生植物被人工养殖的水生植物取代，降低了湖滨带内的生物多样性。至于具有其他类型草本植物的草地鲜见于南四湖湖滨带内。在所有含有草地的湖滨带中农林草型湖滨带最具代表性。它既满足了人们的农业用地需求，还在水路交界处有大量草地以及水生植物分布，同时在耕地与草地间还存在大量林地，将耕地与草地隔离开，从而减少了耕地对草地及湖泊的影响。农林草型湖滨带内土壤肥沃，水质清澈，植物类型丰富且生长茂盛，生态环境优质。此类湖滨带可作为示范带，为以后的修复提供样板。

二级类型中，具有农业用地的湖滨带长达 249.8 千米，占整个湖滨带总长的 66.8%，其中农林渔型湖滨带是南四湖最主要的二级湖滨带类型。这些湖滨带内数量巨大的耕地多是产生于上世纪 70 年代兴起的围湖造田运动，它已经对南四湖的生态调节能力产生了巨大影响，破坏了生态系统的结构与功能。根据对不同二级类型湖滨带的统计来看，现存主要的具有农业用地的湖滨带包括农地－林地－农地型、农地－渔业型、农地－林地型、农地－林地－渔业型以及单一农地型湖滨带。其中农地－林地－农地型和单一农地型湖滨带生态质量最差。他们多分布于湖的西南岸，带内景观以农田为主，土壤贫瘠，水质浑浊，农田基本与湖泊直接相接，岸边只有稀疏的芦苇，水中也缺失大型的水生植物，整体生态环境较差。此类湖滨带须列为首要的修复对象。在这些湖滨带的区域内应该加大力度执行退田还湖，以期达到改善水质，增加生物多样性，恢复生态系统的结构与功能，实现南四湖可持续发展的目标。

在南四湖湖滨带中有 3 种类型涉及建筑用地，包括建筑－农地型、建筑－林地型和建筑－渔业型湖滨带，长度总计 15.45 千米，约占整个湖滨带总长的 4%。与历史资料对比，这一数据有了明显的减小，说明人们已经意识到对于湖滨带以及整个南四湖地区保护的重要性，政府也已经积极地运用相关政策使人们搬离了湖区附近，退地还湖。据现场调查结果，现存涉及建设用地的湖滨带多是在枯水期被渔民作为了停靠渔船以及生活所用，少数被用于建设湖滨饭店。在南四湖日后的管理和保护中，随着生态修复与保护的不断推进，涉及建设用地的湖滨带还将逐渐减少。图 2 为几种典型的南四湖湖滨带二级类型横截面示意图。

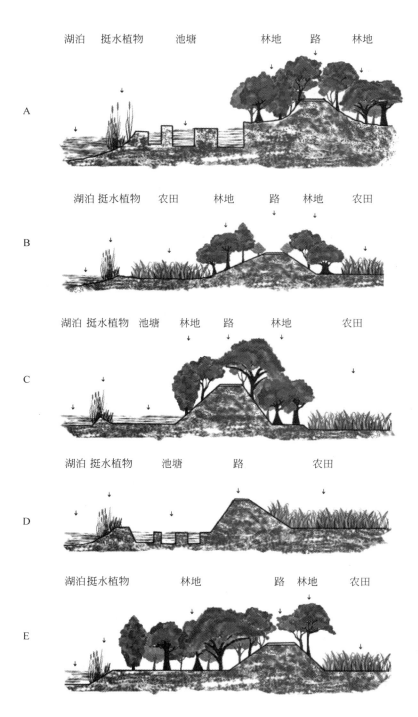

图 3 南四湖湖滨带横截面示意图

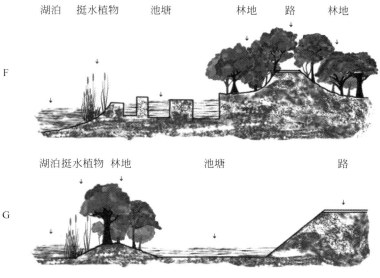

图 3（续）

A 农林草型，B 农林农型，C 农林渔型，D 农渔型，E 农林型，F 林渔型，G 渔林型

四、结论

以南四湖现场调查为基础，采用特征分类法，利用 GIS 技术建立起了南四湖湖滨带的二级分类体系。一级类型根据地貌的不同划分为湖东平原－丘陵型湖滨带、湖西平原型湖滨带以及河口型湖滨带。二级类型根据土地利用类型的不同，划分为 19 个子类型。对各湖滨带类型的空间分布以及长度进行了统计，其中农林渔型湖滨带长度共计 82.04 千米，约占整个湖滨带总长度的 22%，是南四湖最主要的二级湖滨带类型。同时还分析了不同类型湖滨带的特征，选取了农林草型湖滨带作为示范带，河口型、农林农型、单农型以及含有建设用地的湖滨带作为首要进行修复的湖滨带类型。

根据以上可以看出：湖滨带是一个复杂的水陆过渡带生态系统，[①] 具有明显的空间异质性，受到地质变化、地形地貌、气候、水文、生物以及人为干扰的协同作用，形成了不同岸段湖滨带独特的生态景观外貌。而湖滨带类型的划分就是要揭示客观存在的湖滨带空间结构、生态过程和生态功能的差异，为湖滨带分类治理、生态恢复方案设计提供科学依据。[②] 本文既可以为同类型其他湖泊的湖滨带类型划分提供样

---

① 李英杰，金相灿，胡社荣等：《湖滨带类型划分研究》，《环境科学与技术》2008 年第 7 期。

② 叶春，李春华，陈小刚等：《太湖湖滨带类型划分及生态修复模式研究》，《湖泊科学》2012 年第 6 期。

例，也可以为南四湖湖滨带生态环境的恢复与重建打下基础。但是本文定性地将南四湖湖滨带分为了 3 大一级类型，19 个二级子类型，今后可以通过对湖滨带更为细致的勘察，进一步定量地划分湖滨带类型。还需注意的是，湖滨带的类型划分的指标与方法应根据实际情况和规划的重点而定，并没有统一的标准，不同湖泊的湖滨带应视具体情况采用不同的分类指标和方法。

一举多得的生态修复工程：
日本霞浦 Asaza 项目与新型市民公共事业

［日］饭岛博　著

（日本东京 NPO 法人，Asaza 基金代表理事）

韩　雯　译

（南开大学外国语学院）

一、霞浦环境问题的背后：如何超越纵向化社会的局限

作为日本面积第二大的湖泊，霞浦的水质污染和生态恶化问题由来已久。特别是针对水质污染的问题，日本政府从 20 世纪 70 年代起就采取了许多对策，但情况一直没有改善的迹象。在这样一筹莫展的状况下，一个新的项目诞生了。这便是这里要介绍的市民型公共事业——Asaza 项目。[①]

霞浦的生态之所以长期得不到改善，其背后有着政府纵向化机制[②]之局限性的深刻影响。过去人们曾用控制特定的主要污染源的方法在一定程度上改善了水质，但如今污染源已变为复杂的社会系统本身。而从现有的思维来看，将复杂多样的社会整体作为治理对象是不可能的。

参与 Asaza 项目的主体多种多样，包括当地居民、企业、农林水产业、当地产业、教育机构、行政机构等，他们通过各自的项目进行协作。此计划开始于 1995 年，迄今总计有 30 万市民和 200 所以上的中小学校参与，作为新型公共事业的社会模板备受瞩目。

霞浦的流域面积约为 2200 平方公里，广袤的流域涵盖了 28 个市町村，横跨茨城、千叶、栃木三县。这一流域同时也包括各种各样的纵向社会系统，因此从整个

---

① Asaza（アサザ），即水生植物荇菜。该项目始于对霞浦湖中的荇菜的保护行动，故名。——译者注

② 所谓的"纵向化"指机构、组织等以上下层级之间的关系为中心，不同机构、组织间缺乏交流。——译者注

流域出发开展综合治理行动是非常困难的。虽然也有"流域管理"的说法，但以往的行政和研究机构等采取的公共事业措施，大部分都只不过是在纵向机构中实行的"自我认定型"[①]措施而已。

大部分的环境对策都会向局部最优化发展，所能起到的效果也很有限。既然已经明确了霞浦水质污染的原因是流域整体的社会系统，那么只要无法实现对整个社会系统的再建构，就不可能从根本上实现对水质和生态环境的改善。而为了完成对社会系统的再建构，就需要一种超越原本思维定式的新思维，也就是需要将以往的"自我认定型"措施转变为具有连锁效应和可循环性的措施的新思维。

二、循环型公共事业：一举多得的新思维

如图所示，Asaza 项目超越了传统的环境、福利、产业、教育等领域间的界限，在广阔的霞浦流域成功地开展了治理事业，并将每个项目的效果呈网状扩展到了整片地区。这种市民型公共事业可以凭借很低的成本，达到最大程度的效果。

通过每个项目带来的附加价值的连锁效应，可在该地区创造新的人、物、资金的动向，让每个项目都发挥出一举多得的效果。将此方法运用于治污事业的过程，就可以通过整备基础设施来扩大受益人群，让以低成本维持社会资本库存变为可能。

我们之所以能够开展这样的事业，是由于我们将以往的纵向组织中的那些"自我认定型"的措施重新规划为有联动效应的项目，让每个项目的效果波及到多个领域，并将其作为新的活动准则在该地区固定下来，从而将各项目之间的"联系"保留了下来。要开展此类活动，需要熟知该地区的特色，并拥有能自由整合该地区资源的"综合知识"。Asaza 项目同样也致力于培养此类综合知识的学校教育。

三、从"中心·组织"到"场·新型公域"的思维转变

Asaza 项目中并没有核心组织，它只是一个供各组织交流的网络。处于中心的是"协作场""创造价值场"。这里所说的"场"，指的是各种各样的个人和组织分享彼此故事的公共场所。每个人生活中产生的"小故事"在这样的场所里相遇、汇集，从中衍生出了新的事业。我们将这样的场所定位为"新型公域"。

---

① 自我认定型，原文为"自己完结型"，即完全从自身的角度判断事物，为其定性。——译者注

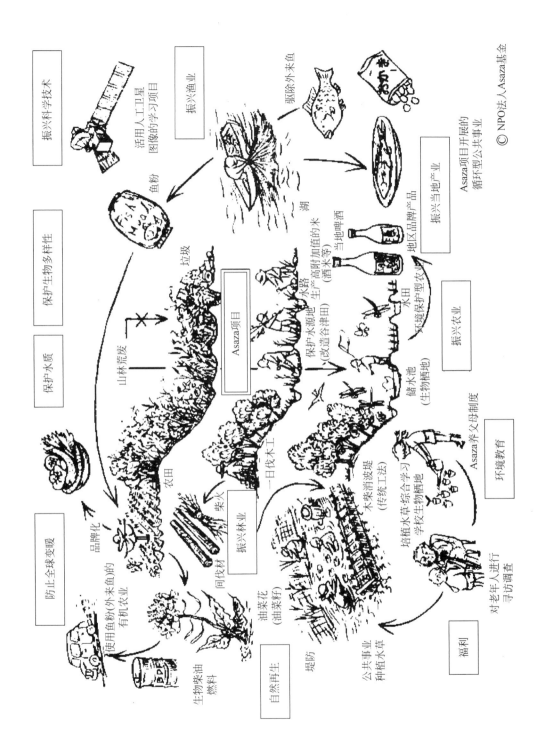

振兴科学技术　活用人工卫星图像的学习项目

振兴渔业　驱除外来鱼

振兴当地产业　Asaza项目开展的循环型公共事业

© NPO法人Asaza基金

湖

保护生物多样性

保护水质

防止全球变暖　使用鱼粉(外来鱼)的有机农业　生物柴油燃料　品牌化

鱼粉

垃圾

山林荒废

农田

Asaza项目

保护水稻地(改造谷津田)　水路　生产高附值的米　当地啤酒　地区品牌产品

振兴农业　环境保护型农业　水田　储水池(生物栖地)

Asaza养父母制度

振兴林业　间伐木材　柴火　一日伐木工

木草综合学习　学校生物栖地　培植水草

环境教育

自然再生　堤防　公共事业　种植水草　木栅消波堤(传统工法)

福利　对老年人进行寻访调查

193

各种各样的人和组织通过这样的"新型公域",即"分享故事的场所",讲述具体的故事(项目和商业模式),从而在彼此的生活轨迹中产生新的联系,并将这种联系不断发展下去。一个地区的想象力就产生于这样的思维碰撞之中。

从市民参与到行政参与

以往的公共事业经常被人指出在持续性、效率性、成本等方面存在问题,那是因为执行项目的核心部门是专业化的行政组织,因此项目本身也呈现纵向分布的形态,整体感薄弱,也容易与居民的意识出现分歧。虽然行政部门的组织形式存在问题是不争的事实,但一味从组织的层面讨论公共事业的形式也有其局限性,我们有必要从更广阔的视角来进行探讨。

在作为市民型公共事业的 Asaza 项目中,我们并没有把专业化的组织(行政部门等)定位为项目的中心,而只是将其作为网络中的一员来发挥其专业性。这样就可以促进由以往的金字塔形社会的"市民参与"思维模式,向未来将要开展的网络型社会的"行政参与"思维模式的转化。这种思维方式的转变对于行政部门来说,也有利于解决多年来政策执行方面的难题。

以网络覆盖,溶壁垒为薄膜

在 Asaza 项目中,我们通过促进个人和组织在"新型公域"中的交流与沟通,将与人们生活轨迹相关的网络扩展到整个地区,以 NPO 为中介,在各类组织间生成跨越行政、企业等的纵向分工壁垒的非正式的联系(网络)。我们期待这样的网络能逐渐溶化阻隔在各个组织间的壁垒,使之变为一层薄膜。这与以往的组织改革中提出的"破坏组织的壁垒,将其拆除"的想法相反,是一种"保留组织的界限,促进其与外部交流"的方式。

充分发挥 NPO 作为社会的催化剂与荷尔蒙的功能

在开展项目的过程中,我们期待着 NPO 和社会创业者等能够在社会中担负起类似催化剂或荷尔蒙的功能,将原本毫无关联的组织结合起来,溶化组织间的壁垒,使之变为薄膜,让社会中潜在的机能与价值浮出水面。

以霞浦为模板的项目如今已普及到各个地区和领域,包括秋田县八郎湖流域、原宿等东京都内地区、北九州市等城区,以及人口过少的三重县、冲绳县等,形成了融农林水产业、当地产业、商店街、学校教育活性化为一体的环境保护循环型社会建设形式。此类项目陆续开展的背后,既没有大型组织,也没有新兴制度,有的只是不受现有思维方式束缚的新思维（即通过相遇引发的故事）。

所谓的新型公域，指的就是各种各样的个人和组织在各自的故事相遇之后，不断生成新故事的场所。某一地区中的许多个人或组织，在现存的纵向型社会的思维定式下是不可能有所交集的。而通过拥有催化剂或荷尔蒙机能的 NPO 等将其联系起来，就可以不断挖掘出该地区蕴藏的潜在价值和财富。不管在哪个地区，这样的碰撞都蕴藏着巨大的可能性。

要实现真正的地区发展，唯有通过最大限度地发挥该地区的潜力，创造地区品牌这条途径才能办到。

中国湖泊湿地生态修复：进展与展望

冯春婷

（中国环境科学研究院）

陈　妍

（自然资源部国土整治中心）

王　伟[*]

（中国环境科学研究院）

　　湿地与森林、海洋并称为世界三大生态系统，孕育了丰富的生物多样性，同时也提供着物质生产、调节径流、补给地下水、净化水质、改善气候等重要的生态系统服务。根据《国际湿地公约》的定义，"湿地指天然的或人工的、永久的或暂时的沼泽地、泥炭地及水域地带，带有静止或流动的淡水、半咸水及咸水水体，包含低潮时水深不超过 6 米的海域"。根据我国《土地利用现状分类》（GB/T 21010-2017），湿地可进一步分为湖泊水面、水库水面、坑塘水面、河流水面、沼泽地、沿海滩涂等 14 种类型。2014 年发布的第二次全国湿地调查结果显示：我国湿地总面积 53.42×10^6 公顷，与 2003 年相比较，湿地面积减少了 9.33%，同时还存在着生态功能的丧失及生物多样性锐减等突出问题。除气候变化等自然因素外，污染物过度排放、过度捕捞与采集、大规模围湖造田以及填海造陆等人类活动使得湿地面临巨大威胁。面对严峻的湿地退化形势，湿地相关的科学研究自 1990 年后呈现快速增长的趋势，其中生态工程与生态修复已成为湿地相关研究的重要领域。[①]

　　湖泊湿地作为我国湿地的重要类型之一，包括永久性淡水湖、咸水湖、内陆盐湖和季节性淡水湖、咸水湖等。[②] 水利部发布的《2018 年中国水资源公报》显示，通过对我国 124 个湖泊共 3.3 万平方千米水面进行水质评价，结果发现Ⅳ类以上（含Ⅳ类）湖泊占评价湖泊总数的 75%；121 个湖泊富营养状况评价显示，中

---

　　* 通讯作者，E-mail: wang.wei@craes.org.cn。

　　① 李玉凤，刘红玉：《湿地分类和湿地景观分类研究进展》，《湿地科学》2014 年第 1 期。

　　② L. Zhang, M. H. Wang, J. Hu, Y. S. Ho, A review of published wetland research, 1991−2008: Ecological Engineering and Ecosystem Restoration, *Ecological Engineering*, 36(8), 2010.

营养湖泊占 26.5%，富营养湖泊占 73.5%，由此可见湖泊水污染和水体富营养化等问题尤为突出。此外，湖泊湿地水质污染、生物资源过度利用等问题造成了水生植物衰退、珍稀水禽栖息地丧失、生态系统服务功能下降等一系列严重后果。湖泊湿地因围垦和泥沙淤积，调蓄功能下降，加剧了洪涝与干旱灾害，给农田及周围居民安全带来严重的危害；湖泊湿地水生植物丧失导致土壤侵蚀加剧，使湖泊淤塞，进一步加剧了洪涝灾害，造成了巨大的经济损失；进入湖泊湿地的有机物、重金属等污染物加剧了水资源的短缺，这些污染物可通过生物迁移和转化作用对水生动植物造成持续性的毒害作用，甚至通过食物链在人体内富集，最终危害人类健康，并且给子孙后代造成难以预测的影响。鉴于此，本研究聚焦于湖泊湿地，从湖泊湿地退化的表现形式、驱动因素、生态修复技术及效果等方面对其生态修复相关研究进行梳理，并对未来提出展望，以期为湖泊湿地的生态修复理论与实践提供参考。

一、湖泊湿地退化的表现形式

我国湖泊湿地主要分布在长江中下游和青藏高原，其自然演化过程极其缓慢，而流域内人类活动的影响，能在数十年甚至数年内导致湖泊湿地发生退化。目前，我国湖泊湿地退化的表现形式主要如下：

1. 水质污染，富营养化日趋严重

水质污染是湖泊退化的重要表现形式之一。近年来，我国对生态环境保护愈加重视，但针对经济快速发展进程中人为排入湖泊的工业废水和生活污水等污染物的治理速度依然缓慢，富营养化湖泊面积和数量呈逐年增加的态势。[1] 中国富营养化湖泊面积从 1970 年的 135 平方千米增加到 2010 年的 8,700 平方千米；在过去五十年里，长江中下游超过 1,000 个湖泊（>1 平方千米）约 13,000 平方千米面积已经消失。[2] 2018 年生态环境部公布的《中国生态环境状况公报》显示，开展水质监测的 111 个重要湖泊中，Ⅳ类以上（含Ⅳ类）的湖泊占 33.3%；开展营养状态监测的 107 个湖泊中，轻度富营养状态的 25 个，占 23.4%；中度富营养状态的 6 个，占 5.6%。

---

[1]　B. Bhagowati, K.U. Ahamad, A Review on Lake Eutrophication Dynamics and Recent Developments in Lake Modeling, *Ecohydrology & Hydrobiology*, 19(1), 2019.

[2]　王圣瑞:《中国湖泊环境演变与保护管理》，北京：科学出版社，2015 年。

从不同历史时期来看，20 世纪中期以前，巢湖等长江中下游湖泊很少受到人类活动的干扰，水质处于自然状态，浮游生物较少，水生植物种类丰富。[①] 随着 20 世纪中后期长江中下游地区农业开垦、工业生产、基础设施建设等人类社会生产和经济活动规模的不断扩张，直接或间接地导致工业废水、生活污水、农药和化肥等大量污染物排入湖泊并在湖泊中聚集，湖泊水质急剧恶化，藻类大量繁殖导致水生动植物迅速减少，整个湖泊生态系统结构和功能遭到破坏，生物多样性丧失。[②]

在我国经济发展的不同阶段，湖泊富营养化的特征也存在一定的差异。[③] 20 世纪 80 年代前，我国整体经济发展水平较低，湖泊中氮、磷主要来源于生活污染，富营养化问题主要集中在人口较为密集的城市小型湖泊，如武汉东湖。20 世纪 80—90 年代，我国经济开始快速增长，随着工业化和城市化不断推进，湖泊中氮、磷的主要来源包括生活污水和工业废水，城市周边湖泊和东部地区的大多数大、中型湖泊均开始发生富营养化，如太湖和巢湖。20 世纪 90 年代到 2000 年，随着农业现代化的进步，化肥、农药的大量施用，水体氮、磷污染主要来源于工业废水、生活污水和农业废水，富营养化在全国大、中型湖泊蔓延扩大，如经济相对落后的鄱阳湖也开始富营养化。2000—2010 年，中国城镇化、工业化和农业发展水平已经较高，我国各地湖泊均存在不同程度的富营养化问题并且其危害进一步加剧，如 2007 年太湖区域爆发大规模蓝藻引发饮水危机。2010 年至今，中国湖泊富营养化治理取得了一定的效果，但还处于振荡期，需要采取进一步的控制和监管措施。

2. 面积缩减，生态功能减退

湖泊是湿地生态系统的重要组成部分，我国湖泊面积 78,000 平方千米，超过 1,000 万人的生计依赖于湖泊。[④] 湖泊湿地面积是保障生态系统调节径流、涵养水源等多种功能的基础，但由于人类围垦和泥沙淤积等问题，导致东部平原区的湖泊面

---

① 成小英，李世杰：《长江中下游典型湖泊富营养化演变过程及其特征分析》，《科学通报》2006 年第 7 期。

② 濮培民，李正魁，成小英等：《优化湖泊流域水环境的对策与关键技术——从物质循环及平衡观点看》，《生态学报》2009 年第 9 期。

③ 王圣瑞：《中国湖泊环境演变与保护管理》，北京：科学出版社，2015 年。

④ 同上。

积在半个世纪内萎缩了近 40%。[①] 西北内陆地区的许多湖泊面临盐碱化和萎缩问题，一些湖泊甚至已干涸消失，如罗布泊。[②] 近 30 年来，我国原面积大于 1.0 平方千米的湖泊消失了 243 个。[③]

湖泊湿地面积萎缩减少了湖泊的调蓄容积，造成了河湖关系的恶化。1950 年以前，长江中游两岸存在许多天然的通江湖泊，这些湖泊的存在，既有利于流域生态环境保持相对稳定，又是洪水的天然调蓄区域。[④] 但是自 1950 年以来，盲目的围湖造田导致湖泊面积迅速萎缩，甚至消失，湖泊湿地生态环境和生物多样性遭到严重破坏，湖泊洪水调节能力下降，大量洪水无法及时排泄，造成洪灾泛滥。[⑤]

3. 生物资源过度利用，生物多样性降低

我国 2003 年首次完成的全国湿地调查结果显示，在 376 块重点调查湿地中，共有 91 块湿地正面临着生物资源过度利用的威胁，其中，湖泊湿地占 40.7%。2013 年结束的第二次全国湿地资源调查结果与第一次相比，湿地面临的威胁进一步加剧，过度捕捞等问题严重影响了湖泊湿地的生态平衡。

毛志刚等[⑥] 2009—2010 年对太湖水域的鱼类资源调查结果显示，太湖鱼类物种数量减少，鱼类群落结构发生明显变化，江湖洄游性鱼类和海淡水洄游性鱼类大量减少，中华鲟（*Acipenser sinensis*）等品种在此次调查中未被发现；渔业资源的过度开发，导致一些具有地域性经济价值的鱼类，如蛇鮈（*Saurogobio dabryi*）和银鲴（*Xenocypris argentea*）等几乎消失，并且大中型鱼类资源衰退以及鱼类种群优势种单一化和小型化趋势明显，这些都是鱼类资源生物多样性水平降低的体现。生物资源的过度利用还导致湖泊湿地整体的生物群落结构发生改变以及多样性降低。例如，近年来，洞庭湖过度捕捞等人类活动的干扰导致湖内鱼类低龄化、小型化严重，而越冬水鸟的食物资源减少，栖息地生境遭到破坏，水鸟的种类和数量也因此大幅减

① 包淑梅，姚荣，成文联等：《我国湖泊湿地面临的问题及其对策研究》，《水资源与水工程学报》2013 年第 4 期。

② 胡汝骥，姜逢清，王亚俊等：《论中国干旱区湖泊研究的重要意义干旱区研究》，《干旱区研究》2007 年第 3 期。

③ 马荣华，杨桂山，段洪涛等：《中国湖泊的数量、面积与空间分布》，《中国科学：地球科学》2011 年第 3 期。

④ 陈宜瑜：《洪湖水生生物及其资源开发》，北京：科学出版社，1995 年。

⑤ 杨涛，朱博文，雷海章：《重建长江中游湖泊生态系统的构想》，《生态经济》2000 年第 8 期。

⑥ 毛志刚，谷孝鸿，曾庆飞等：《太湖鱼类群落结构及多样性》，《生态学杂志》2011 年第 12 期。

少；20 世纪 50 年代洞庭湖常见的天鹅（*Cygnus*）、白枕鹤（*Grus vipio*）等旗舰物种如今在越冬群落中已经很难见到。[①]

此外，外来物种入侵导致湖泊湿地生态系统中本地物种面临濒危的挑战，致使生物多样性降低、生态失衡。例如，20 世纪 50 年代以前，洱海中鱼类种群以土著鱼类为主，包括大理裂腹鱼（*Schizothorax taliensis*）、油四须鲃（*Barbodes exigua*）、洱海四须鲃（*B. daliensis*）、大眼鲤（*Cyprinus megalophthalmus*）等，其生态系统基本保持着原始状态；20 世纪 60 年代，洱海开始受到由江南引进四大家鱼造成的许多外来鱼种的侵扰；20 世纪 70 年代，虾虎鱼、麦穗鱼（*Pseudorasbora parva*）、棒花鱼（*Abbottina*）等外来鱼类开始大批进入洱海；20 世纪 80 年代，某些入侵洱海的鱼类已经形成大规模的种群，他们与土著鱼类竞争生存空间和食物资源，甚至吞食土著鱼的鱼卵，造成土著鱼类数量急剧下降，洱海四须鲃、大理裂腹鱼、大眼鲤等都已经基本灭绝，造成的生态损失和经济损失无法估计。[②]

二、湖泊湿地退化驱动因素

湖泊湿地退化的驱动因素可分为自然因素和人为因素。自然因素包括气候变化和生物入侵等；人为因素包括工业废水、生活污水、农业废水等的大量排放，以及围垦、城市化、基础设施建设等。

1. 自然因素

气候变化是引起湖泊湿地退化的主要自然因素。气候变化通过气温和降水对湖泊湿地的水文循环与水位变化、径流、降雨截流、生物量累积等产生影响，进而导致其生态功能的改变。[③] 不同地区湖泊湿地对气温变化的响应不同。[④] 例如，气温升高可能会加快湖泊蒸发，从而导致湖泊湿地的减少。而在一些冰川和常年积雪的地区，气温升高会导致径流增加，有利于湖泊湿地面积的扩大。有研究显示，我国冰川主要分

---

① 邓正苗，谢永宏，陈心胜等：《洞庭湖流域湿地生态修复技术与模式》，《农业现代化研究》2018 年第 6 期。

② 路瑞锁，宋豫秦：《云贵高原湖泊的生物入侵原因探讨》，《环境保护》2003 年第 8 期。

③ W.Q. Meng, M.X. He, B.B. Hu et al., Status of Wetlands in China: A Review of Extent, Degradation, Issues and Recommendations for Improvement, *Ocean & Coastal Management*, 146, 2017.

④ X. Huang, J. Deng, W. Wang et al., Impact of Climate and Elevation on Snow Cover Using Integrated Remote Sensing Snow Products in Tibetan Plateau, *Remote Sensing Environment*, 190, 2017.

布在西部地区，气温升高导致冰川融化，增加了湿地水的供应，导致湖泊水位上升。[①] 何瑞霞等[②] 研究表明，随着气温升高等自然环境的变化，我国东北地区和青藏高原的冻土逐渐退化，加快了土壤水分的蒸发，径流逐渐减少，从而引起湖泊湿地的萎缩，植被发生逆向演替。而降水增多则会增加土壤含水量，扩大湖泊湿地的面积。[③]

外来入侵物种通过改变原有湖泊湿地生态系统的结构和功能，使湖泊湿地退化。[④] 一方面，外来入侵物种通过与湖泊湿地内本地种杂交形成优势种或直接利用缺乏限制因子的新环境形成快速繁殖的种群，挤占本地物种的生态位，入侵物种占据优势后，造成湖泊湿地的跳跃性突变退化。[⑤] 另一方面，外来入侵物种通过竞争改变湖泊湿地内种群、群落的结构和功能，湖泊湿地生物多样性遭到破坏或丧失，阻碍了湿地生态系统的正常演替。[⑥]

2. 人为因素

人类活动主要通过改变湖泊湿地的水文、水质、土壤结构和功能，进而改变植被的生长环境、湿地动物的栖息地等，导致湖泊湿地生态系统功能退化。

富营养化是湖泊湿地退化的重要驱动因素之一。由于工业废水、生活污水、农药和化肥等大量排入湖泊，氮、磷等各类营养盐超过一定阈值，引起湖泊富营养化，导致生态系统功能退化甚至几乎丧失。氮、磷浓度升高可能对水生生态系统结构、过程和功能产生抑制作用，导致水质恶化及藻类等浮游植物快速生长，从而使原有沉水植物的覆盖度下降甚至完全消亡。[⑦] 通常情况下，使湖泊水生植物消失的总氮和

---

① Q. Lin, T. Ishikawa, R. Akoh et al., Soil Salinity Reduction by River Water Irrigation in a Reed Field: A Case Study in Shuangtai Estuary Wetland, Northeast China, *Ecolological Engineering*, 89, 2016.

② 何瑞霞，金会军，吕兰芝等:《东北北部冻土退化与寒区生态环境变化》,《冰川冻土》2009 年第 3 期。

③ B. Melly, D. Schael, P. Gama, Perched Wetlands: An Explanation to Wetland Formation in Semi-arid Areas, *Arid Environment*, 141, 2017.

④ J. P. Ramirez-Herrejón, N. Mercado-Silva, E. F. Balart et al., Environmental Degradation in a Eutrophic Shallow Lake is not Simply Due to Abundance of Non-native Cyprinus Carpio, *Environmental Management*, 56(3), 2015.

⑤ 于辉，王旭静:《浅谈外来物种入侵对湿地生态系统的影响》,《防护林科技》2014 年第 8 期。

⑥ 魏辅文，聂永刚，苗海霞等:《生物多样性丧失机制研究进展》,《科学通报》2014 年第 6 期；吴昊，丁建清:《入侵生态学最新研究动态》,《科学通报》2014 年第 6 期。

⑦ B. Bhagowati, K.U. Ahamad, A Review on Lake Eutrophication Dynamics and Recent Developments in Lake Modeling, *Ecohydrology & Hydrobiology*, 19, 2019.

总磷临界浓度分别为 1.7mg/L 和 0.1mg/L。M.A.G Sagrario 等[①]对丹麦 204 个湖泊夏季总氮和总磷含量的调查显示，总氮、总磷浓度分别达到 2mg/L 和 0.1mg/L 时，湖泊中的水生植物几乎完全被浮游植物取代。由于水生植物与浮游植物利用营养盐的效率不同，湖泊富营养化后导致生态系统沉水植物丧失、蓝藻水华发生、生物多样性减少等异常反应，而这将会进一步导致整个湖泊湿地生态系统发生富营养化的不利演替趋势。[②]

围垦、城市化、基础设施建设、农业活动等人类活动导致湖泊湿地景观破碎化严重，是我国湖泊湿地生态功能退化的直接因素。湿地景观破碎化对湖泊湿地生态系统退化和生境退化具有重要影响，大多数情况下，破碎化是湖泊湿地退化的第一步。[③]围湖造田、城市扩张和旅游业过度发展使湖泊面积缩小，湖泊湿地岛屿化严重，水生动植物栖息地被破坏，生物多样性急剧减少；导致湖滨带自净能力丧失，生态系统服务功能下降，严重破坏了湖滨带生态系统。[④]修建防洪岸堤和水力发电站等破坏了湖滨带原有生态系统结构的连续性和完整性，从而造成湖泊生态系统退化。水利工程建设会对区域气候、水文、泥沙淤积、水质和生物多样性等产生不利影响，[⑤]如在湖口建立闸坝会直接改变河湖水文节律，进而影响湖泊湿地生态系统的演变方向，对湖泊湿地生态系统造成潜在的影响。[⑥]彭平波等[⑦]研究发现，洞庭湖河道上修建的堤坝等水利工程阻隔了鱼类自然洄游通道，鱼类产卵、洄游和取食面积减少，鱼类生长繁殖的环境条件被破坏，造成洞庭湖鱼类的大量减少。自 2003 年以来，长江中下游河流泥沙淤积问题逐渐严重，对鄱阳湖和洞庭湖的珍稀水鸟和鱼类栖息地

---

① M.A.G. Sagrario, E. Jeppesen, J. Gomàet al., Does High Nitrogen Loading Prevent Clear-water Conditions in Shallow Lakes at Moderately High Phosphorus Concentrations? *Freshwater Biology*, 50(1), 2005.

② 秦伯强，高光，朱广伟等:《湖泊富营养化及其生态系统响应》,《科学通报》2013 年第 10 期。

③ C. Gibbes, E. Keys, Wetland Conservation: Change and Fragmentation in Trinidad's Protected Areas, *Geoforum*, 40, 2009; S. Liu, Y. Dong, L. Deng et al., Forest Fragmentation and Landscape Connectivity Change Associated with Road Network Extension and City Expansion: A Case Study in the Lancang River Valley, *Ecological Indicators*, 36, 2014.

④ 蔡永久，姜加虎，张路等:《长江中下游湖泊大型底栖动物群落结构及多样性》,《湖泊科学》2010 年第 6 期。

⑤ 蔡永久，姜加虎，张路等:《长江中下游湖群大型底栖动物群落结构及影响因素》,《生态学报》2013 年第 16 期。

⑥ 王圣瑞:《中国湖泊环境演变与保护管理》,北京:科学出版社，2015 年。

⑦ 彭平波，刘松林，胡慧建等:《洞庭湖鱼类资源动态监测与研究》,《湿地科学与管理》2008 年第 4 期。

造成了巨大的威胁。[①]

三、湖泊湿地生态修复技术

湖泊湿地生态修复是指在进入湖泊湿地的污染源减少、人为干扰降低的基础上，利用生态技术和生态工程原理，采取各种自然或人工方法改善已退化湖泊湿地生境、调整生态系统结构和功能等，使遭受破坏的生态系统逐步恢复到原有的生态系统服务水平，以维持或改善湖泊生态系统自身的动态平衡或使生态系统向良性循环方向发展。[②] 修复退化湖泊湿地已成为国际关注的热点和难点，国外湖泊生态环境修复的研究和工程实践早在 20 世纪 40 年代就已开始。自 20 世纪 80 年代以来，我国太湖、巢湖、滇池出现严重的富营养化，水生植物大面积萎缩甚至消失，我国才逐渐重视湖泊富营养化治理以及湖泊湿地生态修复的相关研究，如在滇池开展湖内沉水植物修复、湖滨带生态修复等方面的研究。对退化湖泊湿地生态系统的修复，不同生态功能区的修复原理和方法有所区别。例如李根宝等[③]将滇池生态系统划分为草海重污染区、藻类聚集区、沉水植被残存区、近岸带受损区、水生植被受损区 5 个生态区，并提出"五区三步，南北并进，重点突破，治理与修复相结合"的滇池生态系统分区分步治理策略和"南部优先恢复，北部控藻治污，西部自然保护，东部外围突破"的总体方案；针对各区的生态特征，采取不同的工程措施，实现整个滇池生态系统的修复和良性发展。颜昌宙等[④]将洱海湖滨带划分为 4 个功能区，根据不同功能区的生态恢复目标，提出了其生态恢复适用方案。由此可见，修复退化的湖泊湿地生态系统是一项复杂的工程，首先要对其进行诊断，分析湖泊湿地退化的驱动因素并理解其退化驱动机制，确定修复区域和修复方案，然后根据修复方案利用多种生态修复技术进行系统性修复（见图 1）。本文以湖泊湿地的水环境、水生植物、外来入侵物种、湖滨带为对象，论述了湖泊湿地生态修复的技术与方法。

[①] Zhandong Sun, Qun Huang, Christian Opp, Thomas Hennig, Ulf Marold, Impacts and Implications of Major Changes Caused by the Three Gorges Dam in the Middle Reaches of the Yangtze river, China, *Water Resources Management*, 26(12), 2012.

[②] 王圣瑞：《中国湖泊环境演变与保护管理》，北京：科学出版社，2015 年；王志强，崔爱花，缪建群等：《淡水湖泊生态系统退化驱动因子及修复技术研究进展》，《生态学报》2017 年第 37 期。

[③] 李根保，李林，潘珉等：《滇池生态系统退化成因、格局特征与分区分步恢复策略》，《湖泊科学》2014 年第 4 期。

[④] 颜昌宙，叶春，刘文祥：《云南洱海湖滨带生态重建方案研究》，《上海环境科学》2003 年第 7 期。

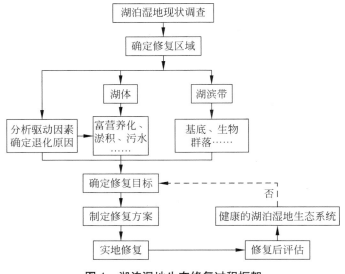

图 1　湖泊湿地生态修复过程框架

1.水环境修复技术

退化湖泊湿地水环境的修复技术主要有物理修复技术、化学修复技术和生物修复技术三大类。

① 物理修复技术

物理修复技术主要是利用物理工程的方法，改善湖泊湿地的物理环境，其优点是见效较快，但不能完全根治湖泊水环境污染。常见的方法有底泥疏浚、底层曝气等。（1）底泥疏浚是利用机械方法将湖泊表层污染的底泥进行去除搬运处理，从而直接有效地降低湖泊污染物负荷，例如，美国的 Lmy 湖通过疏浚工程降低了 55% 总磷负荷。[①] 但是底泥的处理费用和运输成本较高，并且疏浚过程中可能破坏底栖生物的群落结构，带来其他生态环境问题。（2）底层曝气技术可以将底泥界面的厌氧环境改善为好氧环境，降低内源性磷的负荷，吴润等[②]的研究显示，底层曝气降低了浮游植物的光合作用，抑制藻类大量繁殖，有效地改善了湖泊底泥的环境。

② 化学修复技术

化学修复技术主要是通过向湖泊中投加混凝剂或除藻剂来去除湖泊中的污染物或改善富营养化。（1）投加混凝剂，将铝、铁、钙等金属盐类加入到湖泊水体中，与

---

① 程英，裴宗平:《湖泊污染特征及修复技术》,《现代农业科技》2008 年第 2 期。

② 吴润，任珺，陶玲等:《湖泊污染生物修复工程技术研究进展》,《广东化工》2010 年第 1 期。

磷等物质发生絮凝沉淀，从而减轻湖泊富营养化；还可以投加石灰，利用硝化与反硝化作用脱氮，降低营养盐浓度。[①]（2）投加除藻剂，如通过向湖泊中投入二氧化氯来氧化除藻。[②]化学修复技术的优点是修复效果显著，但是成本较高，在治理过程中容易造成湖泊二次污染，因此常作为一种辅助方法或应急控制技术。

③ 生物修复技术

生物修复技术主要是利用植物、动物和微生物修复退化的湖泊水体生态系统，提升湖泊自净能力和恢复能力。（1）植物修复技术是利用植物的吸收和代谢功能将水体中的有害污染物进行分解、富集和固定，主要包括人工浮岛技术、生态浮床技术等。生态浮床采用高分子材料作为载体种植陆生植物，利用其根系吸收、降解各类营养物质、重金属盐类，以及利用植物根系生物膜上微生物的代谢作用净化水质。[③]例如于玲红等[④]选择空心菜作为浮岛植物处理污染水体，结果显示人工浮岛技术对氮、磷的去除率均可达到70%以上。（2）水生动物修复技术是通过调整水生动物群落结构，利用生物间的捕食关系来控制藻类和其他浮游植物的繁殖，从而使湖泊生态系统尽快进入良性循环。如刘建康等[⑤]在武汉东湖的富营养化水体中养殖滤食性鱼类，有效地遏制了微囊藻的大量繁殖。（3）微生物修复技术是利用微生物降解水体中的氮、磷营养元素和有机污染物，抑制藻类生长，增加水体溶氧，改善水质，包括生物膜技术、利用致病微生物控制藻类的技术等。如赵伟[⑥]利用悬浮式生物膜法处理污染湖水，结果显示，该技术对 COD_{cr} 的去除率为40.59%，对 NH3-N 的去除率达到75.4%。史顺玉等[⑦]研究发现溶藻细菌 DC23 能在一定程度上溶解微囊藻等蓝藻，抑制其生长。

2. 水生植物修复技术

水生植物的恢复与重建是湖泊湿地生态修复的关键。水生植物是湖泊生态系统

---

① 齐延凯，孟顺龙，范立民等：《湖泊生态修复技术研究进展》，《中国农学通报》2019 年第 26 期。

② 王志强，崔爱花，缪建群等：《淡水湖泊生态系统退化驱动因子及修复技术研究进展》，《生态学报》2017 年第 37 期。

③ 任照阳，邓春光：《生态浮床技术应用研究进展》，《农业环境科学学报》2007 年第 S1 期。

④ 于玲红，原浩，李卫平等：《乌梁素海人工浮岛技术应用研究》，《水处理技术》2016 年第 5 期。

⑤ 刘建康，谢平：《用鲢鳙直接控制微囊藻水华的围隔试验和湖泊实践》，《生态科学》2003 年第 3 期。

⑥ 赵伟：《悬浮式生物膜法处理晋阳湖水试验研究》，太原理工大学硕士学位论文，2009 年。

⑦ 史顺玉，沈银武，李敦海等：《溶藻细菌 DC21 的分离、鉴定及其溶藻特性》，《中国环境科学》2006 年第 5 期。

的初级生产者，它能遏制藻类生长，为其他浮游动物、鱼类和水禽等水生生物构建重要的栖息环境。水生植物的恢复会促进湖泊湿地向良好方向转化，促进整个生态系统生物群落结构的恢复。水生植物修复技术主要包括物种选育和培植技术、物种引入技术、物种保护技术、群落结构优化配置与组建技术等。

① 植物选育和培植技术

水生植物种类选育在湖泊湿地生态修复中起到举足轻重的作用，应根据湖泊湿地的现状和功能等，选择能适应并改善湖泊湿地不利环境、并具有一定经济价值的挺水植物、沉水植物、浮叶植物和漂浮植物进行组合配置，来修复退化湖泊湿地生态系统。选育过程要考虑水生植物的物种特性和繁殖方式，尽量选用本地现存或历史上存在的植物种类，避免外来物种入侵，以构建合理的水生植物修复体系。不同植物种类对湖泊中污染物的响应不同，挺水植物、浮叶植物和漂浮植物受水体富营养化的抑制作用较小，而沉水植物则较容易受到水体污染的影响。[①] 所以，应针对湖泊湿地中不同的污染条件选择与之相适应的植物种类。水生植物的生长速度、耐受性也是植物选择中要考虑的因素，如沉水植物要具有生长快、耐污性强的特点。另外，水生植物的种类还要注意季节间的搭配，沉水植物中冬季种很少，而夏季种较多。在满足上述要求的情况下，选种时还可以考虑景观效果，挺水植物和浮叶植物主要考虑其花期、花色和植物外形等，沉水植物主要考虑其外部形态等。

② 植物种植和保护技术

水生植物种植前，首先要考虑对基础环境进行改善，包括通过改善底泥性状、降低营养盐、消浪、围挡等措施降低水体扰动强度，减少水体悬浮物，提高透明度，为水生植物的恢复生长提供良好的环境。种植水生植物时，要先选择少量的先锋物种，并确保其定植成功，恢复生态系统的基本结构和功能。例如，在太湖生态修复中，曾采用伊乐藻（*Elodea nuttallii*）作为先锋物种恢复沉水植物，取得了良好的效果。[②]常会庆[③]的研究表明在夏季利用漂浮植物凤眼莲（*Eichhornia crassipes*）作为先锋物种对修复富营养化的湖泊有较好的作用。随着先锋植物的种植成功及生境条件的不断改善，为避免形成单一的先锋水生植物群落，应采取适当的措施抑制先锋物种的生长与扩散，从而为后来种的生长和繁殖提供有利环境。之后根据湖泊湿地的

① 吴振斌：《水生植物与水体生态修复》，北京：科学出版社，2011 年。

② 杨清心，李文朝：《伊乐藻在东太湖的引种》，《中国科学院南京地理与湖泊研究所集刊》第 6 号，北京：科学出版社，1989 年。

③ 常会庆：《水生植物和微生物联合修复富营养化水体试验效果及机理研究》，浙江大学博士学位论文，2006 年。

修复目标，增加植物种类，丰富群落结构，最终形成比较合理稳定的水生植物群落。水生植物的种植技术主要有扦插法、沉栽法、播种法、枝条沉降法等，其中扦插法是最常用且最简单易行的方法。

③ 群落结构优化配置与组建技术

群落结构的优化配置可以从物种多样性、空间结构复杂性、景观美化性三个方面进行。挺水植物、沉水植物、浮叶植物和漂浮植物四种类型的植被形成一定的空间结构，各自占据一定的生态位，各自具有其生态功能，所以要通过调控来优化植物结构，形成以沉水植物为主、挺水植物为辅，结合少量浮叶和漂浮植物的植被结构，提高镶嵌组合群落内的生物多样性，达到最佳的修复效果。[①]优化植物群落结构，还要注意选择不同生长期的水生植物进行组合，保证不同季节的植物生长和净化功能的交替互补。例如，菹草（*Potamogeton crispus*）、伊乐藻适于冬春季生长，可以与其他春夏季生长的植物交替种植，从而实现四季植物的自然更替。

3. 外来入侵物种防治技术

外来入侵物种防治可分为三个阶段：第一，通过制定并执行法律法规、边境控制和检疫等措施，防止外来入侵物种进入我国或某区域；第二，一旦发现外来物种入侵，立即采取措施对其进行灭除；第三，若无法灭除，应采取各种方法将其控制在一个合理的阈值之下。

① 防止外来入侵物种进入

生物入侵的防止、灭除和防治应该纳入国家、地方立法和生物多样性及其他相关的政策和行动计划之中。许多发达国家，如美国、澳大利亚等，都已建立了健全的法律法规，制定了相应的管理策略、技术准则和技术指南来加强对本国外来入侵物种的管理。[②]我国关于外来入侵物种的立法起步较晚，相关法律法规主要有《进出境动植物检疫法》《植物检疫条例》《农业转基因生物安全管理条例》等，但目前尚未形成专门用于防控外来物种入侵的法律，关于湖泊湿地生物入侵的法律更是缺乏。

防止入侵的目标是防止外来物种进入我国或在某个地区建立起种群，主要方法包括：（1）依据法律法规加强进出口检查，拦截外来物种；（2）对疑似外来物种污染的货品和包装材料等运用生物杀灭剂、加热或冷冻等方法进行处理。[③]例如，美国通

---

① 吴振斌：《水生植物与水体生态修复》，北京：科学出版社，2011年。

② 刘广明：《试论我国外来物种入侵的法律法规》，《河北青年管理干部学院学报》2009年第2期。

③ 吴金泉，Michael T. Smith：《发达国家应战外来入侵生物的成功方法》，《江西农业大学学报》2010年第5期。

过边境控制和检疫措施，平均每年能防止至少 137 种外来植物入境。[①]

② 早期发现和立即行动

早期发现并立即采取行动有一定的机会在外来入侵物种种群建立前将其遏制或消灭。在美国的治理实践中，首先要找到外来入侵物种的种群，经权威机构鉴定，并确定其当前和未来的侵扰范围和拦截时机，制定拦截方案和行动策略，向公众提供可靠信息；最后在外来入侵物种种群普遍建立以前，利用各种资源和措施，将其消灭或遏制。[②]美国早期发现并消灭柑橘星天牛的过程就是一个例子，2001 年，一只被意外发现的异常天牛被送到动植物检疫站检疫，调查员意识到它的潜在危险，立即作出反应将其隔离，继而采取一系列措施对现存的柑橘星天牛进行控制，并于 2006 年将其彻底消灭。[③]

③ 治理技术

一旦外来物种防止失败，就要对其进行灭除治理，主要方法有物理防治、化学防治和生物防治等。（1）物理防治。利用机械或人力直接对入侵植物进行拔除或对动物进行捕捉。例如，对外来入侵物种凤眼莲（水葫芦）进行物理防治，首先在冬季凤眼莲大量死亡时进行捕捞，将其消灭在萌芽状态；然后将打捞的凤眼莲及时处理，避免成为新的污染源。[④]（2）化学防治。利用除草剂、杀虫剂等杀死外来入侵物种。有些除草剂对水葫芦的生长具有很好的抑制作用，如 36% 的草甘氯磺可溶性粉剂 4500—5250g/hm^2 的剂量能有效去除水葫芦，用药 28 天后，其植株去除效果可达 93% 以上，[⑤]但要注意避免水葫芦死后下沉造成河道淤积及二次污染等问题。（3）生物防治。利用外来入侵物种的天敌，大规模释放雄性不育个体等措施，将入侵物种的种群密度控制在生态和经济危害水平之下。例如，在菱白田养鳖防治福寿螺效果显著，研究表明 2 只中华鳖 10 天可以取食幼螺 3.33 千克，成螺 1.70 千克，其每天

---

①　Deborah G. McCullough, Timothy T. Work, Joseph F. Cavey, Andrew M. Liebhold, David Marshall, Interceptions of Nonindigenous Plant Pests at US Ports of Entry and Border Crossings over a 17-year Period, *Biological Invasions*, 8, 2006.

②　National Invasive Species Council (NISC), *2008—2012 National Invasive Species Management Plan*, National Invasive Species Council, Department of the Interior, Washington DC, 2008, p. 35.

③　吴金泉，Michael T. Smith：《发达国家应战外来入侵生物的成功方法》，《江西农业大学学报》2010 年第 5 期。

④　汪凤娣：《外来入侵物种凤眼莲的危害及防治对策》，《福建环境》2003 年第 6 期。

⑤　潘晓皖，汪晓红：《36% 草甘氯磺可溶性粉剂防除水域水葫芦试验》，《农药科学与管理》2004 年第 3 期。

取食福寿螺量约占自身体重的 60%。[1]

4. 湖滨带生态修复技术

湖滨带通常是指湖滨水陆交错带，是湖泊流域陆生生态系统与水生生态系统之间的过渡带，在蓄洪抗旱、调节径流、水质净化、生物多样性保护、景观美化等方面具有十分重要的作用。在湖泊治理中，湖滨带生态修复已成为湖泊湿地生态修复的重点工程。湖滨带生态修复包括生境修复、群落优化配置、湖滨带生物多样性恢复和湖滨带管理等步骤。[2] 根据湖滨带退化原因，其生态修复技术应以生境修复与生物群落恢复为两大基本原则，同时针对不同湖滨类型进行相应的工程设计。

① 生境修复

生境修复主要包括湖滨带基底修复和水文修复等。湖滨带基底修复主要是减轻内源污染，维持基底稳定性，解决基底的沉积和侵蚀对生物的影响，为湖滨带生态恢复创造条件。例如进行淤泥疏浚，清除富含高营养盐的表层沉积物和植物残骸等，[3] 从而降低内源污染。基底修复的典型技术是生态清淤技术，利用根系发达的固土植物，以土工材料复合种植基、植被型生态混凝土、水泥生态种植基、土壤固化剂技术等方法进行生态护坡。[4] 基底修复的目的之一是为水生植被的恢复提供良好的生态环境条件。王洪铸等[5] 对巢湖湖滨带的生态修复技术研究表明，要先对湖滨带基底进行修复，使其适合植被生长，然后再进行植被的种植。另外，基底修复还要解决风浪、水流等不利条件对湖滨带生物带来的消极影响。

② 群落结构恢复

群落结构的恢复应以滨岸湿地带曾出现过的某营养水平阶段下植物群落的结构为样板，主要根据湖滨带的类型、基底、形状、风浪扰动等特点，合理选择植物。[6] 不同功能的湖滨带所配置的植物应有所差异，例如以生物多样性保护为主的修复区，

① 翁丽青、李建荣、陈亚雄：《菱白田套养中华鳖防治福寿螺试验》，《中国植保导刊》2006 年第 1 期。

② 王圣瑞：《中国湖泊环境演变与保护管理》，北京：科学出版社，2015 年。

③ J.P. Bakker, A.P. Grootjans, Martin Hermy, Peter Poschlod, How to Define Targets for Ecological Restoration? *Applied Vegetation Science*, 3(1), 2000.

④ 陈静，赵祥华，和丽萍：《湖泊陡岸带生态建设基底修复工程技术》，《环境科学与技术》2007 年第 5 期。

⑤ 王洪铸，宋春雷，刘学勤等：《巢湖湖滨带概况及环湖岸线和水向湖滨带生态修复方案》，《长江流域资源与环境》，2012 年第 S2 期。

⑥ 高化雨：《松花湖湖滨带生态脆弱性评价及其生态修复研究》，河北农业大学硕士学位论文，2018 年。

应优先选择适应环境条件和抗干扰能力强的本土物种；以水土保持与护岸为主的修复区，应优先选择固土能力强的物种。[1] 如巢湖植被恢复时，岸带植物修复以形成乔-灌-草植物体系为目标，种植黑麦草（*Lolium perenne*）、常春藤（*Hedera nepalensis var. sinensis*）、飞蓬草（*Erigeron acer*）、芦苇（*Phragmites communis*）等植被；水陆交错带为稳固土壤，主要种植香蒲（*Typha orientalis*）、美人蕉（*Canna indica*）、千屈菜（*Lythrum salicaria*）、再力花（*Thalia dealbata*）等植被。[2] 不同类型的湖滨带植被的选择也不同。欧阳莉莉等[3]对简阳三岔湖湖滨带修复的研究表明，农田型湖滨带为控制农田面源污染，在对湖滨带基底进行改造后，可以选择净化效果好、耐污能力强的风车草（*Cyperus alternifolius*）、花叶芦荻（*Arundo donax*）、芦苇等植物进行修复；鱼塘型湖滨带可以考虑在近岸的浅水区种植挺水植物，对进入湖泊的污染物进行初步的拦截和过滤。

四、湖泊湿地生态修复效果评估

近几年，我国已经实施了很多生态修复项目，对其修复效果进行科学、准确的评估，不仅是湖泊湿地生态修复流程的重要组成部分，还可为湖泊湿地生态修复的进一步完善提供重要依据，从而对湖泊湿地生态系统的科学管理提供指导。国内外已有一些研究对某些湖泊湿地生态修复工程的修复效果进行评估判断，例如：Ruiz-Jaen等[4]研究指出，植被结构、生态过程和多样性测度可作为评估湿地生态修复效果的指标；徐霞[5]对上海市大莲湖和苏州游湖湾退渔还湖水生态修复工程实施前后的水质及植物种类等进行分析比较，发现修复后湖区内溶解氧含量、浮游植物丰度、叶绿素 a 浓度等都有较大改善；彭艳红等[6]通过对南四湖入湖口湖滨带人工湿地修复前

---

① 杨龙元，梁海棠，胡维平等：《太湖北部滨岸带区水生植被自然修复观测研究》，《湖泊科学》2002 年第 1 期。

② 王洪铸，宋春雷，刘学勤等：《巢湖湖滨带概况及环湖岸线和水向湖滨带生态修复方案》，《长江流域资源与环境》，2012 年第 S2 期。

③ 欧阳莉莉，贾滨洋，李晶：《湖（库）滨带生态构建设计——以简阳三岔湖为例》，《四川环境》2018 年第 6 期。

④ Maria C. Ruiz-Jaen, T. Mitchell Aide, Restoration Success: How Is It Being Measured? *Restoration Ecology*, 13(3), 2005.

⑤ 徐霞：《太湖流域退渔还湖型湿地水环境恢复效果评价研究》，南京大学硕士学位论文，2012 年。

⑥ 彭艳红，靖玉明，刘道行等：《南四湖新薛河湖滨带湿地修复效果评价》，《中国人口·资源与环境》2010 年第 1 期。

后的植物群落组成和物种多样性进行调查对比，进而对其修复效果进行判断。

我国目前对湖泊湿地生态修复效果的评估主要集中在对修复前后水质的改善情况、物种丰度的变化等指标进行对比研究，缺少对湖泊湿地生态系统生态修复效果的综合性评估与研究，更缺少具有针对性，科学、合理的评估指标，所以制定湖泊湿地生态修复效果评估标准十分必要。

五、存在问题与展望

1. 存在的问题

本文系统地总结了我国湖泊湿地退化的表现形式、驱动因素、生态修复技术及效果评估。首先，我国湖泊湿地演变过程中面临的问题已比较清楚，对其退化的驱动因素也有了较为系统的研究，但对导致湖泊湿地生态系统退化的驱动因素的重要性及退化机制尚缺乏深入的研究，只有确定湖泊湿地退化的主要驱动因素并理解其退化的机制，才能进一步探寻湖泊湿地生态系统退化的阈值。其次，人们在实践中对退化湖泊湿地修复工作的长期性和复杂性认识不全面，过度强调修复的景观视觉效果，甚至用园林景观绿化植物替代湿地修复植物，对某些具体修复措施和技术的搭配组合还不明确。再次，湖泊湿地往往与一些河流构成复杂的水生系统，目前湖泊湿地的生态修复与管理缺乏流域层面上的规划，难以达到最佳的修复效果。另外，湖泊湿地生态修复后需要对修复效果进行科学合理的评估，而我国的修复后评估机制还不健全，修复工程完成后的持续监测和科学有效的评估工作还远远不够。

2. 展望

（1）湖泊湿地退化是一个十分复杂的生态问题，今后要加强对湖泊湿地退化的主导驱动因素作用机制的分析，明确生态系统退化的阈值。可以利用模型对湖泊湿地驱动退化的原理进行大尺度空间和时间序列的模拟，探索湖泊湿地生态系统退化的作用机理，为湖泊湿地生态系统的修复提供依据。

（2）湖泊湿地生态修复是一个复杂的、系统性的工程，需要运用物理、化学、生态学等学科的理论指导，针对不同的退化原因，选用多种修复技术优化组合进行合理修复，修复到何种程度为最佳状态，即湖泊湿地生态系统修复的阈值将是今后的研究热点之一。同时，应高度重视外源输入和内源负荷对生态修复的影响，遵循先控源截污、后生态恢复的路线，并不断加强对修复方法和技术搭配组合规律的探索和深入研究。

（3）生态修复后湖泊湿地生态系统的稳定性如何、效果如何等，也将是今后湖泊湿地生态修复领域的研究热点。生态修复要充分发挥湖泊湿地生态系统的"自然修复"能力，要评估修复后的湖泊湿地是否向良好的方向发展，是否具有自身调控能力，这些都需要生态修复效果评估机制或指南的指导。未来，我国相关部门与科研院所应尽快出台相应的评估指标和指南。

（4）2018年，我国机构改革确定由自然资源部负责统筹国土空间生态修复，牵头组织编制国土空间生态修复规划并实施有关生态修复重大工程，其中包括湖泊湿地生态修复工作。而生态环境部的职能是指导协调和监督生态保护修复工作，包括对湖泊湿地生态保护修复的工作进行监督。相关部门间应尽快形成协作机制，尽快推出我国湖泊湿地生态修复的技术和修复效果评估标准、指南等，指导湖泊湿地生态修复，确保修复效果的可持续性。

灾害记忆

湿地生态与生态恢复研究：
陆健健先生访谈录 [①]

导　语： 湿地，被称为"地球的肾脏""天然水库"和"天然物种库"。具有保护生物多样性、调节径流和区域小气候等多种功能。我国湿地类型多、数量丰富、分布较广，但人们对其重要性的认识起步却比较晚。相当长一段时间里，由于不合理的开发利用以及气候环境变化等因素，我国湿地面积不断地缩减，湿地生态系统的自然功能严重削弱。近些年，中国社会各界对湿地重要性的认识逐渐提高，各种湿地保护条例和措施渐次完善，湿地不断得到修复与重建，湿地生态服务功能逐步恢复。值此新中国成立 70 周年之际，及时认真回顾和总结我国湿地生态研究发展演变的历程，鉴往知今，对当前和今后湿地的保护和修复都具有十分重要的理论和现实意义。在对陆健健先生专访过程中，他对我国湿地研究的发展演变进行了条理清晰的梳理，并从基础到理论再到实践，完整清晰地呈现了他对湿地生态和生态修复的真知灼见，展现了学者的强烈现实关怀和以解决实际具体问题为导向的实践精神。

　　陆健健： 1950 年出生于上海，华东师范大学终身教授，生态学专业博士生导师。1985 年美国华盛顿州立大学获哲学博士学位（动物和生态学专业）。中美绿色合作伙伴（湿地研究与绿色发展）中方首席科学家，中国发展研究院长江流域可持续发展研究中心主任，《国际生态工程学报》（*International Journal of Ecological Engineering*）《环境科学研究》《湿地科学》等学术刊物编委。1989 年任英国诺丁汉大学生理和环境科学系客座研究员，1996 年任美国旧金山大学客座教授。第十届、十一届全国政协委员（科技界），享受国务院特殊津贴。陆健健先生从事生物多样性，湿地生态与生态恢复研究 40 余年，所著《中国湿地》是我国第一部湿地专著，创建"生态对冲"

---

　　① 访谈人：郑清坡、白昀松、杜一冉、赵春梅整理。承蒙河北大学生命科学学院刘存歧教授为笔者联系他的导师陆健健先生做了这次访谈，文稿完成后，他又通读并修改了文中个别错误。刘存歧教授长期致力于湿地生态系统、生态修复研究，在白洋淀流域生态修复研究与实践中颇有成就。访谈文稿整理后，承蒙陆健健先生审阅校订，在此一并致谢。

理论。陆健健先生也是我国湿地生态学科发展的重要亲历者和见证人，其所提出的许多概念和理论不仅广为学界和社会接受，也深刻影响着湿地生态学的研究。

一、陆先生，中国生态学是怎样形成、发展的呢？湿地研究兴起的大体情形是怎样的？

生态学是一个比较新的研究领域，其形成于上世纪 60 年代。我国的生态学家，第一代学者最初的研究领域主要在动物和森林研究。比如马世俊先生，前期主要研究蝗虫的迁移和蝗灾。马先生从蝗虫的生态学角度，探究解决蝗灾的办法。这些学者是国内研究生态学的第一代，他们在上世纪 40 年代赴欧美留学，在新中国成立后回国。当时全国不到十人，包括马世俊、林昌善，阳含熙等人，在发展我国生态学研究方面都有显著贡献。

新中国成立后，中国政府专门派学生到苏联留学，有十余人学习研究动物和植物生态学。我的硕士导师钱国桢先生就是其中之一，他的导师是莫斯科大学的纳乌莫夫教授，是当时苏联的权威动物生态学家。钱先生后来成为我国著名的鸟类生态学家。这是中国生态学家的一个来源。

第二个背景是苏联派了两位专家到中国，一位到华东师范大学专门教授植物生态学（当时称"地植物学"），另一位到东北师范大学的专家教授动物生态学，主要研究老鼠和鼠疫。苏联将科学学科划分的非常细，同时又很注重应用，这一点和西方国家有区别，西方国家的生态研究不少从理论层面着手。当时，每个省派一人到东北师范大学学习，一共近三十人，都是大学年轻教师。在东北师大的苏联专家叫库加金，他本身是一位鼠疫专家，后来人们给这个动物生态学研究生班取了一个外号"库鼠班"。

中国生态学的三个来源，包括新中国成立前留学欧美的，到苏联进修学习的，再加上苏联派来我国帮助培训的，一共四十多人，这就是我们中国生态学界学者的最早来源和构成。

于我个人来讲，我的导师钱国桢先生在苏联留学时，学习的是纳乌莫夫教授的动物生态学。我在美国学习的生态学知识是在后来才使用的，前期研究使用的是我导师从纳乌莫夫教授那里学习的生态学知识，从具体的生物开始，包括水禽（即水鸟，如鸭子、天鹅）和鱼类等。比如从鸟类生态着手，研究迁徙鸟类，研究某类生物时，必须知道它的生存环境，如研究水鸟，必须了解水鸟的栖息地。水鸟包括水禽和涉禽，都与水有关，水禽的主要类型包括大雁、天鹅、野鸭、鹤类、鹳类、鹬类、鹭类等，它们的栖息地叫"湿地"，这就与国际上的湿地研究接轨了。

国际上主要是从上世纪80年代开始重视湿地，湿地研究也是从上世纪七八十年代开始的，但是对湿地重视的角度并不相同。1970年代美国进行了全美湿地调查，从水源地、亲近水的角度入手，认为自然界最干净的水来自湿地，但此时并没有上升到自然保护层面上来。由于美国工业化、城市化的快速发展，需要大量的干净水，而湿地河道里流出的水是干净的，或者说水经过湿地流动之后较为环保，这也是他们非常重视湿地调查的动因。欧洲的湿地研究则是从野生生物、野鸟的栖息地的角度上进行研究。

二、陆先生，您经过多年的学术研究积累，
对湿地的概念有着怎样的理解？

作为地理学的概念，湿地就是指浅水湖泊、河滩、海涂、沼泽地，可以说是比较直观的存在，我们将其统称为湿地。具体也可以分为湖泊湿地、河滩湿地、滨海湿地、沼泽湿地。从自然科学角度来说，可以建立一个湿地的分类系统，将其同人类的生存环境结合起来。研究越深入，越觉得它跟人类的生存和发展非常密切。

不同的国家，甚至不同学科的学者对湿地的定义都有所不同。从国际上大的角度来讲，国际上湿地的概念，并不像物理学、化学，是一个比较成熟、体系比较完整的学科，它是在不断发展，不断充实的。最早提出湿地概念时，它的内涵也涵盖生态、环境等方面。湿地概念是在20世纪50年代由美国学者最早提出的，当时我们国家还没有提出。目前普遍被接受的湿地定义是1971年由苏联、加拿大、英国等36国在伊朗签署的《国际湿地公约》中做出的，他将湿地定义为："不论天然或人工、永久或暂时、静止或流动、淡水或咸水，由沼泽、泥沼、泥炭地或水域所构成的地区，包括低潮时水深6米以内的海域。"

1992年，我国正式加入《国际湿地公约》，当时国内正处于对湿地研究和管理的起步阶段。参照《国际湿地公约》及其他国家的湿地定义，并根据我国的实际情况，可以将我国湿地定义为："陆缘为含60%以上湿生的植被区、水缘为海平面以下6米的近海区域，包括内陆与外流江河流域中自然的或人工的、咸水的或淡水的所有富水区域（枯水期水深2米以上的水域除外），不论区域内的水是流动的还是静止的、间歇的还是永久的。"

这里要谈一下自然湿地，自然界水位呈周期性变动的水陆交汇之处称之为湿地，这是我对自然湿地赋予的一个新定义。定义中所谓的周期性水位变化可以是短周期的

（如潮汐），也可以中长周期的（如季节性的丰水和枯水，或海陆双向演替）。这个定义便于给不同时期不同类型的自然湿地定边界，也有利于用经济生态学方法对湿地的生态系统服务价值进行评估和分析，从而为湿地生态建设提供了科学依据。有关湿地的概念、分类和功能等我曾在多篇文章中有过详细的论述，[①] 这里就不再展开了。

三、陆先生，您的研究方向是如何从动物生态学逐渐转向湿地的？

我在硕士阶段的研究方向是动物生态学，1981 年至 1985 年在美国主攻生态能量学，研究生态系统各层面的能流流动，特别是在各种不同生物之间的流动。太阳光能被植物光合作用之后形成生物能量，动物摄食植物、动物再被更高一级的动物摄食。它们被摄食之后再分解，这个能量是线性的流、就是太阳光能转变成生物能量在代谢过程中最终转化成热能，耗散在宇宙空间。生态能流必须有一个载体，载体在地球上面是循环的，包括碳氮磷等元素中、在气态、固态、液态中循环。另一个就是生物与非生物之间的循环，水循环、碳与碳循环、氮与氮循环，各种元素在地球上都是有循环的，但有不同的类型和途径，有的大部分固定在岩石中、有的大部分在大气里。这些就是我在国外学的生态学，主要是从生态系统的角度研究能量流动与物质循环。1985 年，我回国后由于科研配备、经费各方面条件的限制，便没有做较多的生态系统能量流动的研究。

我最初接触湿地是源于同俄罗斯的合作，从研究水鸟的栖息地开始的。中国有些水鸟繁殖在西伯利亚，在澳大利亚越冬。这些水鸟每年春天从澳大利亚经往长江口飞往西伯利亚，到秋天从西伯利亚又经过长江口飞往澳大利亚。我主要研究的是关于它们的繁殖和栖息，地点是长江口，即杭州至长江口一带。而我真正意义上开始进行湿地研究是 1987 年在北京召开国际野生生物保护大会后，当时我接受了联合国国际自然保护联盟项目的委托，由此开始转向湿地生态研究。当时，英国人 D. 斯科特博士是该项目的总负责人，他在做全球湿地清单，已经相继完成了欧洲、非洲、美洲的湿地清单。而关于亚洲湿地的清单，斯科特先与我国国家林业部门合作，给予资金支持。但当时林业部门人士根本没有湿地概念，就按要求，列了一些沼泽地，

---

① 陆健健：《湿地与湿地生态系统的管理对策》，《农村生态环境》1988 年第 2 期；陆健健等：《世界与中国湿地及其保护现状》，汪松年主编：《上海湿地利用和保护》，上海科学技术出版社 2003 年；陆健健：《刍议长三角地区的生态建设》，《环境污染与防治》2009 年第 12 期。

交了一份 12 页的资料，斯科特先生注意到当时中国英文沟通较好的科学家很少，同我交流之后，认为无论对湿地的认识还是英文交流，都很符合项目的要求，便决定将整理亚洲湿地名录的任务交给我，尤其是中国湿地。

当时我认为湿地的概念同我研究的水鸟栖息地的概念比较吻合，因此就接受了这个任务。但实际上，当时的条件我无法到东南亚等国外去调研湿地情况，因此委托我做中国湿地。由于这个项目是非官方的，并不需要经过国家有关部门的审批，只需同国际项目的负责人接洽，达成口头协议后就开始着手进行。我当时带了一个研究生，在不到一年的时间考察了全国 20 多个省，按地图寻找湖泊、沼泽地、滩涂等。为了尽可能全面反映中国的湿地状况，我专门前往香港调查湿地，还通过台湾的朋友把台湾湿地名录整理出来，这样就把中国湿地名录全面汇总起来了。1988 年我向项目负责人交了一份英文的报告，之后把在中国找到的 217 块湿地名录交给他，项目负责人把它合并在亚洲湿地名录之内。于是在 1988 年底至 1989 年初，这本亚洲湿地名录得以成书。

但后来项目负责人写信说中国外交部门就此事向他提出了抗议，由于当时整理中国湿地需要汇总，他们在编区的时候将其分成了中国湿地、香港湿地和台湾湿地三块，形成了并列，这就犯了中国外交常识错误的大忌。于是，项目负责人就又委托我尽快将此书译成中文版，把中国大陆、香港和台湾三大块湿地汇总，名为中国湿地。但英文版译成中文版这一过程非常仓促，原因在于 1990 年中国申请加入国际湿地组织，有意将这本书作为向国际湿地组织申报的中国湿地内容汇总。中国于 1992 年加入该组织。1994 年在岳阳召开了中国第一次湿地保护大会，《中国湿地》成为当时中国湿地的标准，直至现今各省研究湿地都以此为标准。中国重要湿地名录未出时，以此书来作为重要衡量湿地标准，湿地名录出来之后，在原基础上加了 3 块，共 220 块，直至现在补充的也不多。

四、陆先生，您在整理中国湿地名录的过程中逐渐体会到湿地不仅仅是野生生物的栖息地，那么湿地除了栖息地功能，还有什么功能？

总体来讲，国际上对湿地的研究，欧洲关注生物栖息地，美国关注水质净化。其实，两方面的研究应该融合在一起，湿地本身兼有水质净化功能和栖息地功能。后来随着研究的深入，人们发现湿地的水质净化功能同人类的生存更加密切，我们就从这个角度再反推过去研究湿地的作用和历史。

如果说生命起源在海洋，那么人的起源就是在湿地旁边。第一，当时人类进化不发达，取水会靠近河边、湖边，就是涉及关乎人生存的最基本的饮水问题。第二，当时，人的一个主要交通方式即是靠船，船就是通过湿地、河道运行的，湿地解决了交通上面的体力问题。第三，湿地上的植物水稻成为人类的主粮。这些都是湿地的功劳。

对于湿地的生态功能总结，我把在美国学习的生态系统结构与功能理论和生态结合起来，做为一个系统研究来阐明它跟人类生存的关系。自然湿地的研究，基本上是在做自然保护区，都是人类活动影响比较少的地方。起初，国内建立湿地保护区是以保护鸟类为主要目的，比如，鄱阳湖保护区的建立就是为了保护白鹤，全世界的白鹤百分之九十几都在这一保护区内。再如朱鹮也是位于阳县的湿地保护区，东北的丹顶鹤情况也是如此，扎龙等地区都是围绕着大型的野生鸟类来建保护区。后来，生态学家逐步从湿地生态学结构与功能来阐明其生态效益，认为生态效益在很多方面是不可取代的，而且是人类生存环境中必不可少的一部分。不论自然湿地、城市湿地还是人工湿地的过程都是如此。

现在综合来看，湿地的功能集中体现在它的生态系统服务功能。所谓的生态服务功能就是指那些对人类生存和生活质量有贡献的生态系统产品和生态系统功能。湿地的生态服务功能则主要体现在调节气候、涵养水源、净化水体、保持水土、物质生产、生物多样性、生物栖息地、休闲旅游、科研和教育等方面。

五、陆先生，您的研究方向又是如何从自然湿地转向城市湿地、人工湿地、结构湿地及生态修复的？

应该这样说，我的研究转向是在上海沙洲湿地、温州湿地生态园、崇明生态研究等应用性研究期间逐渐实现的。同时在研究深入的过程中，还提出了三区（自然景观区负碳，人居区近零碳，产业区低碳）整体零碳、区域零碳、四产（传统三产加环保）融合和生态对冲等概念，实现了理论与应用的有机结合。我简要介绍一下提到的几个研究项目，更具体深入的可以看我发表的几篇相关研究论文。[①]

上海沙洲湿地研究。现在的浦东机场实际上是建立在湿地上的机场。1995 年上海要建第二机场，最初选址是现今上海迪士尼主题公园的位置，由于机场的噪音、

---

① 陆健健等：《浦东国际机场生态建设与民航飞行安全》，《上海建设科技》2005 年第 1 期；王伟、陆健健：《生态系统服务功能分类与价值评估探讨》，《生态学杂志》2005 年第 11 期；陆健健：《湿地生态恢复的理论与实践》，《中国生态学会 2006 学术年会论文荟萃》；陆健健、王伟：《湿地的生态恢复》，《上海建设科技》2006 年第 2 期。

农田动迁等因素的影响，当地群众不同意。在对现今浦东机场的位置进行考察认证时，发现那里有很多候鸟，属于江滩湿地。我们之前提及的从澳大利亚越冬到西伯利亚繁殖的鹬（俗称三长鸟，即喙长、脚长、翅膀长）、鸻，这些鸟类每年迁徙，到长江口休息并补充能量和食物。如果建立机场破坏了它们的栖息地，对于这些鸟类是十分不利的。所以这个区域是这些鸟类迁徙路线上十分重要的过境或越冬栖息地。当时有关部门邀我去考察，就是希望能找到既要建好机场又要实现鸟类保护的两全其美的办法，以实现"飞鸟与飞机共享蓝天"的良好愿景。所以说，长江口九段沙湿地修复工程就来源于浦东国际机场建设过程中，为消除迁徙鸟类对机场飞行安全隐患所进行的研究。

为消除候鸟带来的飞行安全隐患，我们选择了在机场安全距离以外的邻近区域进行湿地的补偿与栖息地重建。根据对机场周边地区滩涂湿地的调查结果，经过生态调研发现距离机场选址地点约 15 千米外有一个九段沙，这是长江口一块发育过程中的河口沙洲湿地。从泥沙堆积的规律看，九段沙本身就具有滩老成陆的趋势，再从整个长江口的鸟类栖息地分布看，其位于崇明东滩和南汇边滩之间，也具备成为鸟类良好栖息地的潜力。但在修复工程实施之前，这一区域还属于基本没有植被覆盖的低潮区盐渍地，鸟类栖息空间很小。

我们是采用生态方法实现九段沙湿地修复的，主要是将沙洲用生态方法抬高，形成利于鸟类的栖息环境。在自然情况下沙洲一年长不到 10 厘米，通过生态工程，一年长 1 米多，三年就露出水面，这样就能让原来在浦东机场的鸟类转至此处觅食。我们经过近一年的研究，在 1997 年春季，精心设计了适宜的人工植被重建模式，运用人工促进植物群落快速演替的方式加快九段沙新生湿地的淤积与发育。通过人工种植芦苇和互花米草这些先锋物种的建群来拦截泥沙，加速抬升沙洲高程，促进鸟类适宜栖息地的形成。既可以容纳更多的鸟类，也能够减少鸟击飞机隐患。

我们在九段沙的中沙人工种植芦苇和互花米草，实施了面积数十平方千米的种青促淤工程。随后的跟踪调研表明，所种芦苇与互花米草面积三年内扩展了近 4 倍，相邻的海三棱藨草带也得到了发育，鸟类的饵料——底栖动物的种类与数量增长显著，鸟类的数量与多样性都成倍增加。生态工程对浦东机场鸟类数量分流强度在 70% 以上，成功达到了预定目标。工程完成两年之后，沙洲也抬高了，鸟类的密度也得到增加，同时因高潮区面积的增加而大大提升了该湿地的水质净化功能。

在沙洲湿地用生态功能方法完成这个生态工程就具有开拓性意义，这是中国第一个成功的生态工程案例，第一次用生态重建的方法来发挥这个生态工程的意义。九段沙湿地修复工程工程取得了成功，浦东国际机场也成为全球沿海 E 级机场中罕见的在新建 3 年内没有鸟撞飞机记录的机场。此工程后来获得了上海市科技进步一等奖，在社会上形成了较高的评价。2002 年，九段沙湿地自然保护区建立，2005 年上升为国家级自然保护区。

温州湿地生态园研究。温州三垟湿地地处温州市区东南角，为古海滩演变成的河网湿地，是一块典型的城市近郊河网湿地。上世纪 80 年代以来，随着区域城市化进程及温州的经济发展，人类活动对这块湿地的干扰越来越强烈，导致水质恶化，生物多样性低下，生态系统严重退化，需要采取相应的措施加以保护。此后温州市政府出于进行生态保护的目的，想要利用三垟湿地以及大罗山，建立温州湿地生态园。在温州市 2003—2020 年的城市总体规划中，特别强调将三垟湿地及与之相连的大罗山建设为未来温州大都市区的"绿心"，以改善城市生态环境。我们通过对该区域内的水文、土壤、大气、植物、陆生动物和水生动物等进行现场调研，认为三垟湿地生态建设应采用融合"景观－人居－产业"于一体的区域生态化模式。

当时在对这一湿地进行保护和重建的过程中，一方面希望利用湿地来净化水，另一方面主要是在生态系统管理方式的理论上进行提升。如何评估湿地建设的成功呢？我们提出的理论就是生态系统服务功能理论，当时温州正好提出发挥生态服务功能。简单讲，任何一个生态系统对人有利的一面，就被称为生态系统对人类的服务功能，简称生态系统服务功能。在此基础上，我们提出了十几个指标，其中有自然保护功能、资源功能、释放氧气吸收二氧化碳的功能等等。我们进行实测的同时，还从理论上进行评估，在湿地没有遭到人类干预情况下，它的功能如果完整应该是多少理论值？我们可以作一假设，理论值是 100，实际值是 70，那么要解决的就是两个问题。一个问题是生态修复，可以从理论值跟实际差值最大的角度入手，这个差值就做为生态修复的主要内容。另一个问题就是衡量生态修复的成效。预先测好理论值、实际值，在实施生态修复措施之后再进行检测。如果有些指标提高，那么就是生态的效果达到。到现在为止，我们国家其实很多方面都采纳了这一做法和理论，但从国家政治层面上还没有。原因何在？一个重要原因在于大家号召进行生态建设和生态修复，但是具体做法和指标还不尽一致。我认为，以温州湿地研究为基础得出的指标，相对比较科学，得到了国际上的认定。这个案例提示我们，生态修复必须要结合区域特点来进行深入研究。

概而言之，温州三垟湿地生态修复（2003—2005）是生态系统服务功能理论实践的一个典型案例。在我们进行现场调研和分析生态现状基础上，根据生态系统服务功能及价值分类系统和核心服务功能的概念，对它的主要生态系统服务功能进行评估，其生态系统的核心服务功能为水质净化、大气调节、生物多样性和旅游休闲。

而三垟湿地主要生态功能——水质净化功能的价值为负值，湿地生态系统处于严重退化状态。通过生态敏感因子与生态敏感区分析，我们认为采用以生态景观建设为主，兼顾生态人居和以有机农业和生态旅游为主的生态产业较为适宜，最终确定了三垟湿地生态恢复采用融合"景观-人居-产业"于一体的区域生态化模式。

崇明生态研究。我们在上海有一个崇明生态研究专门项目。崇明岛东滩在1998年圈围的区域总面积约24平方千米，除北部保留着自然芦苇群落外，大部分已经被开发为农田和鱼塘等，该区域与崇明东滩自然保护区相邻，是崇明东滩国际重要湿地的一部分。科学管理这块湿地，使它在满足人类需求的同时，兼顾周边的自然保护区建设，是当时需要解决的主要问题。我们经过对该区域大气、水质、土壤和生物情况进行全面生态调研的基础上，识别和评估了其主要的生态系统服务功能，提出由于已经建了海堤，该区域湿地的类型和性质有了很大的改变，认为在该区域应该采取重建淡水湿地，而不是简单的修复成潮间带咸淡水湿地，这样更有利于该区域的环境保护和经济发展的互动和双赢。此项生态修复策略已在崇明东滩湿地公园建设中得到应用。

另外，在长江口崇明东滩新圈围湿地的生态恢复（2000—2002）工程的研究和设计过程中，我们考虑到湿地研究不仅是为了研究野生生物，同时湿地也是和人相关的生态系统、生态环境的一个重要部分，因此需要对区域有一个大体的分工。于是，我们提出了"三区"的概念和理论，就是说任何一个区域（包括乡、县和省），可以分为三块，即民居区、产业区和生态区。在此基础上进一步提出了"区域的零碳"概念，维持区域零碳，并不是整个区域都不放碳，而是三区总量的平衡，三区之中产业区排放二氧化碳，生态区吸收二氧化碳，居住区持平，最终达到总量的平衡。零碳比低碳更加可持续，低碳对于整个社会来说还有碳的排放，其总量是增加的，并不是完整的、可持续的方案。区域零碳才是可持续的，维持亦或说至少维持现在的状态，负碳是个理想状态，很难达到，目前期望达到的是维持区域零碳的状态。

"四产融合"和生态对冲概念的提出。随着研究的逐步深入，我们又提出了新的想法，对理念进行了提升，提出"四产融合"。这涉及如何拉长产业链的问题，我们提出了使产业成为环状的设想，只有变成环状才能无限循环下去。具体来说，传统的产业分为第一产业（农业、矿业）、第二产业（加工业）、第三产业（服务业），现在要加上生态系统建设，即为第四产业。第一产业、第二产业、第三产业都对环境有负面影响，用生态建设将其连接形成环状。第一产业、第二产业、第三产业的负面影响可以通过制造正面影响的生态修复来弥补，生态修复主要利用的是生态修复工程和环保工程。这里要说明的是，环保不能作为服务业，此种说法很牵强，环境服务于第一产业、第二产业和第三产业，等同于生态系统。生态学中有生产值、消费值和分解值，而生态功能就是一个分解值，分解成为可再利用的。第一产业、第二产业和第三产业，再加上做为第四产业的生态建设，即为"四产融合"。

在提出"四产融合"概念的基础上，为了使生态建设更有针对性，我们又提出了"生态对冲"的概念。区域内的第一产业、第二产业和第三产业对生态系统的负面效应到底有多少？到底排放在哪里？如果负面效应主要是排放二氧化碳，那么生态建设主要就是吸收二氧化碳。如果是水质变坏，那么生态系统就从改善水质开始。借用经济对冲的概念，我们将其称为"生态对冲"。换而言之，三大产业产生的负面效应通过产生正面影响的生态系统对冲掉，从而营造可持续的环境。"四产融合""生态对冲"是使人类社会赖以生存的环境得以可持续发展的一个重要途径。

我还要从湿地的功能角度谈谈我从自然湿地研究转向人工湿地、结构湿地研究的情况。从湿地研究开始一直到现在，实际上我一直在做生态系统的研究。我主要是借湿地的要素和生态系统的概念，将学到的理论充实其中，从而服务于社会。我从1985年开始，在理论上一直做生态系统的探讨，包括生态系统的能量流动、物质循环以及生态的结构功能等等。当然，湿地和机场是我的主要切入点。

湿地有两方面的功能，包括自然保护功能和环境功能。湿地的自然保护功能，由鸟类涉及机场。我曾对国内130多个机场状况都作过调查，并实地去过30多个机场，沿海机场基本都去过，因为鸟的迁徙路线、湿地的分布位置与之紧密相连。环境功能方面，涉及人的发展以及污水处理问题，就是水质的净化。湿地可以化解污水，包括工业产生的工业废水和民居产生的生活污水。工业污水必须在污水处理厂处理的基础上再用湿地净化。当时江苏有人认为，通过建一个污水管道，把苏南工业发展带来的污水，排放到滩涂的湿地。这个方案认证时我坚决反对，如果真这样实施就等于在破坏湿地。中国的现状是污水处理厂处理过的水，除去氮磷可以达到四类，加上氮磷就是五类超标。生活污水、农业的化肥等问题导致氮磷大量出现，氮磷问题十分严重。因此，我的研究领域从自然湿地到人工湿地也是湿地研究上的一个重大进展，这是从理论调查到实际运用的一个过程。

另外，从环境处理角度上，湿地又包括表面流湿地和潜流湿地，潜流湿地处理水的效果比表面流湿地要高三倍以上。我的研究表明，如果可以做到四层的潜流加上一层的表面流，等于有五层，其效果是表面流的十倍。表面流湿地有净化功能，但其有两方面的缺点：一是需要有很大的空间，我们国家尤其是城市，没有那么多空间来做表面流湿地；二是北方冬季会有结冰期。这些问题可以通过潜流湿地来解决。潜流湿地，国外统一称为结构湿地。人工湿地、结构湿地的建设在我国南方都取得了成功。北方水资源相对比较短缺，水资源的利用也是一个重要的方面，我的一个博士生最近在河北省石家庄市做潜流湿地。当然这个课题还没有最后结项，还在研究中。

六、陆先生，目前您对区域绿色发展的关注存有怎样的强烈现实关怀？

我们用湿地自然生态系统的一些理论方法来解决人类的生态、环境问题，通过作研究来做一些贡献。当然，我进行研究的侧重点并不是止步于理论探讨，而是将更多精力投身于应用性研究，期望更多地解决具体的问题。

从湿地研究到建湿地公园，存在一个发展过程。我们在上海建立了我们国家第一个湿地公园。不过，崇明的湿地公园是尝试性的，真正的第一个国家湿地公园是杭州的西溪湿地。杭州的西溪湿地工程分三期，第一期是由我担任生态技术总监。我国第一个城市湿地和第一个国家湿地公园都是在我们团队的策划设计下完成的，我们做的是开创性工作。在近期，我的研究目标集中到区域绿色发展。坦率的讲，从原则上以及国家层面上来说，提出区域绿色发展这个政策是完全正确的，很有战略眼光。但是具体在不同区域，就存在不同的模式和路径，比如在山东临海地区、聊城内地以及安徽山区，就必须加以区别。不同区域的绿色发展，模式完全迥异。

举一个生态养殖的例子。多宝鱼，别名大菱鲆，是一种海鱼，雷霁霖院士将其引入到中国。多宝鱼的养殖地在山东莱州，当地养殖户在饲养的过程中，为了防止鱼苗的死亡，不断加鱼药、打激素，增加抗生素，最后被中央媒体曝光。这一事件引起了我们的注意，食品安全是一个重大的议题。从这个案例开始，经过研究和实验，现在我们发展出了一套生态养殖的方法，能应用于类似的国内所有食用鱼养殖方法。简单说，首要养好鱼的前提是高品质的鱼苗，我们就强化育苗技术。其次是水质要好，不能用污染的水来养鱼。第三是优质的饲料，这是养殖过程中非常重要的一环。第四是在不同的生长阶段有不同的管理技术。这种生态养殖模式已经获得了成功，莱州地区很多采用这种生态养殖方法的人所养出的多宝鱼已经通过了上海食药检局的检测，45个指标全部优于欧美指标，比有机鱼的指标还要好。

原因何在？其实就是水质问题，养鱼用的水是我们自己发明的净化系统净化过的水。它有以下优点，第一，不仅没有有害的污染物，而且有我们培养的微生物，可以对鱼的排泄物进行净化。第二，养鱼用水量是传统养殖户用水的百分之十，节约了百分之九十的水量，同时也减少了百分之九十的养殖污水。这是用生态养殖的方式证明了我们的成功，获得了良好的口碑。我们除了挽救多宝鱼的养殖，现在还有专门的一个团队，相继又饲养了南美白对虾、海参以及中华绒螯蟹，今年都获得了成功，饲养的非常好。

在这个基础上有一个技术性的系统，即水质的净化系统，我们最近在安徽找到了一个试点。此外，我们非常重视微生物的作用。海水里除了一些无机成分之外，一定要有海洋微生物，对微生物进行增殖培养之后再放在经净化系统净化过的水中，使死水变活水。同样，潜流湿地里也有大量有益微生物在其中，污水处理厂排放的尾水中包含的氮和磷等这一系列物质都可以由微生物来帮助解决，使之完全净化。我们将这些系统的生物和非生物组分联系起来，这实际上也就是我们一直在做的生态系统。

美国生态学家 E.P. 奥德姆及其弟弟 H.T. 奥德姆研究生态工程，专门发明了一套工程的语言，用系统学的方法，创造了系统生态学。很多参数都可以用模型线来表达，通过不断的制作模型，然后通过计算机运行来修改参数，使得我们的参数能够达到生态系统的良好运行。利用生态学的方法，对污水处理厂尾水的处理以及生态养殖，都能够产生优良的效果。比如说，多宝鱼养殖成本跟传统的养殖成本持平，但是其产量、价格不可同日而语。对于滩涂养殖，中国的发展远远没有到位，仍处于粗放、无序的状态。因此我们要进行节约性的工程化养殖，不仅可以节约大量的土地、水资源，而且可以提高效率、品质。生态是个万花镜，涉及人类生活的方方面面，因而从生态角度解决食品安全的问题，只能逐步地以点带面，逐步地推进区域的绿色发展，为实现人类的可持续发展提供有益路径。

当今地球上人类是生物圈的优势物种，如何让人类在适应地球自然演变的同时用生态学原理规范人类的行为，推进全球及区域的可持续发展，是当代生态学家义不容辞的职责。

晋冀鲁豫边区偏城县 1944 年救灾档案及文书

冯小红

（邯郸学院地方文化研究院）

1941 年至 1945 年，晋冀鲁豫边区太行区的部分县份旱灾频发。以 1943 年为例，隶属太行区五分区的涉县旱地禾苗大部枯死，"即使立刻下透雨，秋收也无大希望"，一些小山村吃水都发生困难。同属五分区的磁武县"同样没有落雨，即零星下点雨均系雹灾，青苗大部分枯萎，山上的树叶都快吃光了"。偏城的旱灾已成，"并不比涉县为轻"。六分区的武安、沙河，四分区的平顺、潞城、壶关，其旱灾也十分严重。[①] 在上述县份中，涉县、偏城的旱灾最为严重。从 1941 年至 1945 年，涉、偏二县连续 5 年大旱，尤以 1942 年、1943 年特大干旱，麦苗枯死，秋禾无种，两年绝收。1944 年、1945 年春旱之后又发生虫灾，飞蝗遮天蔽日，所过之处，树叶、禾稼俱食精光（每棵谷子平均有 50 多只蝗虫），境内饿死及野菜中毒致死者 70 余人。[②]

此次公布的档案和文书与上述灾荒有关，是太行区偏城县 1944 年救灾档案和该县西安居村的救灾账册。偏城县是晋冀鲁豫边区太行区 1940 年新设县份，该县位于涉县西北部，地处涉县和黎城县之间。据新编《涉县志》记载，偏城地区在宋代之前一直为涉县所领，元至元二年（1265 年），偏城地区 13 村划入山西省黎城县，历元、明、清三代，行政区划为黎城县凭贤乡，下分宇庄、偏城二里。1940 年 1 月，太行区将原偏城地区从黎城县剥离出来，新设偏城县。初建时，偏城县下设南、北二区，南区治所在东安居，辖西庄、偏城、横岭、郭庄、符山窑、东鹿头、西鹿头、壮口、东安居、西安居、东宇庄、西宇庄、木口、杨家庄、东峧等 15 个行政村；北区治所在寺子岩，辖西峧、畔峧、董家沟、秦家垴、圣寺岩、石峰、小峧、青塔、桑栈、南艾铺、窑门口、圪腊铺等 13 个行政村。1944 年 3 月，涉县第三区划归偏

本文是国家社会科学基金项目"太行山文书所见抗战时期文献整理与研究"（项目批准号 16BZS017）的阶段性成果。

① 《太行旱灾救济委员会关于旱灾的通知》，1943 年 7 月 27 日，山西省档案馆馆藏档案：A52-2-104-2。

② 涉县地方志编纂委员会编：《涉县志》，北京：中国对外翻译出版公司，1998 年，第 107、112 页。

城县，被设置为偏城县第三区，治所在东戌，同时划武安县马渠水、长亭、万谷城3村属该区。全县共辖行政村56个。1946年5月，偏城县撤治，所辖村庄全部并入涉县。[①] 西安居村为偏城县一区所辖行政村，距离涉县县城20公里。该村四面环山，山高沟深。

此次公布的档案共3件，均为涉县档案馆藏偏城县档案，都是1944年偏城县抗日政府为应对灾荒给各区区长和村长所发通令和通知。其中，第一件档案为《偏城县政府、农救会联合通令——突击多种春菜，度过灾荒》（民国三十三年三月二十二日，档案号2-1-8-5，2页），第二件档案为《偏城县政府通令》（民国卅三年五月廿五日，档案号2-1-8-12，2页），第三件档案为《通知——严密注意与彻底扑灭蝗虫》（民国三十三年六月十日，档案号2-1-8-13，1页）。此次公布的文书名称为《民国三十三年九月涉县西安居农民救国会救助难民物资账》（编号为HTX13B660018），该账册藏于邯郸学院太行山文书研究中心，是该中心所藏20万件太行山文书[②]中的1件，共15页面，单页尺寸为12.5厘米×26.3厘米。

偏城县政府、农救会联合通令
——突击多种春菜，度过灾荒

民国三十三年三月二十二日

各区、村长：

目前灾荒将一天比一天严重了。为了克服灾荒，渡过困难，特号召我各村多种春菜，并要求各级干部保证完成这一任务。

指示如下：

一、首先认识今年种春菜的目的与要求是为了渡过灾荒，在青黄不接的灾荒中有代食品，以充民食；否则，忽视这一工作是加重灾荒的表现。因此，我们要动员人民多种春菜，现在即要着手做动员准备工作。

二、各家每人必须保证种一分地春菜（如千穗谷、扫帚苗、荞麦芽），种谷、玉茭的地也要带上菜，如小菜、蔓菁及早熟的菜蔬，这是必需完成。同时说明种春菜

---

① 涉县地方志编纂委员会编：《涉县志》，北京：中国对外翻译出版公司，1998年，第55页。

② 太行山文书是近年来邯郸学院从晋冀豫交界的太行山地区征集的民间文书。这批文书上起明朝万历年间，下至20世纪80年代初人民公社解散前夕，目前收藏总量近20万件。与太行山文书同地域同类的民间文书在清华大学、山西大学、长治学院、上海立信会计金融学院等高校也有收藏。

并不误种秋庄稼和菜蔬。

三、种子问题。各村合作社及自己设法解决；县也要设法准备，派人到武乡购千穗谷了。关于种子，要提前准备，并要试试买来的种子发芽不发芽，以免种上不出，误了大事。

四、自阴历三月初五日至十二日定为种菜突击周，各级干部要停止其他不必要的工作来督促领导，并负责切实检查，将进行情形汇报。

以上各点希即切实遵照，认真执行。

偏城县政府通令
卅三年五月廿五日

各村长：

在这大灾荒的时候，群众生活困难，虽然不久即到麦、秋，然还有的不能过去，所以一部分贫民即向富裕者借用粮食。藉此机会，有一些人即趁机渔利，剥削贫民，以米借出，过麦、秋后超量索麦。据调查，有些村子竟有"借一斤米，还三斤麦"或"借一斗米，还二斗半麦"的惊人高利贷剥削现象，应引起我们注意。则富有者坐得重利，贫苦者则更加困苦。为了解决这个问题，特决定办法如下：

一、现在借米一斤，麦、秋后偿还麦子最多不能超过斤半。

二、现在借米一斤，如按欠粮折算（一斤六两），可双方协商行息，但利息最多不能超过三分，须按时间计算利息。

三、已经借贷者，过秋偿还时一律按此规偿还，不得按（米一斗还麦三斗，或米一斤还麦三斤等现象）原定超量还麦数目索取。

四、如有的地方不能借贷的，村公所可将灾情实况报告区公所，由区公所给予适当解决。

希各村接通令后，立即执行为要！

此令。

通知——严密注意与彻底扑灭蝗虫
民国三十三年六月十日

各村村长：

我们受到连年灾荒的痛苦，眼看麦子黄了，小苗长得很好，再努一把力，灾荒

227

快要过去了，可是现在发现蝗虫。在我们县南边、东边都有蝗虫，那里人民正在用全力去打。咱们县的三区有九个村发现蝗，也正集中一切力量去消灭蝗虫，现在已收到成绩。最近二区东安居、壮口、东鹿头一带也有蝗虫和蝗蝻，蝗虫是乱飞乱吃，它要吃我们麦子、小苗，等于吃我们的命根子。有它没我，有我没有它，我们要坚决消灭，因此就要：

一、已经发现蝗虫的村庄，要再接再厉，彻底肃清。

二、在未发现蝗虫和已肃清村庄，要随时检查，一经发现，立即组织去打。

三、发现蝗虫，要很好侦察，想好打的办法，并须随时报县。

四、发现蝗虫地区，麦子熟了，须收麦与打蝗相结合，具体组织分工。

《民国三十三年九月涉县西安居农民救国会救助难民物资账》（HTX13B660018）

第 1 页图版

救助难民物资账	民国卅十卅年九月　立	西安居農民救國會

第 1 页录文

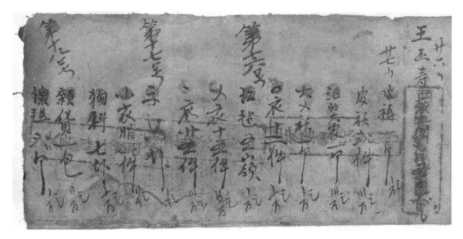

第 2 页图版

第十八号	第十七号	第十六号	廿七日	王丕寿	廿六日
線毯式个	物料七块	×衣十五件	皮裤一个		大洋捌佰五十六元
雜货一包	、子六块	、衣廿五件	汜的大裘一个		
	小衣服一件	红毡五嶺	大×袄一个		
	、衣廿五件	〇衣十二件	皮袄式件		
一万元	六万元	一万元	一万元		
二万元	二千元	五万元	三万元		
	一千元	三万元	三万元		
	三万元	六万元	一万元		

第 2 页录文

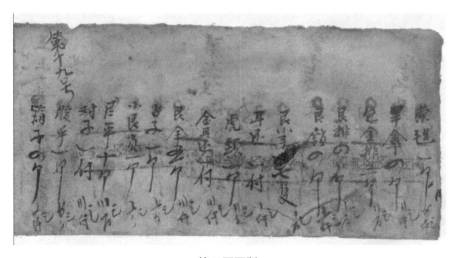

第 3 页图版

第十九号

荣毯一个	五仟元
旱伞四个	二仟元
包金排三个	二万元
银排四个	一万元
银钻四个	六仟元
银小手七隻	一万元
耳还一付	一仟元
虎头一个	二万元
金耳还一付	三仟元
银全五个	三仟元
占子一个	六万元
小银锁一个	六万元
段平十个	三万元
对子一付	三仟元
暖乎一个	五万元
箱子四个	六仟元

第 3 页录文

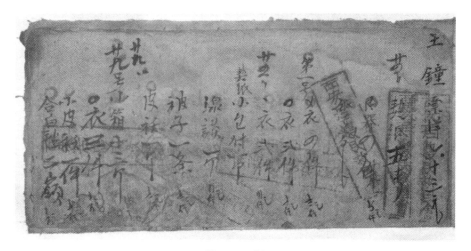

第 4 页图版

王鐘　票洋六十三元	
廿四日　契纸五張	
银器四件	五仟元
纸張一包	
第一号	
〇衣式件	
×衣四件	八仟元
廿五日　被子一条	七仟元
契纸小包付一个	
線談一个	二仟元
皮袄一个	七仟元
廿九日　、衣式件	三仟元
廿九号　小箱子三个	一千五
〇衣三件	一万元
小皮袄一件	六仟元
合白毡二嶺	一万元

第 4 页录文

第 5 页图版

第卅一号

鞋式对　　　　　　　三仟元
衣服式件　　　　　　一仟元
×衣一件
青布一块　　　　　　二仟元
白布一块　　　　　　六仟元
合白毡四嶺　　　　　一万三
包头式个　　　　　　二仟元
小手十一个　　　　　一仟元
黄曹花一个　　　　　一仟元
灵花平五个（箱内放）三仟元
水平壹个　　　　　　一仟元
鐵筆壹干　　　　　　一仟元
布代式条　　　　　　一万元
　　　　共洋十万〇五

第 5 页录文

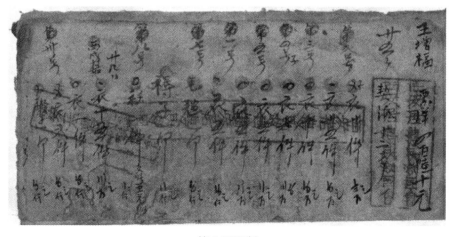

第 6 页图版

王增福　票洋四百陸十元
廿五日　契紙十二張
第弍号　好衣廿件　八万元
第三号　、衣廿五件　五万元
第四号　○衣十件　五万元
第五号　○衣七件　三万五
第六号　○衣五件　二万元
第七号　褥子一个　二仟元
第八号　○袄一件　支張至元一件
廿八日　　二仟元
西戌村取　、衣十五件　三万元
　　　　○衣一件　五仟元
第卅号　×衣式件　五仟元
　　　　×被子一个　五仟元

第6页录文

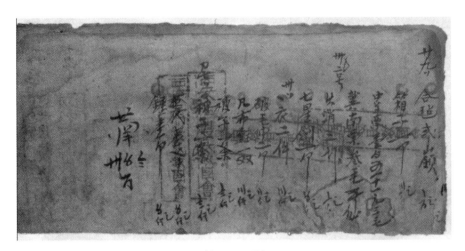

第7页图版

廿九日　合毡弍嶺　一万元
　　　　箱子一个　三百元
　　　　中羊票壹百五十一元三毛
　　　　冀南票叁毛五仙
卅二号　火消三塊　六万元
　　　　七星劍一个　五百元
卅八　　、衣二件　三仟元
　　　　凡布鞋一双　八仟元
　　　　破毛巾二个　二百元
　　　　被子一条　八仟元
初七日　被子一条　八仟元
　　　　布代壹条　五仟元
　　　　錘壹个　五仟元
　　　　　　共洋卅五万八

第7页录文

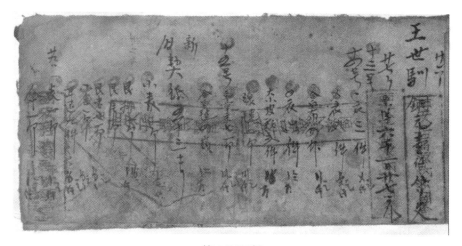

第 8 页图版

廿六日
王世馴　銅元壹仟八百文
廿七日　票洋六千一百廿七元
十三号　、
十四号　衣三件　　　　　四仟元
　　　　×衣式件　　　　八仟元
合白布四塊　　　　　　　二仟元
○衣六件　　　　　　　　一万八
十五号
大小皮袄式件　　　　　　一万五
線毯一个　　　　　　　　三仟元
文章床×一个　　　　　　三仟元
合白毡四嶺　　　　　　　一万二
新契紙五十三張
旧契紙五十三張　　　　　八仟元
小表一个　　　　　　　　一仟五
銀排一个
銀片一个　　　　　　　　五万元
銀老也一个　　　　　　　五万元
小盒一个
廿九日
耳还九件　　　　　　　　五仟元
表一个　　　　　　　　　一仟元
傘一个

第 8 页录文

第 9 页图版

233

礼冒一个　　　三百元
小盤一个　　　一百元
炉壹三个　　　二百元
茶碗三个　　　三百元
保水白一个　　一百元

卅二号
花箱一个　　　五百元
錢笸子一个　　五百元
布代三条　　　一万元

初五日
大洋四十式元
共洋九万四五

第 9 页录文

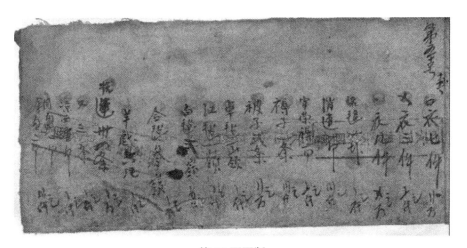

第 10 页图版

第五号
十一月十一日
〇衣七件　　　二万一
×衣三件　　　六仟元
、衣八件　　　四万元
線毯一块　　　一仟元
消遣一个　　　三仟元
宰荣褥一个　　六仟元
褥子一条　　　三仟元
被子式条　　　二万元
卓毡一嶺　　　一仟元
紅毡一嶺　　　一仟五
白毡式嶺　　　五仟元
合毡叁嶺　　　一万元
羊戲六片　　　一仟元
抗連卅四条　　一万元
又三条　　　　一仟元
凉西壹个　　　一仟元
銅盤一个　　　一仟元
勺二个　　　　三仟元

第 10 页录文

第 11 页图版

契紙五張
皮箱五个　一万元
口代叁条　一万元
共洋五十七万七九

第 11 页录文

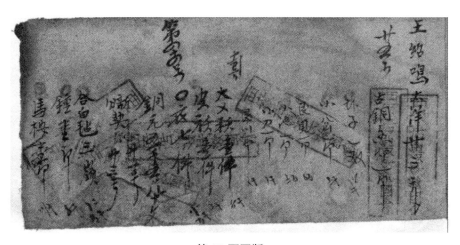

第 12 页图版

王绍鸣　大洋廿三元
廿五日　古銅香炉一个
塊子一双　一千五
小岔一个　七千
銀貝一个　五百
小池一个　七百
小刀一个　一千
銀川一个　四千
第四十四号
十一月初二日
大×袄壹件　五千
皮袄壹件　六千
○衣七件　二万一千
銅元五千五百八十文
新契紙廿一張
旧契紙廿三張
合白毡三嶺　一万二千
鐘壹个　五千
馬桜壹个　三千

第 12 页录文

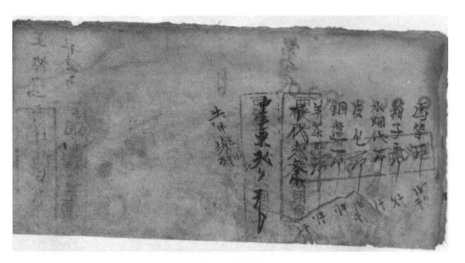

第 13 页图版

馬替一个　一千五百
箱子三个　九千
水烟代一个　一千
皮包一个　一千五
銅盤一个　二千
羊茶壺一个　二千
布代式条　六千
中羊票式百元
共洋八万九千七百元

第 13 页录文

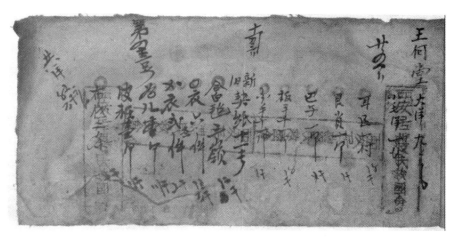

第 14 页图版

王何堂　　大洋九元

廿五日　　小毛洋一块

十一月初三日

耳还一付　　一千五

银镇一个　　一千

巴子一个　　四千

板手十一个　　一千五

分手十一个　　一千

新契纸十一张

旧契纸十一张　　一万二千

〇衣六件　　一万八千

合白毡三嶺

各一

×、衣式件　　六千

为八一个　　三千

皮袄壹个　　二千

布代二条　　六千

第四十三号

共洋五万六千元

第 14 页录文

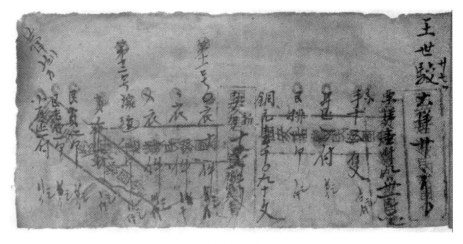

第 15 页图版

237

廿七日　王世駮

大洋廿元

票洋壹仟八百卅一元六毛

分手十三隻　　八仟元

耳还一付　　五百元

銀排一个　　一仟元

銅元壹千○九十文

契旧十七張、揭約式張

第十一号　○衣十件　　五万元

、衣一件　　一千五

×衣一件　　三仟元

線毯一个　　二仟元

鎮布一塊　　一仟元

第十二号　銀鎮二个　　五百元

銀老也一个　　五百元

小耳还一付　　二百元

共洋六万八二

第 15 页录文

研究动态

近代救灾法律文献整理与研究的回顾与前瞻

赵晓华

（中国政法大学人文学院）

中国自古是一个多灾的国家。何谓"灾"？有的学者认为，古人所谓的灾实指天灾，"是泛指水、火、旱等自然破坏力给人类社会生活或生产造成的祸害如水灾、旱灾、风灾、虫灾、地震等各种自然灾害而言的"。[1] 有的学者对"灾害"一词做出以下界定："凡是直接威胁人类生命财产和生存发展条件的各类破坏性自然异常事件就是灾害"。[2] 在与自然灾害长期作斗争的过程中，中国人民对灾害有了深刻认识，历代社会采取了多种措施抗灾救荒，所谓"救灾"，就是人们为防止或挽救因灾害而招致社会物质生活破坏的一切防护性、救助性的活动。[3] 面对自然灾害的不断侵袭，历代社会积攒了丰富的救灾经验，建立了一系列相应的救灾制度，并逐渐将相应制度法制化，制订了一系列较为完备的救灾法律制度。救灾法律制度建立的出发点，在于发起与规范救灾活动，所谓救灾法律，应当主要指国家与政府关于灾害救助的对策措施和法律规范的总和。历史上的救灾法律不仅只局限于法律条文，而是涉及救灾活动的各个方面，包含中央与地方赈济管理机构的设置与构成、赈灾具体程序和办法、灾后恢复生产生活的措施、对救灾活动的监督和评价措施等。进入近代社会以来，伴随着法律的近代转型和救灾理念的不断发展，传统的救灾法律制度因应时势，不断变化，成为中国荒政从传统走向近代的重要表现。在近代救灾法律制度发展演进的进程中，积累了大量与救灾相关的法律文献。近代救灾法律文献，主要是指国家立法机构和各级政府制定颁布的与救灾相关的法律、行政法规、行政规章、

本文为教育部哲学社会科学重大项目攻关项目"近代救灾法律文献整理与研究"（18JZD024）的阶段性成果。

① 孟昭华：《中国灾荒史记》，北京：中国社会出版社，1999年，第1—2页。

② 卜风贤：《农业灾荒论》，北京：中国农业出版社，2006年，第48页。

③ 邓拓：《中国救荒史》，北京：北京出版社，1998年，第5—6页。

法律解释等。救灾法律文献的表现形式，概而言之，主要是各类法律单行本、法律法规汇编、各类官方公报等。近代救灾法律文献详细地反映了近代不同政权救灾机制建设及运行的内容及特点，是对近代救灾事业演进历程的重要记载。以下对目前学界关于近代救灾法律的文献整理及研究的基本状况进行简要梳理和介绍，挂一漏万之处，还请专家学者多多批评。

一、近代救灾法律文献整理基本概况

1. 近代灾害文献整理的基本概况

在建立系统、严密的救灾制度的过程中，中国历代社会留下了关于自然灾害及其救治的大量历史资料。美国环境史学家约翰·麦克尼尔（John R. McNeill）认为，如果要用文字记录来重建环境史，世界上大部分地区都无法与中国相提并论，因为"在非洲、大洋洲、美洲以及亚洲的大部分，除了最晚近的时期以外，对其他时期有兴趣的历史学家们必须依赖考古学家、气候学家、地质学家、地质形态学家等等之工作"，惟有在中国，"历史学家可扮演较重要的角色"。[①] 不过，中国的灾荒史学者夏明方教授认为，麦克尼尔这一论断似乎只说对了一半。"至迟从中国第一部真正系统的史书《春秋》算起，中国之有关自然灾害的记述至少已有两千多年的历史，其数量之巨大、类型之丰富、序列之长、连续性之强，的确是世界环境史资料宝库中绝无仅有的。"[②] 自《汉书》列"五行志"有比较准确的灾荒记录出现以来，以后正史均效仿其体例记录各种灾荒事件。地方志也多按其例，对本地各种自然灾害的记载十分重视，官方档案、各类官文书、文集中都有大量的灾荒史的资料。大约从宋代开始，一批有识之士系统地总结和整理了源自官方和民间的救荒经验和赈灾措施，并著录成书，许多被当时的统治者视为救荒指南，多次刊行，流传颇广。这些文献对于今天认识历史上自然灾害的演变规律，深入了解历史时期救灾减灾的经验教训，具有重要的学术价值。

1949 年以后，服务于国家经济建设和社会安全保障的需要，各级政府和科研机构曾经动员力量，对传统文献中关于灾害的记录和信息进行了大规模的搜集、整理和汇编工作，其中产生了一些代表性成果，如《中国地震资料年表》[③]《中国地震历史

---

① 约翰·麦克尼尔：《由世界透视中国环境史》，载刘翠溶、伊懋可主编：《积渐所至：中国环境史论文集》（上），台北："中研院"经济研究所，1995 年，第 53—54 页。

② 夏明方：《中国灾害史研究的非人文化倾向》，《史学月刊》2004 年第 3 期。

③ 中国科学院地震工作委员会历史组编：《中国地震资料年表》，北京：科学出版社，1956 年。

资料汇编》①《华北、东北近五百年旱涝史料》②、清代江河洪涝档案史料丛书（中华书局，1988—1993）③、张德二主编《中国三千年气象记录总集》④、谭徐明主编《清代干旱档案史料》⑤、温克刚主编《中国气象灾害大典》⑥等。

　　1949 年中华人民共和国成立直至"文化大革命"结束，人文社会科学领域对灾荒史的研究几近停顿。这一时期，对气候灾害史料的整理主要由自然科学工作者主持。1980 年代以来，灾荒史作为社会史的一个分支，取得了突破性的发展。中国人民大学李文海教授于这一时期率先成立"近代中国灾荒研究课题组"，该课题组先后出版了《中国近代灾荒纪年》及其续编，这两部著述的撰写，"查阅了大量的官方文书、文集、笔记、书信、日记、地方志、碑文以及报纸杂志，尤其是查阅了清宫档案，摘录了历年各省督抚等官员就各地灾情向清政府的报告，共搜集、整理数以百万字计的有关资料，并在此基础上详加考订甄选，条分缕析"，"采取传统的编年体的形式，对历年全国发生的各类重大的自然灾害，分别省区，予以说明，尽可能将各地自然灾害发生的时间、地点、受灾的范围和程度加以详细介绍，而且对灾区人民的生活状况、清政府救荒措施及其弊端予以说明"，系统地呈现了"近代史上自然灾害的概貌和受灾地区的具体情况"。⑦ 不过，因为体例所限，《中国近代灾荒纪年》及其续编偏重于对近代以来各年各省灾情的叙述与呈现，对于救灾部分的内容虽有所涉，但是较为有限。2010 年，李文海、夏明方、朱浒主编的《中国荒政书集成》⑧出版，该书收录中国历史上救荒文献 185 种，近 1300 万字，是迄今国内外第一部系统、完备的中国荒政资料汇编。这套书所涉及的内容，上起先秦，下迄清末民初，时间跨度数千年，大体上反映了先秦至清末中国救荒思想和救荒实践的概貌。该书与《中国地震资料年表》、清代江河洪涝档案史料丛书、《中国近五百年旱涝分布图集》一起，被称为中国灾害史研究的四座

---

① 谢毓寿、蔡美彪主编：《中国地震历史资料汇编》，北京：科学出版社，1985 年。

② 中央气象局研究所等编：《华北、东北近五百年旱涝史料》，中央气象局研究所等，1975 年。

③ 包括《清代珠江韩江洪涝档案史料》《清代黄河流域洪涝档案史料》《清代长江流域西南国际河流洪涝档案史料》《清代淮河流域洪涝档案史料》《清代辽河、松花江、黑龙江流域洪涝档案史料，清代浙闽台地区诸流域洪涝档案史料》等，北京：中华书局，1988—1993 年。

④ 张德二主编：《中国三千年气象记录总集》，南京：江苏教育出版社，2004 年。

⑤ 谭徐明主编：《清代干旱档案史料》，北京：中国书籍出版社，2013 年。

⑥ 温克刚主编：《中国气象灾害大典》，北京：气象出版社，2005—2008 年。

⑦ 李文海等：《近代中国灾荒纪年》，戴逸序，长沙：湖南教育出版社，1990 年，第 3 页。

⑧ 李文海、夏明方、朱浒主编：《中国荒政书集成》，天津：天津古籍出版社，2010 年。

里程碑。[①]

此外，近些年来，关于赈灾的大部头的史料汇编，还有赵连赏、翟清福主编的50册的《中国历代荒政史料》[②]、全国图书馆文献缩微复制中心《清光绪筹办各省荒政档案》[③]、中国社会科学院经济研究所编《清道光至宣统间粮价表》[④]等。另外，对于近代救灾史的研究而言，国家图书馆辑录民国时期有关赈灾的文献，将其影印出版，现已出版《民国赈灾史料初编》（共 6 册 12 种）及《民国赈灾史料续编》（共 15 册 67 种）、《民国赈灾史料三编》（共 32 册 150 种）。此系列丛书收录北洋政府、国民政府以及中国华洋义赈救灾总会的赈灾文献，文献载体包括灾情调查、政府公文、法律法规、灾区写真、对策建议、赈灾指南、培训讲义、总结报告、学术著作等，成为研究民国救灾史非常重要的参考资料。

2. 近代法律文献整理的基本概况

从法律法规文献整理来看，清末法律改革前，清朝的救灾法律主要反映在会典、则例、《大清律例》等行政、刑事法典中，还反映在省例、救灾章程等地方性、临时性的法律规范及其汇编中。1909 年，北京政学社所编《大清法规大全》41 册出版。1910 年，商务印书馆编译所编辑出版《大清新法令》，含《大清光绪新法令》20 册，《大清宣统新法令》35 册。民国以来，出版的法律汇编资料非常丰富。综合性的法规汇编中，蔡鸿源主编的《民国法规集成》共 100 册，搜集了整个民国时期中国国内各个政权曾经公布的各项法规及历年公报所载具有法律性质的官方文书，各部分中的法规按其性质分为：根本法、国会议会、官制官规、行政、立法、司法、考试、监察、党务等九大类；其行政类又分为内政、社会、军政国防、财政金融、实业经济、文教卫生、交通邮电、外交侨务等项。[⑤] 1937 年商务印书馆出版、徐百齐编辑的《中华民国法规大全》全十一册，展示了中国近代国家立法的过程，其第一册包括根本法、民法、刑法、民诉、刑法、刑诉、官制官规，第二册至第八册均为行政法，包括内政、外交侨务、军政、财政、实业、教育、交通等，第九册为立法、司法、考试、监督、党务等内容，第十册为补编，另有四角号码索引一册。华东政法

---

① 高建国语，引自夏明方《大数据与生态史：中国灾害史料整理与数据库建设》，《清史研究》2015年第 2 期。

② 赵连赏、翟清福主编：《中国历代荒政史料》，北京：京华出版社，2010 年。

③ 全国图书馆文献缩微复制中心：《清光绪筹办各省荒政档案》，影印本，2008 年。

④ 中国社会科学院经济研究所编：《清道光至宣统间粮价表》，桂林：广西师范大学出版社，2009 年。

⑤ 蔡鸿源主编：《民国法规集成》，合肥：黄山书社，1999 年。

大学法律史研究中心组织整理的《清末民国法律史料丛刊》(上海人民出版社,2014)包括清末民国时期法学教材、法律工具书、法规等内容,系统地反映了当时历史背景下法学研究、教学及相关读物的出版情况,对于全面理解清末民国时期中国的法制状况以及中国建设近代法制的进程,具有较高的学术意义。国家图书馆民国时期文献保护中心与中国社会科学院近代史研究所合作出版大型民国丛书《民国文献类编》(国家图书馆出版社,2015)及其续编(2018),其中法律卷包括地方和中央法规汇编,各种法律著作,立法、司法文献等,由于其选目以存世较少、较为珍稀的官方出版物、内部文件为主,因此史料价值较高。

从民国不同政权的角度出发,出版的法规汇编有国民政府秘书处编的《国民政府法令汇编》(1926),国民政府法制局编的《国民政府现行法规》(1928—1936),国民政府文管处印铸局编的《国民政府法规汇编》(1931—1948),司法行政部编纂室所编《新增中华民国法规大全》(1941)等。另外,还有(伪)国务院法制处编的《满洲国法令辑览》(1934—1939),(伪)中华法令编印馆编译的《中华民国新六法》(1939)《现行中华民国法令辑览》(1939—1940)等。革命根据地的法律文献汇编,主要包括晋冀鲁豫边区政府编的《晋冀鲁豫边区政府法令汇编》(1945)[①]、晋察冀边区行政委员会编的《现行法令汇集》(1945),韩延龙、常兆儒《中国新民主主义革命时期根据地法制文献选编》[②]、张希坡编著《革命根据地法律文献选辑》[③]等。

从部门法来看,关于行政法的汇编,主要有余绍宋编纂《行政法规》(1919)[④]、吴树滋编《现行行政法令大全》(1930)[⑤]、河北省地方行政人员训练所《现行行政法规》(1933)[⑥]、社会部京沪区特派员办事处编印《社会法规汇编》(1945)[⑦]、振务委员会秘书处所编《振务法规汇编》(1936)[⑧]等等。

不少省市也颁布了地方行政法规汇集,如《北平市市政法规汇编》(1934、1937)[⑨]、

[①] 《晋冀鲁豫边区政府法令汇编》,韬奋书店,1945年。

[②] 韩延龙、常兆儒:《中国新民主主义革命时期根据地法制文献选编》,北京:中国社会科学出版社,1984年。

[③] 张希坡编著:《革命根据地法律文献选辑》,北京:中国人民大学出版社,2017—2019年。

[④] 余绍宋编纂:《行政法规》,公慎书局,1919年。

[⑤] 吴树滋编《现行行政法令大全》,上海:世界书局,1930年。

[⑥] 河北省地方行政人员训练所编:《现行行政法规》,河北省民政厅第四科,1933年。

[⑦] 社会部京沪区特派员办事处编印:《社会法规汇编》,1945年。

[⑧] 振务委员会秘书处编:《振务法规汇编》,1936年。

[⑨] 北平市政府参事室编:《北平市市政法规汇编》,北平市社会局救济院印刷组1934、1937年印。

北平市政府秘书处编《北平特别市市政法规汇编》①、《上海市市政法规汇编》（1928—1935）②、《山西省单行法规汇编》（1935、1936 和 1937）③、《河南省政府法规辑要》（1928）④、湖北省政府民政厅编辑《民政法规汇编》⑤《湖南省现行法规汇编》（1934）⑥、《江苏民政厅法规条教纂要》（1928）⑦、《浙江省现行建设法规汇编》（1936）⑧、《福建省单行法规汇编》（1936）⑨，《广东省社会行政法规汇编》（1942）、《广西省现行法规汇编》（1932—1939）⑩、《四川省现行法规汇编》（1940）⑪、《西康省单行法规汇编》（1940）⑫、《贵州省现行条规类编》（1930）⑬ 等等。

二、关于近代救灾法律的已有研究

　　学界目前明确以近代救灾法律为专题的研究成果尚为少见，在传统政法合一的社会，救灾法律制度当属于救灾制度史的研究范畴之下，20 世纪以来，救灾制度史的研究是灾害史研究中成果较为丰硕的一个领域，这里对近代救灾制度史的相关研究做一个简要回顾。

　　学术界大都把 20 世纪 20 至 40 年代看作是中国灾荒史研究的起步阶段。1937 年，邓拓所著的《中国救荒史》由商务印书馆出版，该书是中国第一部较为完整、系统、科学地研究中国历代灾荒及救荒思想的专著。此外，冯柳堂《中国历代民食政策史》⑭、王龙章《中国历代灾况与赈济政策》⑮也对历代救灾制度、救灾政策做了

---

① 北平市政府秘书处编：《北平特别市市政法规汇编》，1929 年铅印本。

② 上海市政府编：《上海市市政法规汇编》，上海市政府，1928—1935 年。

③ 山西省政府编：《山西省单行法规汇编》，山西省政府，1935、1936、1937 年。

④ 河南省政府秘书处编：《河南省政府法规辑要》，河南省政府秘书处，1928 年。

⑤ 湖北省政府民政厅编：《民政法规汇编》，湖北省政府民政厅，1932 年。

⑥ 湖南省政府秘书处编：《湖南省现行法规汇编》，1934 年。

⑦ 江苏省政府民政厅编：《江苏民政厅法规条教纂要》，江苏省政府民政厅，1928 年。

⑧ 浙江省建设厅第一科编译股编：《浙江省现行建设法规汇编》，浙江省建设厅第一科编译股，1936 年。

⑨ 福建省政府秘书处法制室编：《福建省单行法规汇编》，福建省政府秘书处公报室，1936 年。

⑩ 广西省政府秘书处编：《广西省现行法规汇编》，广西省政府秘书处，1932—1939 年。

⑪ 四川省政府秘书处法制室编：《四川省现行法规汇编》，四川省政府秘书处法制室，1940 年。

⑫ 西康省政府秘书处法制室编：《西康省单行法规汇编 》，西康省政府秘书处庶务股，1940 年。

⑬ 贵州省政府秘书处辑股编：《贵州省现行条规类编》，贵州省政府秘书处，1930 年。

⑭ 冯柳堂：《中国历代民食政策史》，北京：商务印书馆，1934 年。

⑮ 王龙章：《中国历代灾况与赈济政策》，重庆：独立出版社，1942 年。

初步描述。1980 年代以来，灾荒史作为社会史的一个分支，取得了突破性的发展。1990 年代以后，灾荒史研究日益受到关注，相关研究成果层出不穷。综合性的研究中，主要成果有赫治清主编《中国古代自然灾害与对策研究》[①]，陈桦、刘宗志《救灾与济贫：中国封建时代的社会救助活动（1750—1911）》[②]，袁祖亮主编《中国灾害通史丛书》[③]等。断代史的研究中，李向军《清代荒政研究》[④]是这一时期较有代表性的专著。作者较为全面系统地论述了清代的救灾程序，救荒措施，荒政与吏治、财政的关系，以及荒政的实际效果，该书被称为迄其出版为止"对清代荒政最有成就的研究"。[⑤]

从断代史的灾荒史研究而言，近代灾荒史研究相对起步较早，中国人民大学李文海教授于这一时期率先成立"近代中国灾荒研究课题组"，该课题组先后出版了《中国近代灾荒纪年》《中国近代灾荒纪年续编》《灾荒与饥馑：1840—1919》《中国近代十大灾荒》等系列著作，这些研究成果从资料与理论方面均拓宽了灾荒史的研究路径，尤其带动了一批学者开始从事相关领域的研究，灾荒史研究的学术队伍逐渐扩大。相关的主要研究成果，还有康沛竹《灾荒与晚清政治》[⑥]、朱浒《地方性流动及其超越：晚清义赈与近代中国的新陈代谢》[⑦]、张艳丽《嘉道时期的灾荒与社会》[⑧]等。就民国灾害史研究而言，夏明方《民国时期自然灾害与乡村社会》对民国时期自然灾害与乡村社会各个方面的互动关系进行了系统分析，揭示了自然灾害生成、演化的规律、特征及其在乡村社会层层扩散的过程，论述了自然灾害与人口变迁、乡村经济、社会冲突的关系，指出灾害源与社会脆弱性的相互作用[⑨]。蔡勤禹《国家社会与弱势群体——民国时期的社会救济（1927—1949）》[⑩]、武艳敏《民国时期社会救灾

① 赫治清主编：《中国古代自然灾害与对策研究》，北京：中国社会科学出版社，2007 年。

② 陈桦，刘宗志：《救灾与济贫：中国封建时代的社会救助活动（1750—1911）》，北京：中国人民大学出版社，2005 年。

③ 袁祖亮主编：《中国灾害通史丛书》，郑州：郑州大学出版社，2009 年。

④ 李向军：《清代荒政研究》，北京：中国农业出版社，1995 年。

⑤ 李根蟠：《荒政研究中的拓荒之作》，《中国社会科学》1996 年第 3 期。

⑥ 康沛竹：《灾荒与晚清政治》，北京：北京大学出版社，2004 年。

⑦ 朱浒：《地方性流动及其超越：晚清义赈与近代中国的新陈代谢》，北京：中国人民大学出版社，2006 年。

⑧ 张艳丽：《嘉道时期的灾荒与社会》，北京：人民出版社，2008 年。

⑨ 夏明方：《民国时期自然灾害与乡村社会》，北京：中华书局，2000 年。

⑩ 蔡勤禹：《国家社会与弱势群体——民国时期的社会救济（1927—1949）》，天津：天津人民出版社，2002 年。

研究：以1927—1937年河南为中心的考察》①、杨琪《民国时期的减灾研究（1912—1937）》②、孙绍骋《中国救灾制度研究》（商务印书馆，2004）③等著述，均对民国时期减灾立法或社会救济立法有所关注。

在对历史上的救灾法律制度进行的专门性研究中，主要研究成果有赵晓华所著的《救灾法律与清代社会》④、杨明《清代救荒法律制度研究》⑤。曾桂林《民国时期慈善法制研究》是关于民国时期慈善法制的一部系统性论著，该书详细介绍了民国时期慈善立法的内容和慈善组织等。⑥此外，王建平《减轻自然灾害的法律问题研究》一书是"国内有关运用法律机制进行防灾减灾的第一部学术专著"，该书分防灾减灾法理、灾民赈灾和减灾责任三编，分十章对防灾减灾的法律机制及其可行性进行了深入论述，该书对研究历史上的救灾法律机制，同样具有一定的借鉴意义。⑦

总体而言，已经有的专门性的关于救灾法律的研究，主要集中于清代，对近代救灾法律制度的内容、演变特点等，则尚缺乏系统的专题性研究。

国外的相关研究中，美国学者艾志端（Kathryn Edgerton-Tarply）《海外晚清灾荒史研究》一文对西方学术界20世纪以来的中国灾荒史研究予以评述，她认为，作为一个"成果丰硕、发展成熟的领域"，西方的中国灾荒史研究涵盖多个方面，比如世界史上的清代救灾活动，饥荒与中国的政治经济学、人口统计学、生态学的相互影响，救灾和清政府的功能，对饥荒的文化和宗教反应等多个问题。⑧在清代救灾制度史方面，学术影响较大的当推法国学者魏丕信（Pierre-Etienne Will）《十八世纪中国的官僚与荒政》一书。该书以方观承《赈纪》所载的1743—1744年直隶大旱灾的赈济活动为中心，通过使用大量的明清档案及赈灾手册、行政法规汇编、地方志及文集等史料，对明清荒政问题予以全方位研究。美国学者李明珠（Lillian M. Li）的专著《华北的饥荒：国家、市场与环境恶化（1690—1949）》⑨立足近三百年间的华北变

---

① 武艳敏：《民国时期社会救灾研究：以1927—1937年河南为中心的考察》，北京：中国社会科学出版社，2014年。

② 杨琪：《民国时期的减灾研究（1912—1937）》，济南：齐鲁书社，2009年。

③ 孙绍骋：《中国救灾制度研究》，北京：商务印书馆，2004年。

④ 赵晓华：《救灾法律与清代社会》，北京：社会科学文献出版社，2011年。

⑤ 杨明：《清代救荒法律制度研究》，中国政法大学出版社，2014年。

⑥ 曾桂林：《民国时期慈善法制研究》，北京：人民出版社，2013年。

⑦ 王建平：《减轻自然灾害的法律问题研究》，北京：法律出版社，2008年。

⑧ 艾志端：《海外晚清灾荒史研究》，《中国社会科学报》2010年7月22日。

⑨ 李明珠：《华北的饥荒：国家、市场与环境恶化（1690—1949）》，石涛等译，北京：人民出版社，2016年。

迁，将制度运作及具体赈案相结合，对华北不同时期的救灾模式进行了梳理，阐述了环境的变迁与灾害的关系，以及对经济社会的长期影响。艾志端《铁泪图：19世纪中国应对饥荒的文化反应》①以"丁戊奇荒"为例，考察了饥荒中的女性，探讨了儒家在中国人面对饥荒反应时的重要作用。杰弗里·施奈德《干旱咒语：中华晚期帝国的祈雨与地方政府》②运用近代报刊，主要阐释了清代官方祈雨的思想基础、皇家与地方官府祈雨的特点等等。由上可见，海外学者的研究中，通过某次自然灾害的发生或者某项救灾制度，透视中国近代政治、文化与灾荒之间的深刻关系，甚至把中国的饥荒放在世界范围内进行考察，这些研究可以说拓宽了灾荒史的研究视野。但就中国近代救灾法律的研究，还基本付诸阙如。

三、近代救灾法律文献整理与研究的前瞻

1. 现有研究中可继续探讨的空间

如前所述，近代灾害史料和法律史料非常丰富，从民国迄今为止，很多学者或相关机构对灾害记录、法律文献进行了大规模的整理与出版，将深藏于故纸堆中的史料发掘出来，使之重现于世。就灾害史料的整理而言，自然科学研究者与人文社会科学学者在资料整理方面的合力，也反映了灾荒史研究中自然科学与人文社会科学的相互渗透融合。晚清以来，关于不同时期法律法规资料的汇集和整理，也为近代法律史研究提供了丰富的资料基础。但是，新时期灾害史、法律史发展的研究态势在文献整理方面提出了更新的要求。从近代灾害史、法律史的发展脉络和前景来看，我们认为，现有的相关文献整理与研究仍有不少可进一步探讨、发展或突破的空间，主要表现在以下几个方面：

① 缺乏对近代救灾法律文献的专题类整理。

从文献整理的角度来看，虽然关于灾害史和法律史的近代的文献均堪称宏富，大力发掘、整理和编纂相关史料，一直是灾害史、法律史学界的重要努力方向，但目前尚未有专门针对救灾法律制度的专题文献整理，关于救灾法律文献散见于灾害史料或清代、民国法规资料整理中。既有的资料整理之外，仍有大量救灾法律资料散见于档案、地方志、文集、政府公报、报刊、碑刻资料、民间文献等史料中，亟

---

① 艾志端：《铁泪图：19世纪中国应对饥荒的文化反应》，曹曦译，南京：江苏人民出版社，2011年。

② Jeffrey Snyder-Reinke, *Dry Spells, State Rainmaking and Local Governance in Late Imperial*, Harvard University Asia Center, 2009.

待进行专题性整理。

②**对以近代为断限的灾害史料整理尚待加强。**

就灾害史料来讲，多以几千年或近五百年作为研究尺度，虽然有不少包括近代在内，但并未将其作为独立的对象予以处理。如《中国荒政书集成》，将历代反应灾情与救灾的专门文献进行标点后汇总出版，该书汇集大量特定的灾害事件及其救治，有助于对救灾制度、含救灾法律的具体运作进行探讨，但是该书下限为清末，对于民国的许多重要救灾文献基本没有收入。实际上，与此前其他时期相比，近代遗留下来的救灾史料最为丰富与多样，其与当代社会相接轨，最能反映近百多年来自然环境变动与救灾机制嬗变的过程，从而为今天的防灾减灾机制建设提供更为直接的历史借鉴。

③**文献利用的便利性有待拓展。**

从文献学的角度看，既有的相关史料整理，多将原始文献按照专题分类后直接影印。如《中国历代荒政史料》《民国赈灾史料初编》及续编、三编、《民国法规集成》等，此类型资料规模庞大，又系影印，好处是便于保存史料原貌，方便进行核对，不便之处在于书籍部头庞大，价钱昂贵，不利于读者利用检寻。

④**专题研究尚待深化。**

在近代救灾法律的相关研究方面，经过几代学人的努力，关于近代救灾制度的相关研究成果可谓宏富。但是，总体来看，大多数的研究成果多注重对救灾制度的社会意义和经济史意义的考察，对救灾法律制度虽然有所涉及，但远不够系统而详细。与救灾法律制度相关的研究成果中，或者集中于清代，或者集中于民国的某一个时期，尚缺乏对中国近代救灾法律制度的专门性研究。在救灾制度运作的实效及原因方面，多半把财政匮乏、吏治腐败看作是近代荒政衰败的重要原因，但是，对救灾制度赖以实现的官僚体系及政治机制，还缺乏全面的系统的分析。另外，对近代救灾法律制度的立法史的研究散见于相关著述中，缺乏专门的梳理。从资料的利用来看，中国第二历史档案馆馆藏的许多档案资料还未得到充分利用，对近代地方性救灾法规除了零星的探讨外，缺乏丰富深入的利用和探讨，在近代报刊的利用上，对如《申报》《大公报》《中央日报》之类的全国性报刊利用尚显不够，诸多公报、赈务报告等的分析与利用也鲜见诸该领域，亟待进行加强整理；另外，大量的地方志、文史资料、碑刻史料的价值也需要在学者的研究中进一步得到体现。

2. 深化学科交叉：近代救灾法律文献整理与研究的学术价值

陈寅恪先生曾说："一时代之学术，必有其新材料与新问题。取用此材料，以研求问题,则为此时代学术之新潮流。"21世纪的中国历史学面临着前所未有的史料新革命。从学科交叉的视角而言,对近代救灾法律制度进行文献整理与研究,有助于将灾害史或法律史学界已经完成或正在建设中的其他各种类型的资料整理工程相互衔接,互相补充,从而将历史学和法学的研究方法结合起来,有助于推动灾害史和法律史向纵深发展,并推进史学为社会服务的步伐。文献整理与理论创新是相辅相成的。在近代中国这样一个极具复杂性、变革性的时空中,传统荒政开始近代转型,政府和社会的救灾理念和思想也受外力影响,发生重大变化。另一方面,近代中国的法律制度变革亦是如此:它既是中国传统法律文明的近代转型,也是中国传统法律的现代化。不同的救灾模式先后出现,甚至同时运行,救灾法律制度的发展脉络表现为传统和现代并存、东西方救济思想、法律精神共生的特点。如果我们把中国历史学的考据传统与当代灾害学、法学研究的最新分析方法、技术手段和研究理念充分结合起来,相信能够积极推动灾害史研究中人文社会科学与自然科学的有机融合,深入探讨灾害救治中人与自然的互动关系,推动历史学和法学研究的深度融合,促进和推动中国灾害史研究范式的转换。

从灾害史的研究动态来看,大大加强从社会角度对自然灾害的观察与研究,加强自然科学和社会科学之间的学科交叉和渗透,已经成为学术界深化灾害史研究的共识。在灾害史的研究方法上,许多学者提出应当充分运用多学科的角度,比如,注重灾害史与社会学、人类学、法学、政治学等等的结合。如果结合社会史与法律史、制度史的研究方法,以救灾法律与近代社会作为研究对象,相信能够为深化中国灾荒史研究提供新的视角,拓宽相关学科的研究领域。法律史本身也属于法学和历史学的交叉学科。上世纪90年代以后,学界曾对法律史学科研究方向应该"法学化"还是"史学化"产生了热烈争论。有些学者指出,法律史研究应该放弃先入为主的理论预设,回到历史情境中去思考问题,运用档案材料把当时的具体问题陈述清楚,可以更准确地呈现史事的真相。[①]法律制度不再是脱离了历史情境、独立于其他社会因素之外的宏大叙事框架,而应是以人为中心的、立足具体时空坐标点的多种问题的整合。因此,如果通过对近代救灾法律文献的整理,对近代救灾法律制度的立法史进行研究,并对处于纷繁复杂的时代背景下的近代救灾机制的变化及特点进行系统分析,有助于加强以往研究中的薄弱环节,促进史学和法学两个学科研究方法的融通,从而为准确、清晰地揭示近代国家救灾事业的演进提供更为丰富的资料基础和理论解析。

---

① 里赞:《司法或政务:清代州县诉讼中的审断问题》,《法学研究》2009年第5期。

有鉴于此，中国政法大学拟与河北大学、西北政法大学、中国人民大学、云南大学等兄弟单位联手，对近代救灾法律文献整理与研究进行联合攻关，本课题拟立足于已有的资料整理基础，对近代档案、各类官文书、荒政书、地方志、报刊等史料进行搜集、爬梳、校核，对近代救灾法律文献进行专题式、全方位的系统整理，力争将相关文献点校整理出版，并将其逐步数位化，在此基础上，对近代救灾法律制度的内容、机制及其演进轨迹和特点，进行全面分析和研究，以期进一步推动近代灾害史、法律史等的研究，并为当前国家救灾法律建设和减灾工程建设提供更为准确、全面的史料基础和学术借鉴。

3. 提供历史借鉴：近代救灾法律文献整理与研究的现实关怀

自然灾害是人类生存和发展的巨大威胁。我国是世界上自然灾害最为严重的国家之一，自然灾害的频繁发生至今仍是经济建设进一步前进极其重要的制约因素。习近平同志指出："同自然灾害抗争是人类生存发展的永恒课题"。爱惜和保护自身赖以生存的生态环境、正确处理人与自然之间的关系问题，已经成为当今社会重要的时代课题。当前，党和国家把生态文明建设放在突出的战略位置，党的十八大把生态文明建设纳入中国特色社会主义事业"五位一体"总体布局，首次把"美丽中国"作为生态文明建设的宏伟目标。十八届五中全会提出"五大发展理念"，将绿色发展作为"十三五"乃至更长时期经济社会发展的一个重要理念。党的十九大提出全面"提升防灾减灾救灾能力"的要求，将建设生态文明提升为"千年大计"，并首次提出了"社会主义生态文明观"，强调人与自然是生命共同体，人类必须尊重自然、顺应自然、保护自然。2018 年 5 月 12 日，习近平同志致信汶川地震十周年国际研讨会，强调指出人类对自然规律的认知没有止境，防灾减灾、抗灾救灾是人类生存发展的永恒课题。科学认识致灾规律，有效减轻灾害风险，实现人与自然和谐共处，需要国际社会共同努力。中国将坚持以人民为中心的发展理念，坚持以防为主、防灾抗灾救灾相结合，全面提升综合防灾能力，为人民生命财产安全提供坚实保障。在这样的时代背景下，研究和总结历史上防灾、救灾、减灾的经验教训，尤其具有重要的实际意义。

从救灾法律机制的建设来看，毋庸置疑，中华人民共和国成立七十年来，随着防灾救灾能力的不断提高，在党和国家的正确领导下，中国人民战胜了一次又一次的特大灾害，积累了丰富的救灾经验。在防灾救灾法律制度的建设上，业已颁行了一系列的救灾法律、法规。加强减灾救灾工作的法制化建设，依法减灾救灾，关乎国人健康幸福，国家长治久安。1980 年代以来，我国按照"一事一法"的模式，按照灾害种类，分别逐步制定了相关法律法规，在防洪抗旱、防震减灾、防沙治沙、防治地灾、防御气象灾害、保护环境等方面基本做到了有法可依。如在法律层面，制定了《防洪法》《防震减灾法》《气象法》《环境保护法》《防沙治沙法》《消防法》等，行政法规方面，制定了《防汛条例》《破坏性地震应急条例》《地质灾害防治条例》等。此外，还有大批与之相应的地方性法规、行政规章、应急预案等。2010年9月1日，《自然灾害救助条例》也正式施行。但是，目前我国救灾立法的状况仍然亟待发展和完善，单行法还远远应付不了难以预测的巨灾，综合性防灾救灾法律体系的建构成为时代之需。另外，目前的救灾机构依然存在着职能交叉、分工不明确等问题。因此，有必要制定一部各种防灾减灾救灾法律法规和规范性文件的上位协调法，即《中华人民共和国灾害基本法》，作为我国防灾减灾救灾新体制形成的标志性法律。总之，加快灾害管理的立法，把灾害管理纳入到国家一般管理体制之中，建立符合我国国情的防灾救灾法律体系已经成为一件当务之急的大事。在这样的时代背景下，深入探究近代救灾法律制度的基本状况，了解救灾法律运作的特征及效果，尤其具有现实意义。近代社会与当代中国在时间上紧密相连，在救灾法律制度建设上，近代社会既承接传统荒政的经验，又吸收西方救灾理念及制度的精华，在救灾法律制度建设上做了种种努力和实践。特别是中国共产党领导的革命根据地，在长期实践中形成了救灾的"太行模式"，即将政府救济、社会互助与人民自救完全结合起来，这一救灾制度，为中华人民共和国成立之后的救灾制度建设奠定了基础。因此，对近代救灾法律文献进行深入发掘、整理和研究，必将有助于我们在深入总结救灾经验的基础上，为建设及完善当今的防灾减灾法制体系，强化国家应急机制，找寻人与自然和谐相处的途径等等提供历史的借鉴。

以水为镜：论唐纳德·沃斯特的《帝国之河》的贡献

梅雪芹

（清华大学历史系）

　　唐纳德·沃斯特是环境史学的一位创始者和领军人物，他不仅比较早地为环境史做了界定，而且一直在环境史领域积极开展实证研究，因而为学界和社会做出了巨大贡献。《帝国之河：水、干旱与美国西部的成长》（以下简称《帝国之河》）即是其贡献的环境史佳作之一。如果说，《尘暴：1930 年代美国南部大平原》（以下简称《尘暴》）因其跨学科特点、个案研究范例以及人文情怀的突出表达，为环境史研究如何开展做出了示范性贡献，[①] 那么，继《尘暴》之后，《帝国之河》又为我们思考环境史的问题提供了一个范本。在这里，作者力图阐明解释美国西部及其历史意蕴的全新视角，自水而始，至水而终，通过灌溉渠的水流来映照和求索美国西部历史之真，由此贡献了一部以水为镜、看自然与文化和历史的形成之间的密切联系，进而论及社会发展和文明兴衰问题的佳作。尽管这部著作自问世伊始即引起不小争议，但这丝毫不影响其作为环境史经典一直被传诵，并赢得越来越多的读者。于我本人，这部著作启发颇多。在此，我聚焦于它如何探讨自然并阐述人与自然的关系而论。

　　自然以及人与自然的关系，几乎是一切自然科学和人文社会科学之学科的根基，由此，自然之问和自然之思，成就了自然科学和人文社会科学的问题域（problem domain）与解题集（problem set）。环境史，作为新兴的交叉学科，对自然为何以及人与自然关系如何的追问和探寻，也是其最基本的工作，自初兴之时，这一点就毫不含糊。沃斯特较早为环境史做出界定："环境史探讨自然在人类生活中的作用和地位。它研究过去的社会与非人类世界所发生的一切互动；而在任何原初意义上，我们人类并没有创造这个世界。"这样，"探讨自然在人类生活中的作用和地位"，"研究过去的社会与非人类世界的一切互动"，自环境史开创伊始就随着沃斯特等人的

---

　　① 关于《尘暴》的示范意义，参见侯文蕙：《〈尘暴〉及其对环境史研究的贡献》，《史学月刊》2004年第3期。

著述和弘扬而被接受，并日益成为人们解读环境史研究对象的准心。当然，这只是对环境史研究对象的抽象概括，而且就自然之"问与思"而言，这样的概括尚不足以明确环境史在研究这类问题时，其问题意识和解答要义究竟有什么特征，又新在哪里。于是，沃斯特通过实证研究向学界展示，他所说的环境史意欲探究的在人类生活中起作用并有地位的自然到底是什么，人类在哪里与自然相遇，又是如何与自然互动的。

我们知道,《尘暴》探究和讲述的是在美国南部大平原上生存栖息的万事万物相互纠缠、共同演化的故事，其中最为关键的自然要素或叙事主角则是草，各种各样的或长或短的草，它们与其他植物一起，既能防沙故土，又能将太阳能转化为供其他生物生存的食物；在南部大平原上，从史前到历史时期，各色人等分至沓来。及至 19 世纪中叶，寻找新的发财方式的白人叮叮当当地到来，不断开垦草地，以至草在上百万英亩的土地上消失，土地裂开了，大风一来，裹挟着尘土，滚滚而至以至成灾。《帝国之河》与之不同，它是在广阔的时空维度和比较视野下，追寻美国西部土地上河流（包括运河）与干旱环境的变迁，以及人们对其生态与社会加以控制的历程，其中最为突出的自然要素则是水。该书通览了水在世界各地或多或少存在的情形、水在人类历史创造过程中的重要性以及人类对历史中水之力量的古老认知。在此基础上，它对迄今为止人类历史上出现过的控水方式作了宽泛的三分，即地方性生存模式、农业国家模式与资本主义国家模式，并明确告知，"最后一种可在现代美国西部寻见"。而美国西部的控水方式也即新型现代治水社会如何萌发、成长并带来了哪些问题，则是该书在援用和分析魏特夫的"治水社会"理论之后着重思考和探究的内容。

或许，我们可以质疑上述沃斯特的三分法是否周全、妥当，甚至也可对其措辞表示不同的看法，毕竟，在我们所受训练的语言系统中，"地方性""农业国家"和"资本主义国家"等用语可能因性质不同而不会并置使用。但无论如何，对他就美国西部控水方式带来的问题所做的系统反思和深刻批判，不能不深表由衷的钦佩，因为其中足见一位环境史学者的学术贡献和社会关怀。

从学术责任的履行来说，作者因提供了一种解释美国西部及其历史蕴含和意义的全新视角而实现了这一目标。很长时间以来，人们看到的美国西部历史叙事一直停留在梭罗的时代，这是一篇关于个人进取，男男女女离开文明社会，在自然中筚路蓝缕的英雄史诗，一部试图自东部的形态、传统与掌控下解脱的传奇。与之相对照，《帝国之河》的叙事始于拓荒者进入西部的河谷，在那里修建家园，开垦新的土地，启动开发河流的进程。它接下来让人们看到的，是一个生态集约化的过程，经历了三个阶段，从萌发期到全盛时代，再到帝国阶段，最终将每一条主要的西部河流置于政府与私人财富联合掌控之下，以进一步完善治水社会。

这样发展起来的美国西部，是不是人们一贯认为的成功的西部？对此，书里给出的答案并非那么正面。相反，它强调了美国西部社会秩序的混乱以及水坝频频崩溃造成的灾难，由此刻画的是一个"患病的利维坦"。同时，还说明了美国西部的治水社会是一个愈来愈高压强制、简单划一且等级森严的体系，由掌握资本与专业技术的权力精英所统治。于是，该书重构和改写了既定的美国西部历史，使人们看到在西部的天空下，远远不只是英雄史诗及其塑造的自由和民主的美梦与迷思，而包含着自然衰败的悲歌、社会理想幻灭的苦楚，以及人与自然之间种种的不和谐、人类社会内部的种种不公正。这种面貌的新西部和真西部，恐怕是作为局外人的我们在学习和研究美国历史和世界现代化进程时难以深入了解又必须知晓的篇章。

如此看来，《帝国之河》作为环境史的经典，在立足于一方天地，探讨其上诸如水这样的自然元素之存在和变化时，并非仅仅为了寻水，说水，而是借助水或以水为镜，来阐述用水之人及其社会与水或更大的自然世界如何关联的故事，以揭示其背后一贯为学人有意无意忽视的多重历史面貌和问题。而它述说的作为现代治水社会的美国西部的成长，一种对干旱环境中的水及其产物进行密集而又大规模操纵之上的社会秩序的建立，反映了自然与人类二者相互挑战、反应、再挑战，持续不断、螺旋推进的历史实际；其中，无论是自然还是人类，哪一方都从未赢得绝对的统治权威，双方始终在塑造与重塑彼此。这种历史观点，则凸现了环境史关于人与自然互动研究的特色，及其摆脱任何决定论色彩的辩证认识。

沃斯特这样来写美国西部的历史，有什么特别的意义呢？可以说，他在那个传奇西部之侧展现新型的治水西部、技术西部，不仅仅是为了阐明上文一再提及的关于美国西部及其历史意蕴的新视角，也是为了进一步揭示美国现代化造成的各种问题，这包括他认为的三类环境脆弱性问题——水量的问题、水质衰退的问题以及美国西部本初生态群落潜在的无法逆转的退化问题，从而为认识现代社会乡愁的兴起及其意义提供真切、合理的参照，由此也显现了一位环境史学者的社会关怀。当然，对这一关怀的理解，不应仅仅着眼于美国，也要着眼于全球，尤其是依然在现代化道路上苦苦挣扎的国度和地区。对我们脚下的这片热土而言，别的不说，仅仅《帝国之河》中记述的水坝灾难就不能不让我们感到有责任去追问这里不时上演的同类悲剧发生的缘由，譬如现代史上河南的大水灾和前不久山东寿光水库破坝造成的灾难，等等，它们一再警醒世人，必须警惕那些陈旧的幻想和朦胧的神话之危害。

总之，在《帝国之河》中，沃斯特以具体、实在，色彩鲜明、极富挑战的美国西部干旱环境中的水及其产物为本底，书写了一部自然与人类如何彼此形塑的历史，透视了权力在其中的运作及其结果和影响，由此让我们真正认识到"过去的社会与非人类世界所发生的一切互动"的意蕴。不仅如此，它还沿袭了沃斯特的一贯的批判风格，继《尘暴》对资本主义文化的批判之后，又一次展示了其文化批判的深刻性与力度。就此而言，《帝国之河》的创作和流布，让我们在赞叹作者自觉的学术创新和强烈的社会关怀之余，也感叹那滋养他的自然和文化土壤具有何等的力量，又是如何的健硕，这恐怕是著作之外也值得我们比照反省和借鉴学习之处。

品味"他乡之水":沃斯特
《帝国之河:水、干旱与美国西部的成长》

王利华

（南开大学历史学院暨生态文明研究院）

唐纳德·沃斯特教授是西方环境史学的主要开创者之一。他是一位心地善良的朋友，曾经帮助过不少中国学者，近年更只身前来中国授业传道，2017 年入选"外教中国"年度人物。他著述丰富，享誉世界，其中不少已被迻译在中国出版，拥有大量读者。新译《帝国之河》是贡献给中国学界又一掬清冽的"他乡之水"，或将激起更多的思想浪花。

一、从东方到西方——"治水社会论"的转调

一部优秀著作，是一段学术耕耘的收获，也是更多思想萌发的种苗，又譬如溪河上停潴的一汪清潭，上承下注，纳故启新。众多好书玉缀珠联，思想河流因而奔腾不息，且段段新景。

沃斯特像一位高明的画师，选取自己既有丰富感知又曾持续思考的美国西部作为"外景"，描绘百余年河流帝国的历史图景。他参取前人，别开生面，坦承曾受多方启发尤其是来自魏特夫的影响。

对魏特夫此人，中国学者并不陌生。这位经历复杂、性情善变的学者，于 1957 年出版《东方专制主义——对于极权力量的比较研究》一书，系统兜售其充满政治文明偏见的"治水社会"理论，直言不讳地为麦卡锡主义和"冷战"张目，正直的西方学者极不认同，中国学界亦曾予以尖锐批判。

其理论曾轰动一时但并非坚实可信，对中国历史尤多谬见和臆想。诚然，中国自古重视水利，经验和成就独步世界，但她幅员辽阔，生态系统多样，古今变迁巨大，区域文化多元，文明成果异彩纷呈，既不能整体归属于干旱、半干旱国家，更不能罔顾其历史经济、社会、文化与自然关系的复杂多样性，简单概念地装进"治水社会"箩筐。

256

魏特夫对中国历史的认识，犯有偏执一端并夸大其辞的错误。从历史源头看，中国大型水利工程并不先于国家出现，与其说是治水需要催生了所谓"东方专制主义"，还不如说是集权统一国家促进了水利事业发展。从历史过程看，历代王朝主要关心土地、人口、赋税和治安（包括边境安全）并将其作为地方官员主要职责纳入考核体系，除黄河、运河、海塘等项要务外，朝廷并不经常直接参与和干预地方水事；虽然"兴水利"作为一种德政不断见诸"循吏"传记，但那并非官员必尽的职责。水利兴修、水源分配和旱涝防御，基本上由基层社会自治，只在发生重大纠纷和灾荒之时官府才会有所介入。

魏特夫早年曾信奉马克思主义，其"治水社会"理论之萌生受到马克思、恩格斯的一些启发。倘若回到二十世纪西方学术语境，或有两点可取：一是把水这一重要自然要素（在有些地区是关键制约因子）纳入历史考察，以治水为焦点探析经济形态、社会组织特别是政治权力，确实是一个新视角；二是试图透过人与自然、人与人关系在水资源控制利用中的表现，揭示东方社会的某些特性，理解非西方的文明体系及其演化，为"多线进化论"提供历史依据，因而赢得一些人类学家（特别是文化生态学家如朱利安·斯图尔特）的赞许。遗憾的是，魏特夫没有从东西差异悟出共存与包容，却偏执地将欧美、日本以外的政治文化传统一概指斥为"东方专制主义"。他还以专章长篇文字怨妇一般地埋怨马克思、恩格斯、列宁"从真理面前退却"，顽固坚持东方"治水社会"必然走向专制和极权，并耸人听闻地渲染其危害。他似乎忘记了：人类史上两次最大战争灾难皆非东方专制国家发动，而曾经关押过他本人的纳粹集中营乃是西方狂魔杰作！

作为一名严谨正直的学者，沃斯特虽借鉴了魏特夫的理论，对其观点却多不赞同。表面上，二人具有相同的思想逻辑，即：争夺和控制短缺资源是权力博弈的焦点，人类为谋取最大利益而企图支配自然，而人对自然的支配必定导致人对人的支配。在魏特夫笔下，东方"治水社会"以政令、皮鞭实施奴役劳动、组织控制，分化人群，导致专制主义甚至极权统治；沃斯特笔下的美国西部，则主要通过资本控制、技术操控实现人对自然（水）和人对人的支配，建造新型帝国。不管是哪一个，都既剥夺人的自由，也剥夺自然的权利。

但是，两者的出发点和落脚点都存在根本性的不同。沃斯特的问题意识、论说方式固然受到魏特夫启发，但他或许只是不愿把脏水和孩子一起泼掉，亦或只是"借壳上市"，思想主旨则明显是对魏特夫反动理论的"反动"。可以想象：作者构思之时心里有个东方（特别是中国）历史镜像作为参照。但那个镜像相当扭曲，因其制造者魏特夫眼睛严重斜视，戴着有色眼镜。不过镜框——水与权力的关系倒是一个经过改造仍可运用的环境史问题分析框架，沃斯特借以归置杂乱不堪的文献、梳理错综复杂的关系，并未因其参照镜像之扭曲而提出新的偏见。相反，美国西部帝国历史，因此参照而成为全球历史宏大叙事中一个的特写章节。更重要的是，他给魏特夫的历史偏见——治水、专制与东方社会的专属联系，提供了坚强有力的反证，证明水资源控制导致不公正、不平等、不自由和少数人对大多数人的压迫与剥夺，在西方世界同样发生。

《帝国之河》用大量事实揭露资本与技术怎样不断合谋勾结，掠夺水源，霸占水权，背离自由、民主理想，构造贫富不均社会经济结构，实施人对自然和人对人的双重控制，证明所谓治水专制主义并非独生于东方，在美利坚合众国的西部也出现了一个资本寡头、技术精英和政府官僚联合缔造的"帝国"，其经济基础是现代资本主义而非古代亚细亚生产方式。倘若果真存在"治水社会"，那它的这个现代西方版本，比那个古代东方版本更具真实性。这个帝国依然标榜民主、自由，但表面公正的法律、契约和程序，并未狙击水利强权与专制，更未防阻少数人对大多数人的权益攘夺。倘若知此结论，魏特夫定像挨了一记重捶。就这样，沃斯特把几乎湮没的"治水社会"理论变废为宝，化腐朽而为神奇，在旧理论的废墟上矗起一个新的学术标杆，学思之智巧，手段之高明，令人击节赞叹！

二、流动的权力和权力的流动：水的历史隐喻

我们居住的星球，在漫长演化中形成千差万别的自然景观、生态系统和资源禀赋，人与自然的关系呈现复杂多样的模式，各地人民的历史环境经验和传统生态文化，如同无数河流析分交织的水网，既源流不一、彼此分异，亦时有交汇、互相挹注。《帝国之河》无疑是基于美国经验，自有渊源学脉，但值得中国环境史学者认真品味、吸收。

本书的第一关键词是"水"。其核心论题，极简言之，是"水与权力"。围绕治水用水，众多自然和社会因素彼此纠缠、协同作用，构成复杂关系网络，产生两对尖锐矛盾：一是人的权力与自然权力的矛盾，二是统治者权力与民众权力的矛盾。不同于常见的河流湖泊变迁史，亦不同于偏重工程技术的水利史，它是一部人与自然彼此塑造的环境史，试图揭示干旱环境下的人类生存策略，着重剖析因水而生的各种权力关系，解释人类加诸自然的各种操控何以不断反施于自身。

本书思路相当立体，既见其物，亦见其人。它试图弄清百余年中资本、技术、法案、舆论等各种文化机制、工具手段，是如何操控北美干旱西部的大自然，使其

服务人类经济目标，带来商业价值的；而经济体系、社会关系又如何不断被建构和重建。单论篇幅字数，作者对"人"着笔较多，具有一定社会史倾向，因此可能在水利社会史学者中率先、更多找到知音。

故事里面有富裕的大农场主、工场主、银行家和商人，有聪明的水利工程师，有手执权柄态度傲慢的政府官僚，牧师、律师、报馆主也跟着来了。但占绝大多数的是那些不知名姓的土著居民、小土地所有者、农业工人及其他人群。不同身份和地位的人，或演说，或争吵，或参加听证，或签订契约，或玩弄阴谋诡计，更多人则在寻觅打工的机会，凿渠挖沟，耕种庄稼，亦或坐在亢旱枯焦的田地上啜泣……闲暇聚会时，人们互相传递消息，阅读报纸或听旁人读报，有一段时间大家都在议论《纽兰兹法案》，猜测着：联邦政府的那帮家伙想什么？怎么干？对自家利益有何影响？芸芸众生之相，与水都有关系，有的很紧密，有的稍疏远。

沃斯特不只关心各色人等的水权，更关心大自然的权利。对肆意攫取"帝国之河"的商业价值而罔顾其生态价值的反思和批判，凸显了环境史学思考，同时冲破了"治水社会"理论框架。如书名所示：作者围绕"水"这一紧缺资源，讲述人与自然互塑共创的西部帝国史：各色人等，贫富贵贱不同，理论上都是帝国公民，河流、沙漠、土地、峡谷、运河、水坝、灌渠、堤岸、闸门、填海工程……各种自然和人造事物，构成随着时间流逝而不断改变的帝国物相，大自然始终是帝国文明底基。因此，帝国历史叙事，无法撇开科罗拉罗河等大小河流、海湾、湿地，没有遗忘千万年来一直植生、栖息于斯的自然生灵。

但由于他那份游子故乡之情，对资本主义和工具理性一贯的批判、怀疑态度，沃斯特不喜欢这个愈来愈远离自然的帝国。那里，情感日益疏离自然，权力日益宰制自然，资本与技术专横霸道，企业大佬、工程精英互相勾结，政府官员鸣锣开道，肆意损害自然权利，不断增强水源操控，虽然创造了一时的繁荣，人与自然却愈来愈对立，导致许多环境恶果，包括农药和其他化学品污染。他以多少有些怀旧和感伤的心情，为众多渐渐消逝的自然生灵低吟挽歌，对环境破坏、生态退化深表忧虑但仍存希冀。他希望回归那个曾经不受资本驱使、没有企业控制、不遭政府逼迫亦无大坝、渠道、闸门拦阻的西部——那是一片人与自然关系和谐的土地，河水自在流淌，人们的生活俭朴快乐，谦卑地接受自然的馈赠，彼此亦和善相处。他很清楚：是资本利益驱动雄心勃勃的征服计划，破坏了那里的自然秩序，人们需要一种新的文化，改变以往对自然世界的感知和衡量，重新认识自己在自然中的位置，寻求新的和谐。但和谐"无法通过技术的力量勉强生成，而必须在对自然秩序的谦恭与尊重中实现"。

　　正如河是流体、水常流动一样，社会亦是流体，权力、角色、地位亦都流变不居。沃斯特将帝国历史分为三个阶段，故事重点有所不同，但利益消长、力量张弛、人事沉浮一直在进行，有时顺利舒畅，有时曲折回旋，有时多股势力碰撞或一种人事梗阻激起巨大波澜、造成轰动事件。水流、生命、权力……在不断的矛盾、冲突、博弈和妥协中延续，而在时间纵深中体察矛盾变化，正是历史研究的要义之一。

　　他山之石，可以攻玉；他乡之水，可以明目。一部优秀著作，往往思深而意远，体大而虑周，可以愉悦心情，更能激发思考。而它的每位读者，好比"饮河之鼠"，可以尽情取给、一解心渴，却不能俯饮而干、尽得其意——各取所需而已。本书对于我们应亦如此吧？

从"自然之河"走向"政治之河"：
《水之政治：清代黄河治理的制度史考察》序

夏明方

（中国人民大学清史研究所暨生态史研究中心）

这几年因缘际会，可以有更多的时间专心于自己的学术志业，也就是灾害史和生态史，故此一方面如饥似渴地狂读各类先贤、同仁的著作，一方面如鱼得水般地在大数据时代日趋膨胀的文献之海中肆意冲浪，只是由于生性懒散，以致在长时间的阅读和文献搜集过程中固然不乏创获，且不时迸发出新的思想火花，可一旦拿起笔来，准确地说，是动起手来，顿觉千钧之重，怎么也敲不出像样的文字来。万千思绪，成就的不过是"茶壶里的风暴"。就如这篇序言，著者早在数年前就已将她的书稿电邮给我，希望我这个师兄"美言"几句，我居然也一拖再拖，屡屡失约。好在她的大作即将付梓，我再找不到像样的借口，只好硬着头皮，谈几点感想，也算了了一笔宿债。当然，以我个人的秉性，这里都是实话实说，算不上什么"美言"，希望著者不至于太失望。

如果没有记错的话，贾国静是在2005年秋季进入中国人民大学清史研究所，师从我的导师李文海先生，攻读博士学位。其时先生正主持一项教育部人文社科重大项目"清代灾荒研究"，后又受托担任国家清史纂修工程《清史·灾赈志》的首席专家，当然希望自己的学生也能参与这一事业，从而壮大灾害史研究的力量。尽管贾国静在读硕士时做的是近代教育方面的研究，对灾荒史原本十分陌生，但考虑到她的老家距离山东黄河不远，对黄河灾害多少也有直接间接的体验，而黄河灾害又是近代中国灾害史研究，乃至整个中国历史研究都无法回避的重大话题，所以建议她以此作为博士学位论文的选题。没想到一晃十三四年过去了，先生离开我们也有将近六年的时间，贾国静却依然耕耘在这片学术园地之上，始终不辍，此种执着，不能不令人钦佩；特别是她不辱师命，不仅对自己的博士学位论文进行反复修改，还在取得博士学位之后不久，就将研究时段扩大，从1855年黄河铜瓦厢改道之后的晚清河政转向对整个清代河政体制的探讨，足见其勇气和魄力。迄至今日，这两项研究终将同时付梓，对于著者而言，这当然是其学术生涯中最重要的突破性瞬间，而对于曾经开创中国近代灾荒史研究的李先生来说，这应该是此时此刻同门之中奉献出来的最好的纪念。先生泉下有知，亦当释然。

实际上，贾国静的清代黄河灾害系列研究也算是弥补了我对先生的一份缺憾，当我作为她的师兄，早于她入学前十多年追随先生攻读博士学位之时，先生就希望我从事这方面的研究。记得当时他给我出了两个题目，其一为民国救荒问题，另一个就是近代黄患及其救治。他还就后一个选题给我开出详细的提纲来，建议从近代黄河灾害的总体状况，黄河灾害的演变规律及其自然、社会成因，黄河灾害对当时社会的影响，以及国家和社会如何救治和防范黄河灾害等诸多方面，对以黄河为中心的灾害与社会的相互作用进行较为全面、系统和深入的探讨。由于我在读硕士的时候曾以铜瓦厢改道后的黄河治理为题写过学年论文，所以先生明显倾向于我应以后者为题。但那一时期的我，虽然与同年龄的其他学者相比，不过是个"半路出家"的"老童生"，却也算年轻，"胆肥"，不甘于先生圈定的"套路"，最终选择了当时学人研究较少的民国救荒问题（实际上连这一任务也没有完成，而只是对民国灾害及其影响与成因做了一些初步的探讨），尽管后来有一些学者对我那篇讨论晚清黄河治理的论文有一些我自认为不甚妥当的批评，但我还是弃黄河于不顾而言其他了。

谁曾想，我所弃者，正是大陆社会史学界一个新兴领域的成长繁荣之处，即从这个世纪初迅速崛起而今已成果累累的"水利社会史"。如若当年依循先生的指示，把精力放在近代黄河水患之上，或许我也可以在今日颇负盛名的水利社会史领域有一番作为。人们常说，历史不能假设。我要说的是，如果没有假设，我们的历史研究又将从何谈起？况且说什么"历史不能假设"，在我看来，本质上也是一种假设，它所假设的就是"历史不能假设"，只是这种假设总是把多元复杂的历史过程封闭住了，也因此总是把后来的历史结局当成不以人的意志为转移的单向度的"铁律"了。幸运的是，我辜负先生之处，正是贾国静以其持之以恒、孜孜以求的努力报谢先师之所，而且也正由于她对先生倡导的灾害史研究"套路"的坚守，才使她的新著在很大程度上区别于今日水利社会史研究的主流导向，从而以清代黄河治理为突破口，在探索历史时期中国水与政治的互动关系方面进行了颇具启发意义的尝试。

我之作出如许判断，主要是基于中国水利史研究之学术流变的脉络而言的。大体说来，我国现代意义上的水利史研究，当然包括黄河史在内，本质上属于一种以工程技术为主导的水利科学技术史，自民国迄今，名家辈出，成就非凡。与此形成对话的地理学者，主要是历史地理学者，从20世纪二三十年代的竺可桢对直隶水利与环境之关系的探讨，到五六十年代的谭其骧、史念海等对东汉王景治河以后黄河八百年安澜之成因的争论，基本上都是立足于人地关系的层面挖掘人类影响下的流域环境变迁对河流水文的影响，每多惊人之论。改革开放以后，尤其是 1990 年代以降，这一流派影响日著，成为中国水利史研究最重要的学术生长点之一。

另一种水利史，也是这里要重点探讨的，则既关心水利工程，也看到河流与环境变迁的关联性，但更注重围绕着水利工程而展开的人与人之间非平等权力关系的构建及其演化，这就是美籍德裔学者魏特夫受西方学术传统，尤其是马克思的相关论述的影响而构建的"治水社会"和"东方专制主义"理论。[①]但是由于其意识形态上过于强烈的反共冷战色彩、过于明显的学者本人声称要予以超越实则根深蒂固的地理决定论甚至种族主义特质，这一理论在中国学术界遭到强烈的批评。这种批评，在魏特夫著作的中文译本出版不久亦即 1990 年代初期达至高潮，最集中的体现就是李祖德、陈启能主编的《评魏特夫的〈东方专制主义〉》。[②]不过这些批评，虽然表明要采取实事求是的态度，要从学术而非政治的层面展开，但总体上运用的还是一种论战式的二元对立逻辑，以至于在去除魏特夫理论中极端意识形态色彩的同时（按美国环境史家沃斯特的说法是"魏特夫 I 号"），也使有关水与国家政治之间相互关系的研究（"魏特夫 II 号"）似乎成了某种学术上的禁区，很难纳入到当时中国学者的研究视野之中。就连上世纪三十年代中国学者冀朝鼎在魏特夫影响下完成的博士学位论文《中国历史上的基本经济区与水利事业的发展》，[③]也被大多数学者从经济史、水利史、历史地理学或地方史、区域史的角度去理解，去阐释，而在很大程度上忽视了冀氏所关注的区域水利建设和经济演化过程中的国家角色及其政治向度。

到了 21 世纪，学界对魏特夫的治水理论逐渐有了新的认识，更多是从学术上提出各自的质疑。然而有意思的是，不管是 1990 年代旨在整体否定的理论批判，还是新世纪以来从实证的角度对其进行的批判性借鉴和由此提出的对"水利社会"概念的阐释，两者实际上都是建立在对魏特夫理论诸多误读的基础之上。在前一场批评中，绝大部分学者仅仅把灌溉类的水利工程与专制国家的兴起和维系挂起钩来，指责魏特夫所谈论的中国治水工程，在中国国家起源之时，主要目的是防洪或排涝以除害，而非灌溉以取利；而且即便存在少量的灌溉工程，也基本上是地方所为，与国家无涉。后一场批评，承认了治水与权力运行之间密不可分的关系，承认了水利对理解中国社会至关重要的意义，却又质疑魏特夫这位忽视"暴君制度"剩余空间

---

① 参见［美］卡尔·A. 魏特夫：《东方专制主义：对于极权力量的比较研究》，徐式谷等译，北京：中国社会科学出版社，1989 年。

② 参见李祖德，陈启能主编：《评魏特夫的〈东方专制主义〉》，北京：中国社会科学出版社，1997 年。

③ 参见冀朝鼎：《中国历史上的基本经济区与水利事业的发展》，朱诗鳌译，北京：中国社会科学出版社，1981 年。

的学者"企图在理论上驾驭一个难以控制的地大物博的'天下'",把"洪水时代"的古老神话与古代中国的政治现实"完全对等,抹杀了其间的广阔空间",并从区域史的角度批评魏特夫只谈所谓"丰水区"避灾除害的防洪工程,却忽略了"缺水区"资以取利的农田灌溉,特别是华北西北干旱半干旱地区的水利灌溉,因此建议放弃或搁置魏氏所提出的"治水社会",转而采用"水利社会"的概念,更多地发掘普天之下中国各地区"水利社会"类型的多样性。[①] 可是,前一场批评更多是从先秦时期的上古立论,而对秦汉以后,尤其是明清时期的中国治水事业或者不提或论之甚少。这样做,固然有其学理上的逻辑,也就是从国家起源的角度否定治水社会和专制主义的存在,由此掐断魏特夫所谓"东方社会"之专制主义传统似乎先天而生、后天持久的逻辑链条。姑且不论这种对先秦历史的论述是否妥洽,其中对秦汉以降中国历史留下的空白,恐怕并不像秦晖所说的那样有效地颠覆了魏特夫的"治水社会"论,[②] 相反在很大程度上倒是默认了中国封建社会或传统中国后期治水与国家体制的关系,至少承认了专制集权体制作为一种历史现象在中国的存在,以及这种存在对治水活动的影响。后一场批评以及以此为基础而展开的实证研究,以其对魏特夫理论的误读,一方面将"治水社会"的国家逻辑悬而置之,一方面又延续了魏特夫理论中不可或缺且着意强调的存在于干旱半干旱地区的灌溉逻辑,其不同之处在于魏特夫是从大一统的自上而下的宏观视角立论,关注的是大规模的灌溉工程,而新时期的水利社会史则落脚于区域基层社会,聚焦于中小型灌溉事业,从地方史的微观角度自下而上地进行探索。这样的探索,涉及宗族、村落、会社、产权、市场、民俗、文化、信仰、道德等地方社会的诸多面相,勾勒了国家与社会复杂多样的关系,涌现出诸如"库域社会""泉域社会",以及与"河灌""井灌"甚至"不灌而治"等有关地方水利共同体的新表述,自有其学术上不可否认的重大贡献。[③]

对于这样一种走向民间、深入田野、自下而上的研究路径,学界在追溯其源流关系时,要么归之于上世纪五六十年代美国人类学家弗里德曼的宗族研究,要么是更早的四十年代日本学者提出的"水利共同体"理论,然而即便如此,这样的讨论也未见得完全超越了魏特夫的论证逻辑。这一点连"水利社会"概念的鼓吹者如王铭铭也无从回避,毕竟魏特夫眼中的治水体系也有不同的类型,如"紧密类型""松

---

① 参见王铭铭:《"水利社会"的类型》,《读书》2004 年第 11 期;行龙:《从"治水社会"到"水利社会"》,《读书》2005 年第 8 期。

② 秦晖:《"治水社会论"批判》,《经济观察报》2007 年 2 月 19 日。

③ 参见张俊峰:《水利社会的类型:明清以来洪洞水利与乡村社会变迁》,北京:北京大学出版社,2012 年。

散类型"，有"核心区""边缘区"和"次边缘地区"，而对于像中国这样"庞大的农业管理帝国"，则属于包括治水程度不一的地区单位和全国性单位的"松散的治水社会"，其治水秩序"存在着许多强度模式和超地区性的重大安排"，而且看起来不受限制的"治水专制主义"的权力也不是在所有地方都起作用，大部分个人的生活和许多村庄及其他团体单位并未受到国家的全面控制，只不过这种不受控制的个人、亲属集团、村社、宗教和行会团体等等，并不是在享受真正的民主自治，而至多是一种在极权力量的笼罩下有一定民主气氛的"乞丐式民主"。相比之下，单纯地聚焦于日本学者发明的地方性"水利共同体"或弗里德曼的"宗族共同体"，也就是秦晖所说的"小共同体"，反而有可能忽略了国家这一"大共同体"的角色，也不利于更深刻地探讨大小两种共同体之间在水资源控制与利用这一场域的复杂互动关系。从这一意义上来说，不管是"治水社会"，还是"水利社会"，这两个看起来内涵不一，其实大体相同的概念，都可以用一个表达来概括之，即"hydraulic society"，而相较于"水利社会"，"治水社会"概念反而更具包容性，防洪、灌溉及其他一切与水的控制、开发、管理、配置、维护等有关的技术、工程、制度、文化等均可囊括其中，只是对于治水的主体，不能仅仅局限于国家这一"大共同体"或地方社会这种"小共同体"，而应该兼举而包容之，如此方能真正呈现出一个上下博弈、多元互动的治水共同体的面貌来。

国际学界对魏特夫的理论反响不一，赞同者视之为超越马克思和韦伯的伟大作品，质疑者如汤因比、李约瑟则直指其对所谓"东方社会"的意识形态偏见，可是无论如何，由魏特夫大力张扬的治水与权力之间的关系仍是后续研究者绕不开的话题。其中一个引起中国学者较多关注的趋向，是由法国著名中国史家魏丕信倡导的，从国家与地方力量动态博弈的角度出发对"魏特夫模式"所做的反思与挑战。这一批评，首先是从地方环境的多样性、差异性入手，从空间层面质疑"水利国家"在权力结构上的一体化、普遍化和均质性，认为不同的地区其治水与灌溉问题千差万别，国家机器在各地承担的职责及其干预程度各不相同。其次是从长时段的时间维度挑战"魏特夫模式"在权力结构上的长期延续性，在他看来，由于水利灌溉建设本身引发的诸多内在矛盾所导致的非预期效应，包括各种不同利益群体之间日趋激烈的冲突以及水利工程建设与水环境之间日趋紧张的关系，使得明清以来"中华帝国晚期"的"水利国家"实际上经历了一种发展－衰落（魏丕信名之为阶段 A 和阶段 B，两者之间有时还夹着一个"危机"阶段）的王朝周期。在发展阶段，国家在水利工程建设中担当直接干预者的角色，其后随着各种矛盾的展开，国家更多的是运用权术，在水利利益冲突的不同地区、不同力量之间维持最低限度的平衡和安全，国家与水利的关系类型也从大规模的"国家干预功能"转为"国家的仲裁功能"。何况即便是在发展阶段，水利政策的目的也不是要建立一个"仅由国家"负责的制度，即完全由官僚管理运作，由官帑提供资金支持，而是试图寻找一条置身事外的"最小干预"原则，尽可能地限制直接干预的领域及官僚机器的范围，努力提倡和组织地方社团对其各自的福利和安全负起责任。及至后期，除了发生特大水灾等紧急状态之外，国家干预从日常维护方面逐步退缩，一个或多或少具有某种自治意味的中间群体所起的作用日益显著。魏丕信据此认为，应该将"东方专制主义"反过来加以解释，亦即"水利社会"比"水利国家"看起来更为强大。①

显而易见，魏丕信在1980年代中期对"水利社会"所给的定义，以及他所采取的研究取向，与后来在中国兴起的"水利社会史"的追求大为契合。由于魏丕信赖以立论的基础主要还是长江中游的两湖地区，他在行文中有时又特别提及该处与黄河下游平原的差异与不同，以致很多学者把他的研究和纯粹的地方史取向完全等同起来，并认为这样的研究忽视了国家曾经扮演的角色，因而呼吁在水利史研究中"把国家找回来"。这就是任职美国的华裔学者张玲在其新近出版的大作中努力为之的学术工程。②不过，张玲的目标不只是要与当前盛行的水利史的地方化取向展开对话，她更大的抱负是在"把国家找回来"的同时，对魏特夫的国家取向和魏丕信及其前驱日本学者的地方取向进行双重的反思。在她看来，这两种取向都是从治水的生产模式（hydraulic mode of production）出发的，都忽略了治水的另一种模式，即消耗模式（hydraulic mode of consumption）。而从后一种模式出发，魏特夫模式的局限，尽显无遗。黄河北决，不仅危及民生，更是事关国防，因之治黄灌溉，是北宋王朝几代君主的梦幻工程，但就总体而言却非国家事务的全部；而且这样的工程，极大地消耗了当地及邻近区域，乃至其他地区的大量人力、物力和财力，也给当地的环境、社会带来了巨大的破坏，结果不仅无助于国家集权力量的凝聚和巩固，反而犹如一个巨大的人造黑洞，造成了国家权力的急剧削弱和地方生态的衰败。张玲由此得出结论，治水不仅无关于国家专制，反而削弱了已然集权的国家力量。

平心而论，不管是魏丕信对"水利国家"的反转，还是张玲对水利与国家之间

---

① 参见魏丕信：《水利基础设施管理中的国家干预——以中华帝国晚期的湖北省为例》，原载 Stuart Schram 主编：《中国政府权力的边界》，伦敦：东方和非洲研究院，香港：中文大学出版社，1985 年；《中华帝国晚期国家对水利的管理》，澳大利亚国立大学远东历史系，1986 年 9 月。译文分别见陈锋主编：《明清以来长江流域社会发展史论》，武汉：武汉大学出版社，2006 年，第 614—647 页，第 796—810 页。

② 参见 Ling Zhang, *The River, the Plain, and the State: An Environmental Drama in Northern Song China, 1048—1128*, Cambridge: Cambridge University Press, 2016。

相互关联的剥离，从各自的论证逻辑来说，似乎都未能从根本上颠覆"魏特夫模式"，反而在一定程度上为后者添加了新的注脚，我们完全可以把两者的研究看作是"魏特夫模式"的变形。就魏丕信而言，他的确从时空两方面把魏特夫、冀朝鼎确立的国家与水利之间的关系复杂化了，但这种复杂化破掉的更多是一种僵化的国家想象，相反倒是树立了一个更具弹性和生命力的中央集权体制。他从地方入手，却并未拘囿于地方，而是把国家干预置于地方权力网络之中，着力探讨国家职能和不同区域地方势力相互博弈的动态演化机制，而且也没有完全排除在发生特大灾害等紧急情况下国家大规模干预的事实，更不用说在论证过程中反复声明要避免对中国的政府管理和水利之间的关系做出草率的概括性结论，认为在"环境更不稳定且危险，水利则直接影响漕运"的黄河下游平原，"大规模的国家监督和组织是非常必要的"。同样，他所提出的有关水利兴废的"王朝周期"论，也没有局限于某一特定时段国家或地方的治水实况，而是从一个更长的时段探索国家治水职能的周期性变化，但是这种变化似乎也没有为某种新的水利管理模式打开缺口，而只是一种循环往复的周期性振荡，一种难以逾越的"治水陷阱"（hydraulic trap），尤其是他所关注的在治水周期的衰败阶段崛起的地方自治势力，最终往往还是失去控制而陷于无序状态。故从这种王朝周期中，我们所看到的并非中国历史的断裂，而是中华帝国晚期与现代中国之间值得关注的延续性。这与魏特夫的相关判断似乎也没有太大的不同。更重要的是，魏丕信的治水周期论和他在对治水周期的论证中发掘出来的追求成本最小化的"国家理性"，也可以从魏特夫对治水政权在管理方面采行的"行政效果变化法则"所做的论述中找到理论上的源头。据魏特夫的阐释，此种变化法则，包括行政收益大于行政开支的"递增法则"、行政开支接近行政收益的"平衡法则"以及收不抵支的"递减法则"三个方面，三者又各自对应治水过程的三个阶段，即扩张性的上升阶段，趋于减缓的饱和阶段以及得不偿失的下降阶段，虽则这种理想的变化曲线与实际的曲线并不能完全吻合，而是因地质、气象、河流和历史环境等诸种因素导致无数的变形，但大体上还是"表明了治水事业中一切可能的重大创造阶段和受挫阶段"。在这样一种"治水曲线"中，魏特夫一方面揭示了治水社会维持政治秩序之和平与长久的"理性因素"或治水政权"最低限度的理性统治"，另一方面也注意到了治水扩张有可能带来的结果，即"水源、土地和地区的主要潜力耗竭用尽"之时，从而在一定意义上提示着魏丕信着意强调的国家治水行为的"非线性逻辑"。

如果这种对于"魏特夫模式"的理论考古能够成立的话，张玲的研究也完全可以从反面进行同样的解读。也就是说，正是由于黄河治理的重要性，事关王朝的安危存亡，才使北宋政府几乎倾国力而为之，在北徙黄河流经的区域（即张玲所说的

"黄河－河北环境复合体"）内外乃至全国范围进行国家总动员，所谓牵一发而动全身，虽然其结果不尽如人意，甚至适得其反，但这一过程本身正好极其生动地展示了北宋王朝水与政治之间的深刻关联。何况北宋王朝在黄河流域的所作所为，至少在王安石变革时期，也只是正在自上而下推行的全国范围的农田水利运动的一部分。此时的中原国家，对地方水利的干预程度远超后世。进一步来说，把生产和消耗截然分开，无论就学理，还是实践，似乎都不大行得通，我们大可以把所谓的消耗看成是生产的成本，只是北宋时期这种大规模的生产性水利付出的成本看起来过于高昂，且得不偿失，最后以失败而告终。实际上，魏特夫的研究并未将"灌溉工程"与"防洪工程"混而视之，而是作为"生产性工程"和"防护性工程"区别对待，并对两者与国家权力构建关系的异同做了比较清晰的界定。

把眼光再拉回到魏丕信关注的明清时期，尤其是被其视为清朝水利周期衰败阶段的嘉道时期，继之展开的相关研究，如 Jane Kate Leonard 的《遥制》，Randall A. Dodgen 的《御龙》等，就清廷在黄河、大运河等河流治理的方略、投入和技术创新等问题提出了不同的解释，力图修正魏丕信有关"水利国家"的"王朝周期"论。[①]即便是 1855 年黄河铜瓦厢改道之后，清王朝及国民政府对曾经的国家治理重心黄运地区逐渐疏而远之，甚至弃之不顾，也就是从传统的国家建设的重大任务中退出，使其成为为国家新的战略重心服务而被牺牲的边缘性腹地，这样的情况，在美国著名历史学者彭慕兰看来，亦非国家治理能力的衰败和下降，而毋宁是新的历史时期国家构建战略的转移。因为此次河患发生之时，正值中国面临着一个竞争性的民族国家的世界体系的威胁和冲击，国家治理的方略不再是旧的儒家秩序的重建，而是趋于新的"自强"逻辑。[②]如果说张玲对北宋时期"黄河－河北环境复合体"的研究提供的是国家失败的案例，在彭慕兰的笔下，晚清民国时期生态上同样衰败的黄运地区，则是国家建设有意为之的产物。我前面提及的于人民大学攻读硕士学位时完成的学年论文，也注意到了晚清朝廷以洋务运动为起点的富强战略对黄河治理的重大影响，可惜并未引起太多学者的注意。这里需要强调的是，晚清、民国基于"自强"逻辑的区域重构战略，看起来使治水与国家建设暂时脱离了关系，但也正是这

---

① 参见 Jane Kate Leonard, *Controlling from Afar: The Daoguang Emperor's Management of the Grand Canal Crisis, 1824–1826*, Honolulu: University of Hawaii Press, 1996; Randall A. Dodgen, *Controlling the Dragon—Confucian Engineers and the Yellow River in Late Imperial China*, Honolulu: University of Hawaii Press, 2001.

② 参见［美］彭慕兰:《腹地的构建：华北内地的国家、社会和经济（1853—1937）》，马俊亚译，北京：社会科学文献出版社，2005 年。

一被国家重构的衰败之区，正如彭慕兰的研究所揭示的，最终成为动摇乃至颠覆此种践行自强逻辑的国家政权之一系列"叛乱"或革命的重要策源地。这无意中印证了与水之利害密不可分的"民生"，自始至终都是中国最大的"政治"之一。

很显然，国外的中国水利史研究似乎并没有因为地方史、社会史的兴起而把国家抛诸脑后，而是对国家权力与水利的关系进行了延绵不绝的多元化、多层次的思考；而且随着研究的不断深入，这种对国家的关注，其焦点逐渐地从国家能力或"国家建设"（state building）延伸到意识形态和文化象征建设的层面，也就是从政治合法性的角度展开讨论。彭慕兰在研究中已经留意到这个问题，并对涉及国家能力或行政效率的国家构建与关乎政治合法性问题的"民族构建"（national construction）做了区分，只是由于彭的重点是从社会、经济的角度进行分析，故此只好把后一视角舍弃掉了。这在一定程度上削弱了他的"区域建构"论的解释力度。好在这一遗憾很快就由另一位美国学者弥补了，这就是戴维·佩兹关于二十世纪上半叶的淮河和下半叶的黄河这两大河流的治理的研究。[①] 可见在这些海外学者的笔下，政治或者权力，犹如挥之不去的幽灵，始终游荡在历史中国源远流长的大江大河之中。

当然，张玲所批评的"去国家化"，在国内的水利史研究，包括后来兴起的区域水利社会史研究中，或多或少是一个长期存在的事实。但同样令人欣慰的是，进入新世纪以来，这一局面已经在一批中青年学者的努力之下逐步得以改观。就我比较了解的清史研究领域而言，较早在这一方面进行探索的，是曾在中国人民大学清史研究所攻读博士学位而后供职于中国水利水电科学研究院水利史研究室的王英华女士，从最初讨论康熙朝靳辅治黄到后来对明清时期以淮安清口为中心的黄淮运治理的研究，她一直尽可能地将国家治河的战略决策，治河工程的规划及其实施，以及治河技术的选择，放到中央与地方、地方与地方的权力网络之中，从帝王与河臣、帝王与朝臣、帝王与督抚，以及河臣与朝臣、河臣与漕臣、河臣与督抚、河臣与河臣等诸多相关利益主体间的关系和冲突中展开论述，从而使"自然科学领域的黄淮关系研究，充实了'人'这一关键环节"（谭徐明语）。[②] 确切地说，这里的"人"应为"政治人"。同样是清史研究所毕业的和卫国博士，选取江浙海塘这一为区域社会史研究排斥在外的关乎大江、大河或大海等重大公共工程作为研究对象，更自觉地对"水利社会史"的地方化和脱政治化取向进行反思，重新提出水利或治水的"政

---

① 参见［美］戴维·佩兹：《工程国家：民国时期（1927—1937）的淮河治理及国家建设》，姜智芹译，南京：江苏人民出版社，2011 年；《黄河之水：蜿蜒中的现代中国》，姜智芹译，北京：中国政法大学出版社，2017 年。

② 参见王英华：《洪泽湖－清口水利枢纽的形成与演变》，北京：中国书籍出版社，2008 年。

治化"问题，同时又不满于传统政治史研究局限于制度沿革、权力斗争的习惯做法，改从政治过程、政治行为的角度，力图为读者勾勒出一幅十八世纪中国政府职能或国家干预全方位、超大规模加强的鲜活画面。[①] 这一研究秉承的是一面倒的"正面看历史"的立场，希望读者看到的是十八世纪大清王朝之为民谋利的"现代政府"特质。与此相反，南京大学的马俊亚教授受彭慕兰黄运研究的启发而撰写的《被牺牲的局部》，从一条被比其更大的河流蹂躏了近千年的河流——淮河，一个被最高决策者看作"局部利益"而为国家"大局"牺牲了数百年的地区——淮北出发，对1680年以来清朝频繁兴建的巨型治水工程作出了截然不同的判断，认为这些工程"与农业灌溉无关，与减少生态灾害无关，主要服从于政治需要"，服从于远在这一区域之外的中央政府维持漕运的大局，因而完全是"政治工程"，而非"民生工程"。[②] 此处无意对这些不同的声音做是非论定，但从这样一种客观上展开的学术争鸣中，不难发现国内学者对水与政治之关系日趋增强的研究兴趣，也表明在当今中国的水利社会史研究趋于饱和状态之际相关学者对寻找新方向的渴望。

走过如此这般冗长乏味且多有遗缺的学术之旅，我们终于可以对贾国静的新著说三道四了。

从研究旨趣、研究方法和研究内容来看，贾国静推出的成果无疑属于上述新的水利政治史研究的一部分。不过如前所述，她对这一问题的探讨已非一日之寒，有关认识在其博士学位论文、博士后出站报告以及此前的相关发表中有着较为系统的阐述。她对水与政治之间的关系，也没有局限于权力博弈、政府职能或国家能力建设等方面，也就是仅仅关注国家权力在治水领域的单向度扩展，而是在尽可能地吸纳此类视角之外，同时关注治水过程对国家政治的影响，并将其上升到王朝国家政治合法性的高度，从更深的层次探讨治水与国家的互动关系（其对于"治河保漕"论这一国内外学界几成确定不移之共识提出的质疑，就超越了一般意义上的"国家建设"逻辑），进而以此为基础与美国"新清史"中有关治河问题的论述进行对话，此为贾国静新著之最大特色。另一方面，她对清代治水过程的探讨，固然是以国家最高政权为核心，但同时也兼顾到了中央与地方、地方与地方，在黄河或南或北的大尺度迁流过程中，围绕着黄水之害（即"烫手的山芋"）在地域分布上的不均衡而展开的竞争性政治规避行为，以及这种政治竞争对治河体制的影响，在很大程度上

---

① 参见和卫国：《治水政治：清代国家与钱塘江海塘工程研究》，北京：中国社会科学出版社，2015年。

② 参见马俊亚：《被牺牲的"局部"：淮北社会生态变迁研究（1680—1949）》，北京：北京大学出版社，2011年。

也丰富了人们对清代政治及其变迁的认识。她之所以能够做到这一点，当然是其自觉地追踪国内外学术前沿的求新精神的结果，也与她始终坚守的李文海先生的灾荒史研究"套路"有莫大的关联。这就是从自然现象与社会现象相互作用的角度，重新思考和解释近代中国历史上发生的一系列重大政治事件。当然先生和他的团队先前主要讨论的还是晚清的灾荒与政治，包括黄河灾害与鸦片战争进程等相互之间的关联，作为弟子的贾国静则将其延伸到鸦片战争之前的前清史，使读者对整个清代以黄河灾害及其防治为中心的治水事业及其演变过程，以及在从传统向近代转换这一波澜壮阔的历史大变动中这种治水事业与国家政治错综复杂、不断变化的互动图景，有了相对清晰的认识。就此而论，她在结语中得出这样的判断，即黄河不再是单纯的"自然之河"，而是被赋予了很强的政治性的"政治之河"，大体而言，还是言之成理，言之有据的。

毋庸讳言，贾国静的研究，尽管取得了不小的成就，提出了不少值得深入探讨的话题，但仍有诸多未尽成熟之处，有待于以后进一步的思考和拓展。这里不妨再来做一种假设——如果作者在集中探讨清代治河体制之时，能够兼顾这一体制及其兴废与地方基层政治和民间社会的深刻关联；如果在着重分析黄河下游干流治理的同时，留意一下它与流域内支流水系治理之间的矛盾与冲突，并对黄河上、中、下游（包括黄河源、入海尾闾和黄河三角洲在内）不同河段在治理过程中的不同地位及其内在联系有一定的关照；如果在强调黄河之区别于长江、永定河等其他河流的特殊性之外，也对这些河流在水文特性、河道治理和权力介入等方面存在的共性有所认识，并进行相应的对比；还有就是，如果在更大的程度上正视黄河自身的真正特殊性对河道变迁和黄河治理的影响，进一步地突出河流的自然特性对人间社会与政治的作用力度……那么，其笔下所呈现的黄河，可能就不是目前给我的一种感觉：这样的黄河，就如同其在现实的区域生态系统中显现的那样，依然是一条"悬河"，一条悬浮在该流域水文生态系统和基层社会之上、交织于以省为单位的地方行政权力网络之中的"政治之河"。可能的原因，或在于作者相对忽视了水利社会史学界在区域研究方面已然取得的成就，亦未能更加充分地借鉴新世纪以来方兴未艾的水利环境史研究可能提供的方法论优势。如何把这一条横贯东西的"悬河"，真正地植入千百年来被其深刻地型塑反过来又型塑其本身，且在空间辐射范围极为辽阔的由自然、人文纠结而成的网络状生命体系之中，进而对杂糅其间的人与自然的关系、人与人的关系以及自然与自然的关系，进行更加详尽和深刻的描绘，让黄河变得"悬而不悬"，从而有可能真正超越魏特夫的理论构造——这将是一项值得为之持续奋斗的志业。事实上，纵览神州，恐怕也没有哪一条河流能像黄河这样可以为我们从事此项志业提供如此难得的实践平台。借用贾国静的话，黄河就是黄河，但需要补充的是，黄河的这一特殊性，正是源自黄河之型塑中国的广泛性、深刻性和持久性，从而也凝练了中国历史的关键特质。

我知道，我在这里提出的种种批评，对于这部即将面世的新著来说的的确确是过于苛求了；但令人高兴的是，就我目前的了解，这部新著的作者已经对自己过去的探讨进行了自觉的反思，并开启了新的黄河研究的征程。作为她的师兄和同行，我期待着作者在不久的将来写出更加精彩的黄河故事。

搁"笔"至此，已为凌晨。悄然之间，距离业师李文海先生逝世六周年祭日又近了一天。作为一众后辈，我们所能做的，就是以加倍的努力，继续耕耘于他所重新开辟的这一片灾荒史园地，耕耘于他一生为之奉献的中国历史世界。是为序。

2010—2018 年中国大陆生态修复研究著作索引 ①

郭如意　整理

（河北大学历史学院）

2010 年

1. 王浩等:《水生态系统保护与修复理论和实践》,北京:中国水利水电出版社,2010 年。

2. 中国科学技术协会编:《淮河流域综合治理与开发科技论坛文集》,北京:中国科学技术出版社,2010 年。

3. 李广贺等:《重大环境问题对策与关键支撑技术研究系列丛书——污染场地环境风险评价与修复技术体系》,北京:中国环境科学出版社,2010 年。

4. 宋健:《向环境污染宣战（增订版）》,北京:中国环境科学出版社,2010 年。

5. 战友主编:《高等学校"十一五"规划教材——环境保护概论》,北京:化学工业出版社,2010 年。

6. 周国强,张青主编:《高等院校环境类系列教材——环境保护与可持续发展概论》,北京:中国环境科学出版社,2010 年。

7. ［美］贝迪恩特,里法尔,纽厄尔著:《地下水污染——迁移与修复（原著第 2 版）》,施周等译,北京:中国建筑工业出版社,2010 年。

8. 王超,陈卫主编:《普通高等教育"十一五"国家级规划教材——城市河湖水生态与水环境》,北京:中国建筑工业出版社,2010 年。

9. 李其军等:《北京城市中心区水环境质量改善技术研究与应用》,北京:中国水利水电出版社,2010 年。

10. 袁占亭:《资源型城市可持续发展研究丛书——资源型城市环境治理与生态重建》,北京:中国社会科学出版社,2010 年。

---

① 所列各著作主要以读秀（https://www.duxiu.com/）中所示版本信息为准。

11. 王浩主编:《国家自然科学基金应急项目系列丛书——湖泊流域水环境污染治理的创新思路与关键对策研究》,北京:科学出版社,2010 年。

12. 王建刚:《复合型有机污染场地土壤热修复效果及其评价》,南京:南京农业大学出版社,2010 年。

13. 胡筱敏主编:《全国高等院校环境科学与工程统编教材——环境学概论》,武汉:华中科技大学出版社,2010 年。

14. 翁伯琦主编:《农田秸秆菌业与循环利用技术研究》,福州:福建科学技术出版社,2010 年。

15. 唐景春:《生物质废弃物堆肥过程与调控》,北京:中国环境科学出版社,2010 年。

16.《中国环境年鉴》编辑委员会编:《中国环境年鉴 2010 卷》,中国环境年鉴社,2010 年。

17. 曲向荣编著:《高等学校环境类教材——土壤环境学》,北京:清华大学出版社,2010 年。

18. 祝威:《石油污染土壤和油泥生物处理技术》,北京:中国石化出版社,2010 年。

19. 肖序:《环境会计制度构建问题研究》,北京:中国财政经济出版社,2010 年。

20. 宋凤斌等:《东北农业水土资源优化调控理论与实践》,北京:科学出版社,2010 年。

21. 房用,刘月良主编:《黄河三角洲湿地植被恢复研究》,北京:中国环境科学出版社,2010 年。

22. [美] 莱斯特·R. 布朗著:《B 模式 4.0:起来、拯救文明》,林自新,胡晓梅,李康民译,上海:上海科技教育出版社,2010 年。

23. 雷海清,柏明娥编著:《矿山废弃地植被恢复的实践与发展》,北京:中国林业出版社,2010 年。

24. 曾凡江,雷加强,张希明编著:《策勒绿洲——荒漠过渡带环境特征与优势植物适应性》,北京:科学出版社,2010 年。

25. 胡金朝:《水体重金属污染监测与植物修复》,郑州:河南科学技术出版社,2010 年。

26. 许玉东,陈荔英,赵由才主编:《污泥处理与资源化丛书——污泥管理与控制政策》,北京:冶金工业出版社,2010 年。

27. 朱英,张华,赵由才编著:《污泥处理与资源化丛书——污泥循环卫生填埋技术》，北京：冶金工业出版社，2010 年。

28. 中国环境科学学会编：《中国环境科学学会学术年会论文集 2010 第 4 卷》，北京：中国环境科学出版社，2010 年。

29. 郑九华，冯永军，于开芹：《资源环境与发展研究丛书——用固体废弃物构造土地复垦基质的理论与实践》，北京：中国水利水电出版社，2010 年。

30. 董洁，田伟君主编：《新农村建设丛书——农村用水管理与安全》，北京：中国建筑工业出版社，2010 年。

31. 孙兴滨，闫立龙，张宝杰主编：《环境科学与工程丛书——环境物理性污染控制（第二版）》，北京：化学工业出版社，2010 年。

32. 尹军，陈雷，白莉编著：《环境科学与工程丛书——城市污水再生及热能利用技术》，北京：化学工业出版社，2010 年。

33. 高乃云，严敏，赵建夫，徐斌：《环境科学与工程丛书——水中内分泌干扰物处理技术与原理》，北京：中国建筑工业出版社，2010 年。

34. 田家怡，李甲亮，孙景宽等：《黄河三角洲造纸废水灌溉修复湿地技术》，北京：化学工业出版社，2010 年。

35. 张彦增等：《衡水湖湿地恢复与生态功能》，北京：中国水利水电出版社，2010 年。

36. 徐强主编：《污水处理节能减排新技术、新工艺、新设备》，北京：化学工业出版社，2010 年。

37. 吴福生：《含植物明渠水动力特性研究》，南京：东南大学出版社，2010 年。

38. 郑平主编：《高等学校教材——环境微生物学教程》，北京：高等教育出版社，2010 年。

39. 廖宝文等：《中国红树林恢复与重建技术》，北京：科学出版社，2010 年。

40. 黄占斌，单爱琴主编：《高等学校"十一五"规划教材——环境生物学》，徐州：中国矿业大学出版社，2010 年。

41. 杨海军：《河流生态修复工程案例研究》，长春：吉林科学技术出版社，2010 年。

42. 周连碧，王琼，代宏文等：《矿山废弃地生态修复研究与实践》，北京：中国环境科学出版社，2010 年。

43. 北京山地生态科技研究所主编：《门头沟生态修复论文集》，北京：中国农业科学技术出版社，2010 年。

44. 黄民生，陈振楼主编：《城市内河污染治理与生态修复——理念、方法与实践》，北京：科学出版社，2010年。

45. 伍业钢，樊江文主编：《中国生态大讲堂丛书——生态复杂性与生态学未来之展望》，北京：高等教育出版社，2010年。

46. 王浩主编：《中国水电院士丛书——中国水资源问题与可持续发展战略研究》，北京：中国电力出版社，2010年。

47. 徐成伟，刘怀湘编著：《人工鱼礁水动力模拟》，南京：河海大学出版社，2010年。

48. 北京市发展和改革委员会编：《2010北京市生态环境建设发展报告》，北京：中国环境科学出版社，2010年。

49. 户作亮等编著：《海河流域平原河流生态保护与修复模式研究》，北京：中国水利水电出版社，2010年。

50. 戴金水，刘灼华，张强编著：《裸露山体治理与水土保持》，郑州：黄河水利出版社，2010年。

51. 方少文，杨洁主编：《江西省红壤土壤侵蚀与防治技术研究》，郑州：黄河水利出版社，2010年。

52. 廖纯艳主编：《长江焦点关注丛书——长江水土保持焦点关注》，武汉：长江出版社，2010年。

53. 王方清主编：《长江焦点关注丛书——长江水资源保护焦点关注》，武汉：长江出版社，2010年。

54. 沈阳市环境监测中心站编：《环境监测数据质量管理与控制技术指南》，北京：中国环境科学出版社，2010年。

55. 水利部，中国科学院，中国工程院编：《中国水土流失防治与生态安全——北方土石山区卷》，北京：科学出版社，2010年。

56. 水利部，中国科学院，中国工程院编：《中国水土流失防治与生态安全——南方红壤区卷》，北京：科学出版社，2010年。

57. 水利部，中国科学院，中国工程院编：《中国水土流失防治与生态安全——东北黑土区卷》，北京：科学出版社，2010年。

58. 水利部，中国科学院，中国工程院编：《中国水土流失防治与生态安全——开发建设活动卷》，北京：科学出版社，2010年。

59. 水利部，中国科学院，中国工程院编：《中国水土流失防治与生态安全——水土流失影响评价卷》，北京：科学出版社，2010年。

60. 水利部，中国科学院，中国工程院编：《中国水土流失防治与生态安全——北方农牧交错区卷》，北京：科学出版社，2010 年。

61. 水利部，中国科学院，中国工程院编：《中国水土流失防治与生态安全——西北黄土高原区卷》，北京：科学出版社，2010 年。

62. 水利部，中国科学院，中国工程院编：《中国水土流失防治与生态安全——长江上游及西南诸河区卷》，北京：科学出版社，2010 年。

63. 水利部，中国科学院，中国工程院编：《中国水土流失防治与生态安全——水土流失防治政策卷》，北京：科学出版社，2010 年。

64. 水利部，中国科学院，中国工程院编：《中国水土流失防治与生态安全——水土流失数据卷》，北京：科学出版社，2010 年。

65. 水利部，中国科学院，中国工程院编：《中国水土流失防治与生态安全——西南岩溶区卷》，北京：科学出版社，2010 年。

66. 水利部，中国科学院，中国工程院编：《中国水土流失防治与生态安全——总卷（上）》，北京：科学出版社，2010 年。

67. 水利部，中国科学院，中国工程院编：《中国水土流失防治与生态安全——总卷（下）》，北京：科学出版社，2010 年。

68. 北京园林学会，北京市园林绿化局，北京市公园管理中心编：《北京生态园林城市建设 2009》，北京：中国林业出版社，2010 年。

69. 李兆华，张亚东编：《大冶湖水污染防治研究》，北京：科学出版社，2010 年。

70. 王玉婧：《环境成本内在化——环境规制及贸易与环境的协调》，北京：经济科学出版社，2010 年。

71. 水利部国际合作与科技司编：《2009 年水利科技成果公报》，北京：中国水利水电出版社，2010 年。

72. 中国环境科学研究院编：《水质基准的理论与方法学导论》，北京：科学出版社，2010 年。

73. 张艳红主编：《河北省重大水问题战略研究》，北京：中国水利水电出版社，2010 年。

74. 甘一萍，白宇编著：《净水厂、污水处理厂非常规处理技术与工程实例详解系列丛书——污水处理厂深度处理与再生利用技术》，北京：中国建筑工业出版社，2010 年。

75. 王郁主编：《普通高等教育"十一五"国家级规划教材——水污染控制工程》，北京：化学工业出版社，2010 年。

76. 彭党聪主编：《普通高等教育"十一五"国家级规划教材——水污染控制工程

（第 3 版）》，北京：冶金工业出版社，2010 年。

77. 林永波，李慧婷，李永峰主编：《高等学校"十一五"规划教材·市政与环境工程系列丛书——基础水污染控制工程》，哈尔滨：哈尔滨工业大学出版社，2010 年。

2011 年

1. 何俊仕等编著：《蒲河流域雨洪资源利用及河道水生态修复应用研究》，北京：中国水利水电出版社，2011 年。

2. 薛南冬，李发生等编著：《持久性有机污染物（POPs）污染场地风险控制与环境修复》，北京：科学出版社，2011 年。

3. 环境保护部自然生态保护司编译：《土壤修复技术方法与应用（第 1 辑）》，北京：中国环境科学出版社，2011 年。

4. 王敬国主编：《现代农业高新技术成果丛书——设施菜田退化土壤修复与资源高效利用》，北京：中国农业大学出版社，2011 年。

5. 周振民：《污水灌溉土壤重金属污染机理与修复技术》，北京：中国水利水电出版社，2011 年。

6. 张学洪，刘杰，朱义年：《重金属污染土壤的植物修复技术研究——李氏禾对铬的超富集特征、机制及修复潜力研究》，北京：科学出版社，2011 年。

7. 常国刚等编著：《三江源湿地变化与修复》，北京：气象出版社，2011 年。

8. 白洁，高会旺主编：《滨海湿地生态修复理论与技术：进展与展望》，北京：海洋出版社，2011 年。

9. 陈刚主编：《三江源区湿地类型与演变和修复》，西宁：青海人民出版社，2011 年。

10. 蔡友铭等编著：《生态上海建设的理论与实践丛书——上海内陆湖泊湿地湖滨带污染控制及生态修复》，北京：科学出版社，2011 年。

11. 丁爱中，郑蕾，刘钢主编：《河流生态修复理论与方法》，北京：中国水利水电出版社，2011 年。

12. 李其军等：《温榆河流域河流生态修复技术研究》，北京：中国水利水电出版社，2011 年。

13. 姚孝友等：《淮河流域水土保持生态修复机理与技术》，北京：中国水利水电出版社，2011 年。

14. 张立秋，尹淑霞主编：《我国典型城市生活垃圾卫生填埋场生态修复优势植物图册》，北京：中国环境科学出版社，2011年。

15. 尤仲杰等：《象山港生态环境保护与修复技术研究》，北京：海洋出版社，2011年。

16. 苏特尔：《环境学科图书译丛——生态风险评价（第二版）》，尹大强，林志芬，刘树森等译，北京：高等教育出版社，2011年。

17. 张艳红主编：《水利可持续发展与科技创新》，石家庄：河北科学技术出版社，2011年。

18. 田其云等：《我国海洋生态恢复法律制度研究》，北京：中国政法大学出版社，2011年。

19. 王超，王沛芳，侯俊等：《"十一五"国家规划重点图书——流域水资源保护和水质改善理论与技术》，北京：中国水利水电出版社，2011年。

20. 黄百顺，黄光谱主编：《新农村与水丛书——农村水土保持技术》，南京：河海大学出版社，2011年。

21. 冯骞，陈菁编著：《新农村与水丛书——农村水环境治理》，南京：河海大学出版社，2011年。

22. 汪达，汪丹：《水资源与水环境保护求实务新说》，广州：中山大学出版社，2011年。

23. 田自强：《中国湿地及其植物与植被》，北京：中国环境科学出版社，2011年。

24. 《第四届长江论坛论文集》编委会编：《第四届长江论坛论文集》，武汉：长江出版社，2011年。

25. 水利部水资源司编著：《水资源保护实践与探索》，北京：中国水利水电出版社，2011年。

26. 常江等编著：《走进"老矿"矿业废弃地的再利用》，上海：同济大学出版社，2011年。

27. 朱亮主编：《河海大学2011工程三期资助研究生系列教材——水污染控制理论与技术》，南京：河海大学出版社，2011年。

28. 杜鹰编著：《与自然和谐相处——岩溶地区石漠化综合治理的探索与实践》，北京：中国林业出版社，2011年。

29. 朱威，徐雪红主编：《太湖流域水资源保护规划及新技术丛书——东太湖综合整治规划研究》，南京：河海大学出版社，2011年。

30. 房玲娣，朱威主编：《太湖流域水资源保护规划及新技术丛书——太湖污染底泥生态疏浚规划研究》，南京：河海大学出版社，2011年。

31.《首届寒区水利新技术推广研讨会论文集》编委会编:《首届寒区水利新技术推广研讨会论文集 2011 年》,北京:中国水利水电出版社,2011 年。

32. 农业部渔业局主编:《中国渔业年鉴 2011》,北京:中国农业出版社,2011 年。

33. 卢中华:《岩石边坡生态修复基质研究》,徐州:中国矿业大学出版社,2011 年。

34. 张莉:《煤炭矿区基质生态修复及其固碳研究》,徐州:中国矿业大学出版社,2011 年。

35. 郑维宽:《清代广西生态变迁研究——基于人地关系演进的视角》,桂林:广西师范大学出版社,2011 年。

36. 周刚,周军编:《产业生态工程丛书——污染水体生物治理工程》,北京:化学工业出版社,2011 年。

37. 孙波等:《红壤退化阻控与生态修复》,北京:科学出版社,2011 年。

38. 吴振斌等编著:《当代杰出青年科学文库——水生植物与水体生态修复》,北京:科学出版社,2011 年。

39. 刘晴,徐跑主编:《渔业环境评价与生态修复》,北京:海洋出版社,2011 年。

2012 年

1. 郭亚梅,杨玉春,范永平:《海河流域水生态修复探索与研究》,郑州:黄河水利出版社,2012 年。

2. 任宪友,肖飞,莫明浩:《中国水资源利用的经济学分析系列丛书——中国湿地资源经济分析与生态恢复研究》,北京:科学出版社,2012 年。

3. 朱永华,任立良主编:《普通高等教育“十二五”规划教材全国水利行业规划教材——水生态保护与修复》,北京:中国水利水电出版社,2012 年。

4. 赵振良主编:《典型海水增养殖区生态环境修复技术及示范》,青岛:中国海洋大学出版社,2012 年。

5. 王茂剑主编:《山东近岸海域环境状况及修复》,北京:海洋出版社,2012 年。

6. 环境保护部自然生态保护司编译:《土壤修复技术方法与应用(第 2 辑)》,北京:中国环境科学出版社,2012 年。

7. 骆永明等:《城郊农田土壤复合污染与修复研究》,北京:科学出版社,2012 年。

8. 王庆海等编著:《退化环境植物修复的理论与技术实践》,北京:科学出版社,2012 年。

9.骆永明等:《重金属污染土壤的香薷植物修复研究》,北京:科学出版社,2012年。

10.安树青,王利民等:《湿地修复工程——上海大莲湖模式》,北京:科学出版社,2012年。

11.何国富,徐慧敏主编:《河流污染治理及修复——技术与案例》,上海:上海科学普及出版社,2012年。

12.李琦,黄廷林:《鼠李糖脂强化石油污染土壤的植物——微生物联合修复研究》,北京:中国环境科学出版社,2012年。

13.白彦真:《铅污染土壤的生物修复效应》,北京:中国农业科学技术出版社,2012年。

14.刘广斌,宋娴丽,邱兆星主编:《山东省主要海水养殖区环境评价与生态修复策略》,青岛:中国海洋大学出版社,2012年。

15.沈烈风主编:《破损山体生态修复工程》,北京:中国林业出版社,2012年。

16.刘瑛,高甲荣:《土壤生物工程技术在河流生态修复中的应用》,北京:中国林业出版社,2012年。

17.刘青等:《鄱阳湖湿地生态修复理论与实践》,北京:科学出版社,2012年。

18.张弘:《矿区生态修复基质的微生物群落功能多样性研究》,徐州:中国矿业大学出版社,2012年。

19.程国栋主编:《中国西部生态修复试验示范研究集成》,北京:科学出版社,2012年。

20.林明太:《旅游型海岛景观的生态修复与优化》,北京:中国林业出版社,2012年。

21.陈延主编:《宁夏风沙区生态环境综合治理创新实践》,银川:阳光出版社,2012年。

22.韩兴国,伍业钢主编:《生态学未来之展望——挑战、对策与战略》,北京:高等教育出版社,2012年。

23.曲向荣主编:《高等学校环境类教材——环境生态学》,北京:清华大学出版社,2012年。

24.李永峰,唐利,刘鸣达主编:《高等院校环境科学与工程专业规划教材——环境生态学》,北京:中国林业出版社,2012年。

25.胡荣桂主编:《全国高等院校环境科学与工程统编教材——环境生态学》,武汉:华中科技大学出版社,2012年。

26. 李永祺主编:《中国区域海洋学——海洋环境生态学》,北京:海洋出版社,2012 年。

27. 鲁敏,孙友敏,李东和编著:《环境生态学》,北京:化学工业出版社,2012 年。

28. 陈良刚主编:《安徽省采煤塌陷区综合治理学术论文集》,合肥:安徽科学技术出版社,2012 年。

29. 许文年等:《植被混凝土生态防护技术理论与实践》,北京:中国水利水电出版社,2012 年。

30. 崔树彬等编著:《珠江三角洲河涌治理与生态恢复技术指引》,北京:中国水利水电出版社,2012 年。

31. 西汝泽,李瑞,陈小凤编著:《河流污染与地下水环境保护》,合肥:中国科学技术大学出版社,2012 年。

32. 陈彬等编著:《基于海岸带综合管理的海洋生物多样性保护管理技术》,北京:海洋出版社,2012 年。

33. 陕西省地方志编纂委员会编:《汶川特大地震陕西抗震救灾志》,西安:三秦出版社,2012 年。

34. 邓祥征等:《湖泊营养物质基准和富营养化控制标准丛书——湖泊营养物氮磷削减达标管理》,北京:科学出版社,2012 年。

35. 钟和平,张淑谦,童忠东编:《水资源利用与技术》,北京:化学工业出版社,2012 年。

36. 顾大钊等:《能源"金三角"煤炭开发,水资源保护与利用——2 亿吨级神东矿区水资源保护与利用技术探索和工程实践》,北京:科学出版社,2012 年。

2013 年

1. 赵振国,刘丽,黄修桥:《灌区水生态修复和不同尺度灌区水资源问题研究》,北京:中国水利水电出版社,2013 年。

2. 唐克旺等编著:《水生态系统保护与修复标准体系研究》,北京:中国水利水电出版社,2013 年。

3. 付意成,阮本清,许凤冉等:《流域治理修复型水生态补偿研究》,北京:中国水利水电出版社,2013 年。

4. 潘增辉主编:《水生态文明建设研究与实践》,石家庄:河北科学技术出版社,

2013 年。

5. 胡新锁，乔光建，邢威洲：《邯郸生态水网建设与水环境修复》，北京：中国水利水电出版社，2013 年。

6. 王兴主编：《贵州煤矿山地质环境及其修复技术》，贵阳：贵州科技出版社，2013 年。

7. ［美］杰夫·郭编：《土壤及地下水修复工程设计》，北京建工环境修复有限责任公司翻译组译，北京：电子工业出版社，2013 年。

8. 隋红等编著：《有机污染土壤和地下水修复》，北京：科学出版社，2013 年。

9. 潘峰等：《黄土中石油污染物的迁移转化与土壤修复研究》，兰州：兰州大学出版社，2013 年。

10. 吴香尧主编：《耕地土壤污染与修复》，成都：西南财经大学出版社，2013 年。

11. 李晨：《中外比较：污染场地土壤修复制度研究》，北京：法律出版社，2013 年。

12. 张世熔，贾永霞主编：《重金属污染土壤修复植物种质资源研究——以川西矿区为例》，北京：科学出版社，2013 年。

13. 罗胜联，刘承斌，罗旭彪编著：《植物内生菌修复重金属污染理论与方法》，北京：科学出版社，2013 年。

14. 杨洪主编：《深圳凤塘河口湿地的生态系统修复》，武汉：华中科技大学出版社，2013 年。

15. 昝启杰，谭凤仪，李喻春编著：《滨海湿地生态系统修复技术研究——以深圳湾为例》，北京：海洋出版社，2013 年。

16. 杨旭编：《微污染饮用水源水体人工湿地修复技术与应用》，哈尔滨：哈尔滨地图出版社，2013 年。

17. 闵九康：《土壤生态毒理学和环境生物修复工程》，北京：中国农业科学技术出版社，2013 年。

18. 郑丙辉等：《渤海湾海岸带生态系统的脆弱性及生物修复》，北京：中国环境科学出版社，2013 年。

19. 慕庆峰：《污染环境生物修复原理与方法》，哈尔滨：黑龙江科学技术出版社，2013 年。

20. 董哲仁等：《河流生态修复》，北京：中国水利水电出版社，2013 年。

21. 毋瑾超主编：《海岛生态修复与环境保护》，北京：海洋出版社，2013 年。

22. 付军等：《乡村河道生态修复与景观规划》，北京：中国农业出版社，2013 年。

23. 杨玉珍等编著:《黄河三角洲国土防护与生态修复技术研究》,郑州:黄河水利出版社,2013年。

24. 蔡金升,王旭明,谭政策编著:《黄土高原生态修复及后续产业发展研究——以宁夏南部山区为例》,北京:中国农业出版社,2013年。

25. 王友绍主编:《红树林生态系统评价与修复技术》,北京:科学出版社,2013年。

26. 王开运,张利权主编:《生态上海建设的理论与实践——长江口生态系统修复技术和决策管理》,北京:科学出版社,2013年。

2014 年

1. 江西省水利科学研究院编:《江西水问题研究与实践丛书——水生态环境综合治理与保护》,北京:中国水利水电出版社,2014年。

2. [波]瓦格纳,[捷克]马萨利克,[法]布雷尔编:《全球城镇化水问题丛书——城市水生态系统可持续管理——科学·政策·实践》,北京:中国水利水电出版社,2014年。

3. 付保荣,张峥,宋有涛编著:《辽河流域水污染综合治理系统丛书——辽河流域水生态系统状况调查与分析》,北京:中国环境科学出版社,2014年。

4. 刘家宏,王浩,秦大庸,尹婧等:《海河流域水循环演变机理与水资源高效利用丛书——山西省水生态系统保护与修复研究》,北京:科学出版社,2014年。

5. 申玉春等:《流沙湾环境容量与生态环境修复技术研究》,北京:中国农业出版社,2014年。

6. 李兆华,王宇波主编:《湖北省资源开发与环境保护丛书——河流水生态修复技术研究——丹江口库区武当山剑河案例》,北京:科学出版社,2014年。

7. 齐青青,吕书广,刘军:《城市河流水生态系统健康评价及生态恢复研究》,北京:中国水利水电出版社,2014年。

8. 李祥麟,石玉洁编著:《藻类与水生态环境修复》,兰州:甘肃科学技术出版社,2014年。

9. 谭鑫:《西部弱生态地区生态环境修复的理论与实践》,昆明:云南人民出版社,2014年。

10. 金相灿等:《入湖河流水环境改善与修复》,北京:科学出版社,2014年。

11. [日]山寺喜成:《自然生态环境修复的理念与实践技术》,魏天兴等译,北京：中国建筑工业出版社，2014 年。

12. 吕贵敏主编：《环境污水对水工建筑物的影响及修复》，北京：中国环境出版社，2014 年。

13. 刘晓艳，张新颖，程金平：《土壤中石油类污染物的迁移与修复治理技术》，上海：上海交通大学出版社，2014 年。

14. 刘文华等：《改性膨润土钝化修复重金属污染土壤技术研究与应用》，北京：中国环境科学出版社，2014 年。

15. 徐明岗等：《施肥与土壤重金属污染修复》，北京：科学出版社，2014 年。

16. 张令玉：《八类土壤修复标准化创新操作规程》，北京：中国经济出版社，2014 年。

17. 王祖伟，王中良等：《天津污灌区重金属污染及土壤修复》，北京：科学出版社，2014 年。

18. 杨秀敏，钟子楠，罗克洁：《土壤酸化与重金属污染的修复技术》，哈尔滨：哈尔滨工业大学出版社，2014 年。

19. 杨卓，尹凡：《重金属污染土壤的植物修复及其强化技术研究》，长春：吉林人民出版社，2014 年。

20. 焦海华：《石油污染土壤的植物修复技术》，北京：中国农业出版社，2014 年。

21. 欧阳志云等：《海河流域水循环演变机理与水资源高效利用丛书——海河流域生态系统演变、生态效应及其调控方法》，北京：科学出版社，2014 年。

22. 陈坤：《长三角跨界水污染防治法律协调机制研究》，上海：复旦大学出版社，2014 年。

23. 林光辉主编：《滨海湿地生态修复技术及其应用》，北京：海洋出版社，2014 年。

24. 徐惠强主编：《湿地保护与恢复手册》，江苏凤凰科学技术出版社，2014 年。

25. 葛继稳，王虚谷主编：《湖北自然保护区》，武汉：湖北科学技术出版社，2014 年。

26. 李振基等：《福建汀江源自然保护区生物多样性研究》，北京：科学出版社，2014 年。

27. 谭伟福主编：《广西自然保护区》，北京：中国环境科学出版社，2014 年。

28. 崔国发，孙锐：《湿地自然保护区保护优先性评价技术》，北京：中国林业出版社，2014 年。

29. 滕应，骆永明：《环保公益性行业科研专项经费项目系列丛书——设施土壤酞酸酯污染与生物修复研究》，北京：科学出版社，2014 年。

30. 张宝杰等:《典型土壤污染的生物修复理论与技术》，北京：电子工业出版社，2014 年。

31. 赵永红等编著:《有色金属矿山重金属污染控制与生态修复》，北京：冶金工业出版社，2014 年。

32. 周金星等:《洞庭湖退田还湖区生态修复研究》，北京：中国林业出版社，2014 年。

33. 张华等:《华北地区采石废弃地松散堆积体生态修复技术研究》，北京：中国环境出版社，2014 年。

34. 李相然等:《胶东半岛海水入侵地区水资源高效利用与河口海岸生态修复技术》，北京：地质出版社，2014 年。

35. 吴鹏:《以自然应对自然——应对气候变化视野下的生态修复法律制度研究》，北京：中国政法大学出版社，2014 年。

36. 唐景春主编:《石油污染土壤生态修复技术与原理》，北京：科学出版社，2014 年。

37. 叶春，李春华:《太湖湖滨带现状与生态修复》，北京：科学出版社，2014 年。

38. 金相灿等编著:《湖滨带与缓冲带生态修复工程技术指南》，北京：科学出版社，2014 年。

39. 张翼飞:《城市内河生态修复的意愿价值评估法实证研究》，北京：科学出版社，2014 年。

40. 刘静玲等:《海河流域水循环演变机理与水资源高效利用丛书——海河流域水环境演变机制与水污染防控技术》，北京：科学出版社，2014 年。

2015

1. 陈文龙等编著:《珠三角城镇水生态修复理论与技术实践》，北京：中国水利水电出版社，2015 年。

2. 水利部水资源管理中心编:《水生态保护与修复关键技术及应用》，北京：中国水利水电出版社，2015 年。

3. 水利部海河水利委员会漳河上游管理局，河北工程大学编著:《遥感技术在水环境评价中的应用》，北京：中国水利水电出版社，2015 年。

4. 张旭等:《环保公益性行业科研专项经费项目系列丛书——污染地下水修复技

术筛选与评估方法》，北京：中国环境科学出版社，2015 年。

5. 朱红钧，赵志红主编：《石油高等教育"十二五"规划教材——海洋环境保护》，东营：石油大学出版社，2015 年。

6. 王水等：《污染场地修复工程环境监理》，北京：科学出版社，2015 年。

7. 串丽敏，郑怀国等：《农业科学技术领域发展态势报告——土壤污染修复领域发展态势分析》，北京：中国农业科学技术出版社，2015 年。

8. 骆永明，滕应等：《废旧电容器拆解区农田土壤污染与修复研究》，北京：科学出版社，2015 年。

9. 贾建丽，于妍，薛南冬等编著：《环保公益性行业科研专项经费项目系列丛书——污染场地修复风险评价与控制》，北京：化学工业出版社，2015 年。

10. 崔兆杰，成杰民，王加宁编著：《环保公益性行业科研专项经费项目系列丛书——盐渍土壤石油—重金属复合污染修复技术及示范研究》，北京：科学出版社，2015 年。

11. 王红旗等：《污染土壤生物修复丛书——污染土壤植物—微生物联合修复技术及应用》，北京：中国环境科学出版社，2015 年。

12. 代淑娟等：《重金属污染废水的微生物修复技术》，北京：化学工业出版社，2015 年。

13. 李素英主编：《环境生物修复技术与案例》，北京：中国电力出版社，2015 年。

14. 王红旗等：《污染土壤生物修复丛书——石油烃污染土壤的微生物修复技术及应用》，北京：中国环境科学出版社，2015 年。

15. 闫九康主编：《土壤生物修复工程——粮食安全之保护伞》，北京：中国农业科学技术出版社，2015 年。

16. 王红旗等：《污染土壤生物修复丛书——土壤微生物对石油烃的吸附摄取与跨膜运输》，北京：中国环境科学出版社，2015 年。

17. 刘五星，骆永明：《土壤石油污染与生物修复》，北京：科学出版社，2015 年。

18. 徐宾铎等：《胶州湾湿地生态系统功能保护与生态修复研究》，青岛：中国海洋大学出版社，2015 年。

19. 叶正钱，虞方伯，秦华主编：《生态循环农业实用技术系列丛书——生物炭环境生态修复实用技术》，北京：中国农业出版社，2015 年。

20. 王友保主编：《土壤污染与生态修复实验指导》，芜湖：安徽师范大学出版社，2015 年。

21. 宋关玲，王岩主编：《北方富营养化水体生态修复技术》，北京：中国轻工业出版社，2015 年。

22. 陈凤桂，张继伟，陈克亮，黄海萍主编：《基于生态修复的海洋生态损害评估方法研究》，北京：海洋出版社，2015 年。

23. 苏宗海主编：《绿色碳汇 2014》，北京：经济日报出版社，2015 年。

24. 张虹鸥等：《新丰江水库水质生态保护研究》，广州：中山大学出版社，2015 年。

25. 贾军，田海军编著：《海滦河流域下游治理技术与对策》，北京：中国水利水电出版社，2015 年。

26. 陈芳，邱祯国，郑炜编：《贵州高速公路环境保护与景观营造技术》，北京：人民交通出版社股份有限公司，2015 年。

27. 刘建林：《跨流域调水工程补偿机制研究——以南水北调（中线）工程商洛水源地为例》，郑州：黄河水利出版社，2015 年。

28. 罗林涛，王欢元：《砒砂岩与沙复配成土稳定性及可持续利用研究》，郑州：黄河水利出版社，2015 年。

29. 环境保护部环境应急指挥领导小组办公室编著：《环境应急处置技术丛书——铬污染应急处置技术》，北京：中国环境科学出版社，2015 年。

30. 环境保护部环境应急指挥领导小组办公室编著：《环境应急处置技术丛书——镉污染应急处置技术》，北京：中国环境科学出版社，2015 年。

31. 孟宪林等编著：《环境污染事故应急处置实用技术丛书——城市饮用水水源地环境污染事故应急处置实用技术》，北京：中国环境科学出版社，2015 年。

32. 张立秋等编著：《环境污染事故应急处置实用技术丛书——危险化学品环境污染事故应急处置实用技术》，北京：中国环境科学出版社，2015 年。

33. 郑洪波，张树深编著：《环境污染事故应急处置实用技术丛书——溢油环境污染事故应急处置实用技术》，北京：中国环境科学出版社，2015 年。

34. 交通运输部长江口航道管理局：《长江口深水航道治理工程实践与创新》，北京：人民交通出版社，2015 年。

35. 张芩，张来斌主编：《海洋工程设计手册——海上溢油防治分册》，上海：上海交通大学出版社，2015 年。

36. 胡斯亮：《围填海造地及其管理制度研究》，青岛：中国海洋大学出版社，2015 年。

37. 张宏伟主编：《高等教育"十二五"规划教材——煤矿绿色开采技术》，徐州：中国矿业大学出版社，2015 年。

38. 王立志：《水生植物对富营养水体的调控研究》，济南：山东人民出版社，

2015 年。

39. 环境保护部科技标准司，中国环境科学学会主编：《环保科普丛书——湖泊水环境保护知识问答》，北京：中国环境出版社，2015 年。

40. 张胜利等编著：《黄河中游暴雨产流产沙及水土保持减水减沙回顾评价》，郑州：黄河水利出版社，2015 年。

41. 潘家华：《理解中国丛书——中国的环境治理与生态建设》，北京：中国社会科学出版社，2015 年。

42. 杨启乐：《当代中国生态文明建设中政府生态环境治理研究》，北京：中国政法大学出版社，2015 年。

43. 许秋瑾，胡小贞，蒋丽佳主编：《太湖缓冲带现状与生态构建》，北京：科学出版社，2015 年。

44. 马金珠等：《白龙江流域滑坡泥石流地质灾害与风险分析》，兰州：兰州大学出版社，2015 年。

45. 席运官等：《水体污染控制与治理科技重大专项"十一五"成果系列丛书——东江源头区水污染系统控制技术》，北京：科学出版社，2015 年。

46. 汤祥明，许柯，赛·巴雅尔图等编著：《水体污染控制与治理科技重大专项"十一五"成果系列丛书——博斯腾湖水环境综合治理》，北京：化学工业出版社，2015 年。

47. 尹华等：《环境污染源头控制与生态修复系列丛书——微生物吸附剂》，北京：科学出版社，2015 年。

48. 吴沿友等：《泉州湾河口湿地红树林生态恢复》，北京：科学出版社，2015 年。

49. 金相灿，周付春，华家新，钟明主编：《城市河流污染控制理论与生态修复技术》，北京：科学出版社，2015 年。

50. 马云，李晶等编著：《牡丹江水质保障关键技术及工程示范研究》，北京：化学工业出版社，2015 年。

51. 王圣瑞，储昭升编著：《洱海富营养化控制技术与应用设计》，北京：科学出版社，2015 年。

52. 党志等：《环境污染源头控制与生态修复系列丛书——矿区污染源头控制——矿山废水中重金属的吸附去除》，北京：科学出版社，2015 年。

53. 樊金拴，杨爱军：《煤矿废弃地生态植被恢复与高效利用》，北京：科学出版社，2015 年。

54. 顾大钊等：《晋陕蒙接壤区大型煤炭基地地下水保护利用与生态修复》，北京：

科学出版社，2015 年。

55. 肖迎主编：《高原农业可持续发展研究》，北京：人民出版社，2015 年。

56. 李荣冠，王建军，林和山主编：《中国典型滨海湿地》，北京：科学出版社，2015 年。

57. 杜运领等：《典型城区河道生态综合整治规划与工程设计》，北京：科学出版社，2015 年。

58. 徐雪红主编：《太湖流域水资源保护与经济社会关系分析》，北京：科学出版社，2015 年。

59. 王发园，林先贵编著：《丛枝菌根与土壤修复》，北京：科学出版社，2015 年。

2016

1. 侯新，张军红：《学者文库 水利：水资源涵养与水生态修复技术》，天津：天津大学出版社，2016 年。

2. 倪福全，邓玉：《山丘区农村污水生物生态净化试验及水体生态修复研究》，成都：西南交通大学出版社，2016 年。

3. 刘信勇，关靖等：《北方河流生态治理模式及实践》，郑州：黄河水利出版社，2016 年。

4. 李向东主编：《中国矿业大学教材建设工程资助教材——环境污染与修复》，徐州：中国矿业大学出版社，2016 年。

5. 周友亚，李发生，余立风，丁琼主编：《污染场地修复案例——意大利工业行业环境整治实践》，北京：中国环境出版社，2016 年。

6. 范成新，张路等：《太湖——沉积物污染与修复原理》，北京：科学出版社，2016 年。

7. 崔龙哲，李社峰主编：《污染土壤修复技术与应用》，北京：化学工业出版社，2016 年。

8. 唐永金：《核素污染环境的植物响应与修复》，北京：科学出版社，2016 年。

9. 龚宇阳等编著：《场地修复环境、健康和安全管理手册》，北京：中国环境科学出版社，2016 年。

10. 刘云根主编：《高原湖泊领域生态环境治理系列丛书——普者黑流域生态环境治理与修复》，北京：中国林业出版社，2016 年。

11. 赵和平，高超超编著：《科学技术与环境健康》，杭州：浙江大学出版社，

2016 年。

12. 刘硕，杨旭，张栩嘉主编:《自然地理与资源环境专业实验教程》，哈尔滨：哈尔滨工程大学出版社，2016 年。

13. 张艳军，马巍编:《雒文生水文水环境文选》，北京：中国水利水电出版社，2016 年。

14. 王向宇:《环境工程中的纳米零价铁水处理技术》，北京：冶金工业出版社，2016 年。

15. 王辉:《煤炭开采的生态补偿机制研究》，徐州：中国矿业大学出版社，2016 年。

16. 邓祥元编著:《应用微藻生物学》，北京：海洋出版社，2016 年。

17.［美］理查德·D. 奥尔布赖特:《化学武器和爆炸物的清理——定位、鉴别与环境修复》，朱勇兵等译，北京：化学工业出版社，2016 年。

18. 杨宇峰等:《近海环境生态修复与大型海藻资源利用》，北京：科学出版社，2016 年。

19. 吴平霄等:《环境污染源头控制与生态修复系列丛书——阴离子黏土插层构建与环境修复技术》，北京：科学出版社，2016 年。

20. 李昌晓，魏虹:《三峡库区生态系统诊断与修复》，北京：科学出版社，2016 年。

21. 黄锦法主编:《土壤肥料与嘉兴现代农业》，北京：中国农业科学技术出版社，2016 年。

22. 骆永明:《中国土壤污染与修复研究二十年（英文版）》，北京：科学出版社，2016 年。

23. 施维林等:《场地土壤修复管理与实践》，北京：科学出版社，2016 年。

24. 骆永明等:《土壤污染与修复理论和实践研究丛书——重金属污染土壤的修复机制与技术发展》，北京：科学出版社，2016 年。

25. 蒋克彬，张洪庄，谢其标编:《危险废物的管理与处理处置技术》，北京：中国石化出版社，2016 年。

26. 蔡信德，仇荣亮编著:《环保公益性行业科研专项经费项目系列丛书——典型有机污染物土壤联合修复技术及应用》，北京：化学工业出版社，2016 年。

27. 高永等:《采煤区土壤治理与修复》，北京：科学出版社，2016 年。

28. 骆永明等:《土壤污染与修复理论和实践研究丛书——有机污染土壤的修复机制与技术发展》，北京：科学出版社，2016 年。

29. 江苏盖亚环境科技股份有限公司:《土壤修复——技术研究与行业分析》,北京:科学技术文献出版社,2016 年。

30. [美] 杰夫·郭 (Jeff Kuo) 编著:《土壤及地下水修复工程设计(第二版)》,北京建工环境修复有限责任公司翻译组译,北京:电子工业出版社,2016 年。

31. 骆永明等:《土壤污染与修复理论和实践研究丛书——土壤污染毒性、基准与风险管理》,北京:科学出版社,2016 年。

32. 骆永明等:《土壤污染与修复理论和实践研究丛书——土壤污染特征、过程与有效性》,北京:科学出版社,2016 年。

33. 王文卿等:《厦门大学南强丛书 第 6 辑——南方滨海沙生植物资源及沙地植被修复》,厦门:厦门大学出版社,2016 年。

34. 昝启杰等编著:《华侨城湿地生态修复示范与评估》,北京:海洋出版社,2016 年。

35. 赵阳国,白洁,高会旺编著:《辽河口湿地生态修复理论与方法》,北京:海洋出版社,2016 年。

36. 张学峰,房用,李士江,梁玉主编:《湿地生态修复技术及案例分析》,北京:中国环境出版社,2016 年。

37. 卢爱刚主编:《湿地研究 2016》,西安:西安交通大学出版社,2016 年。

38. 李小雁等:《青海湖流域湿地修复与生物多样性保护》,北京:科学出版社,2016 年。

39. 许妍:《东南土木·青年教师·科研论丛——厌氧微生物修复多氯联苯污染:从美国到中国》,南京:东南大学出版社,2016 年。

40. 牟海津主编:《海洋资源开发技术专业教材——海洋微生物工程》,青岛:中国海洋大学出版社,2016 年。

41. 陈丽华等:《油污土壤的微生物演化及修复研究》,北京:科学出版社,2016 年。

42. 李永祺,唐学玺主编:《海洋恢复生态学》,青岛:中国海洋大学出版社,2016 年。

43. 黄河水利科学研究院,黄河青年联合会编:《黄河水沙变化情势下的水与工程安全保障》,郑州:黄河水利出版社,2016 年。

44. 李法云等编著:《生态环境修复与节能技术丛书——污染土壤生物修复原理与技术》,北京:化学工业出版社,2016 年。

45. 李小平:《城市环境污染物暴露学系列丛书——西部河谷型城市土壤重金属环

境行为、暴露风险及生物修复》，北京：科学出版社，2016 年。

46. 徐国钢，赖庆旺主编：《中国工程边坡生态修复技术与实践》，北京：中国农业科学技术出版社，2016 年。

47. 北京市水土保持工作总站，北京市林业碳汇工作办公室，北京市水科学技术研究院编：《北京山区河流生态修复技术指南》，北京：中国水利水电出版社，2016 年。

48. 董厚德等：《人工裸地生态修复的研究与实践》，沈阳：辽宁大学出版社，2016 年。

49. 齐广：《大兴安岭山区退化草地生态修复技术研究》，北京：中国农业科学技术出版社，2016 年。

50. 郑守仁，赵鑫钰：《长江科学技术文库——高海拔干旱河谷水土保持生态修复实验研究》，武汉：湖北科学技术出版社，2016 年。

51. 刘素青，黄剑坚编著：《基于生态修复的红树林健康评价研究》，广州：华南理工大学出版社，2016 年。

52. 郑刘根等：《淮南泉大资源枯竭矿区生态环境与修复工程实践》，合肥：安徽大学出版社，2016 年。

53. 陈大庆，朱峰跃：《中国科协三峡科技出版资助计划——三峡水库生态渔业》，北京：中国科学技术出版社，2016 年。

54. 何为民编著：《城市河流防洪生态整治关键技术研究》，北京：中国水利水电出版社，2016 年。

55. 吴永胜等：《毛乌素沙地南缘沙区生物土壤结皮发育及其生态水文效应》，北京：中国水利水电出版社，2016 年。

56. 李仰斌等：《村镇饮用水源保护和污染防控技术》，北京：中国水利水电出版社，2016 年。

57. 韩庚辰，马明辉，霍传林主编：《天津市陆源污染总量控制框架研究》，北京：海洋出版社，2016 年。

58. ［美］奥利多·利奥波德：《沙乡年鉴（插图典藏本）》，李静滢译，北京：中国画报出版社，2016 年。

59. 李勇等主编：《徐州市公园绿地建设》，北京：中国林业出版社，2016 年。

60. 刘震：《水土保持思考与实践》，郑州：黄河水利出版社，2016 年。

61. 陈殿强等编著：《海州露天矿矿山地质环境治理理论与技术》，北京：地质出版社，2016 年。

62. 张列宇，侯立安，刘鸿亮编著：《黑臭河道治理技术与案例分析》，北京：中国环境科学出版社，2016 年。

63. 杨承愗，陈浩主编：《绿色建筑施工与管理 2016》，北京：中国建筑工业出版社，2016 年。

64. 王文颖，刁治民编著：《草地微生物生态学》，北京：经济科学出版社，2016 年。

65. 中国科协学会学术部编：《农田生态系统健康的修复：国际视野下的中国途径》，北京：中国科学技术出版社，2016 年。

66. 中国城市规划设计研究院：《落实"中央城市工作会议"系列丛书——催化与转型：城市修补、生态修复的理论与实践》，北京：中国建筑工业出版社，2016 年。

67. 范立民等：《矿产资源高强度开采区地质灾害与防治技术》，北京：科学出版社，2016 年。

68. 济南市城市园林绿化局编：《城市生态修复系列丛书——助力城市绿色崛起——济南市山体生态修复实践与探索》，北京：中国建筑工业出版社，2016 年。

69. 刘俊国，臧传富，曾昭：《流域水文与生态修复丛书——黑河流域蓝绿水资源及其可持续利用》，北京：科学出版社，2016 年。

70. 吴义锋，吕锡武：《河湖岸线多孔混凝土特定生境生态修复技术与实践》，北京：中国水利水电出版社，2016 年。

71. 王晓昌等：《"十二五"国家重点图书，水体污染控制与治理科技重大专项——小城镇水污染控制与治理技术》，北京：中国建筑工业出版社，2016 年。

72. 党晶晶：《黄土丘陵区生态修复的生态－经济－社会协调发展评价》，北京：科学出版社，2016 年。

73. 李元，祖艳群主编：《生态学研究——重金属污染生态与生态修复》，北京：科学出版社，2016 年。

2017 年

1. 徐跑等：《蠡湖净水渔业研究与示范》，上海：上海科学技术出版社，2017 年。

2. 刘芳：《系统治理：水生态文明城市建设的创新路径》，济南：山东人民出版社，2017 年。

3. 夏军等：《山东省水安全问题与适应对策——理论与实践》，北京：中国水利水电出版社，2017 年。

4. 姚瑞华等：《陆海统筹的生态系统保护修复和污染防治区域联动机制研究》，北京：中国环境出版社，2017年。

  5.熊文等编著:《河长制 河长治》，武汉：长江出版社，2017年。

  6.谈勇，万榆，邱丘编著:《黑臭水体治理和水环境修复》，北京：中国水利水电出版社，2017年。

  7.王浩伟，张亦杰编著:《环境控制工程材料》，上海：上海交通大学出版社，2017年。

  8.李立欣，刘德钊主编:《市政与环境工程系列丛书，"十二五"国家重点图书出版规划项目——环境化学》，哈尔滨：哈尔滨工业大学出版社，2017年。

  9.郭书海等:《污染土壤电动修复原理与技术》，北京：中国环境出版社，2017年。

  10.赵阳国，郭书海，郎印海，白洁编著:《海洋生态文明建设丛书——辽河口湿地水生态修复技术与实践》，北京：海洋出版社，2017年。

  11.胡卫:《环境侵权中修复责任的适用研究》，北京：法律出版社，2017年。

  12.蒋丽娟主编:《普通高等教育"十三五"规划教材——环境修复植物学》，北京：科学出版社，2017年。

  13.付保荣等编著:《生态环境科学与技术应用丛书——环境生物资源与应用》，北京：化学工业出版社，2017年。

  14.李雪梅主编:《生态环境科学与技术应用丛书——环境污染与植物修复》，北京：化学工业出版社，2017年。

  15.贾海峰等编著:《城市河流环境修复技术原理及实践》，北京：化学工业出版社，2017年。

  16.范永强，张永涛主编:《土壤修复与新型肥料应用》，济南：山东科学技术出版社，2017年。

  17.金圣爱，李俊良主编:《听专家田间讲课——设施菜地退化土壤修复技术》，北京：中国农业出版社，2017年。

  18.孙明星，张琳琳，沈国清编著:《肥料中有害因子的检测方法及其土壤修复和迁移研究》，杭州：浙江大学出版社，2017年。

  19.李亮:《土壤环境的新型生物修复》，天津：天津大学出版社，2017年。

  20.亓琳:《重金属污染土壤生物修复技术》，北京：中国水利水电出版社，2017年。

  21.闵小波，柴立元:《有色金属理论与技术前沿丛书——有色冶炼镉污染控制》，长沙：中南大学出版社，2017年。

  22.［瑞典］Tore Brinck:《含能材料译丛——绿色含能材料》，罗运军，李国平，李霄羽译，北京：国防工业出版社，2017年。

23. 张俊英，许永利，刘小艳：《逆境土壤的生态修复技术》，北京：北京航空航天大学出版社，2017年。

24. 魏明宝，杜君主编：《场地污染土壤原理与控制技术》，郑州：中原农民出版社，2017年。

25. 蔡燕飞，李永涛：《芽孢杆菌生物肥及其研究方法》，北京：中国农业出版社，2017年。

26. 宋金凤，崔晓阳：《东北森林土壤功能性有机碳组分及其生态效应——有机酸与落叶松对Pb、Cd胁迫的响应与适应性》，北京：科学出版社，2017年。

27. 王婷编著：《重金属污染土壤的修复途径探讨》，北京：化学工业出版社，2017年。

28. 陈波，董德信，李谊纯编著：《海洋生态文明建设丛书——广西海岸带海洋环境污染变化与控制研究》，北京：海洋出版社，2017年。

29. 王哲：《土壤污染评价、治理与修复》，北京：地质出版社，2017年。

30. 杨再福编著：《污染场地调查评价与修复》，北京：化学工业出版社，2017年。

31. 李红旭，马玉春主编：《滇池面山森林植被生态修复研究》，昆明：云南科技出版社，2017年。

32. 马广仁主编：《国家湿地公园湿地修复技术指南》，北京：中国环境出版社，2017年。

33. 陆嘉昂主编：《江苏省太湖流域水生态环境功能分区技术及管理应用》，北京：中国环境出版社，2017年。

34. 叶郁：《风景园林理论与实践系列丛书——盐水湿地景观生态修复研究》，北京：中国建筑工业出版社，2017年。

35. 本书课题组编著：《黄河三角洲海岸演变规律及湿地生态退化与修复研究》，郑州：黄河水利出版社，2017年。

36. 范志平等编著：《生态环境修复与节能技术丛书——生态工程模式与构建技术》，北京：化学工业出版社，2017年。

37. 吴智文：《广州市情丛书——广州现代城市建设与环境治理》，北京：光明日报出版社，2017年。

38. 彭剑峰等：《城市黑臭水体综合整治技术与管理研究》，北京：科学出版社，2017年。

39. 张蕾，刘维涛，李旭辉：《作物对重金属耐性和积累的品种差异及机理研究》，北京：科学出版社，2017年。

40. 张乃明等编著：《华夏英才基金学术文库——重金属污染土壤修复理论与实践》，北京：化学工业出版社，2017年。

41. 李洪武，李仕平，柏程华等：《珊瑚增殖与生态修复》，合肥：中国科学技术大学出版社，2017年。

42. 刘冬梅，高大文编著：《"十二五"国家重点图书 市政与环境工程系列丛书——生态修复理论与技术》，哈尔滨：哈尔滨工业大学出版社，2017年。

43. 张成梁，冯晶晶，赵廷宁：《存量垃圾土生态修复应用研究》，北京：知识产权出版社，2017年。

44. 王冬梅，王晶：《国家科技支撑计划项目——水陆交错带生态修复体系构建及生态系统管理》，北京：中国水利水电出版社，2017年。

45. 罗阳等：《中法国际合作项目——饮用水源保护生态修复成套关键技术研究》，北京：中国水利水电出版社，2017年。

46. 杨启红，卢金友，王家生等：《筑坝河流的水文生态效应及其生态修复——以三峡水库与长江中下游典型河段为例》，北京：中国水利水电出版社，2017年。

47. 左志武编著：《山东半岛公路生态建设和修复工程技术及实践》，青岛：中国海洋大学出版社，2017年。

48. 张义丰等编著：《北京农研智库丛书——北京市平谷区生态文明建设规划研究》，北京：中国言实出版社，2017年。

49. 尹华：《环境污染源头控制与生态修复系列丛书——电子垃圾污染生物修复技术及原理》，北京：科学出版社，2017年。

50. 蔡先凤：《海洋生态文明建设丛书——海洋生态文明法律制度研究》，北京：海洋出版社，2017年。

51. 环境保护部环境规划院编：《"十三五"生态环境保护规划》，北京：中国环境出版社，2017年。

52. 邓良平，胡蝶：《农村水环境生态治理模式研究》，郑州：黄河水利出版社，2017年。

53. 褚德义等编著：《多水源联合配置与供水安全保障综合利用技术》，北京：中国水利水电出版社，2017年。

54. 张秋丰，屠建波，马玉艳，王彬编著：《海洋生态文明建设丛书——海岸修复评价体系研究——以渤海湾为例》，北京：海洋出版社，2017年。

55. 陈梁擎，樊宝康主编：《水环境技术及其应用》，北京：中国水利水电出版社，

2017 年。

56. 周琼，杜香玉编著：《生态文明建设的云南模式研究丛书——云南省生态文明排头兵建设事件编年（第 2 辑）》，北京：科学出版社，2017 年。

57. 邬晓燕：《中国道路·生态文明建设卷——中国生态修复的进展与前景》，北京：经济科学出版社，2017 年。

58. 周琼，杜香玉编著：《生态文明建设的云南模式研究丛书——云南省生态文明排头兵建设事件编年（第 1 辑）》，北京：科学出版社，2017 年。

59. 孙兆军编著：《中国北方典型盐碱地生态修复》，北京：科学出版社，2017 年。

60. 肖楚田，肖克炎编著：《海绵城市设计系列丛书——海绵城市：植物精华与生态修复》，南京：江苏凤凰科学技术出版社，2017 年。

61. 王国祥等：《盐城沿海湿地——江苏盐城湿地珍禽国家级自然保护区综合科学考察报告》，北京：科学出版社，2017 年。

62. 石洪华等：《海洋生态文明建设丛书——基于海陆统筹的我国海洋生态文明建设战略研究——理论基础及典型案例应用》，北京：海洋出版社，2017 年。

63. 陈岩等：《湟水流域水环境承载力与污染防治对策研究》，北京：气象出版社，2017 年。

64. 雷军：《内蒙古草地道路生态环境影响的多尺度研究》，呼和浩特：内蒙古大学出版社，2017 年。

65. 刘俊国，安德鲁·克莱尔：《生态修复学导论》，北京：科学出版社，2017 年。

66. 李金花等：《滇池流域入湖河流环境现状与污染综合治理》，北京：科学出版社，2017 年。

67. 许文年等：《水电工程扰动区植被生态修复技术》，北京：科学出版社，2017 年。

68. 顾林生主编：《芦山新路——"4·20"芦山强烈地震灾后恢复重建地方负责制体制机制创新实践》，成都：四川大学出版社，2017 年。

69. 蒙仲举等：《内蒙古荒漠草原退化与生态修复》，北京：科学出版社，2017 年。

70. 胡进耀等编著：《环境工程教学案例系列——生态恢复工程案例解析》，北京：科学出版社，2017 年。

71. 王红兵，胡永红：《城市生态修复中的园艺技术系列——屋顶花园与绿化技术》，北京：中国建筑工业出版社，2017 年。

72. 姬鹏程等：《百年工程 千秋大业——南水北调工程水资源费和供水成本控制研究》，北京：首都经济贸易大学出版社，2017 年。

73. 中国风景园林学会编：《中国风景园林学会 2017 年会论文集》，北京：中国建筑工业出版社，2017年。

74. 刘云根主编：《高原湖泊流域生态环境治理系列丛书——剑湖流域水环境治理与生态修复》，北京：中国林业出版社，2017年。

75. 陆嘉昂主编：《江苏省太湖流域水生态环境功能分区技术及管理应用》，北京：中国环境出版社，2017年。

2018 年

1. 丁爱中等：《与水有关的生态补偿实践与经验》，北京：中国水利水电出版社，2018年。

2. 陈友媛等：《滨海河口污染水体生态修复技术研究》，青岛：中国海洋大学出版社，2018年。

3. 陈存根编著：《森林经营与生态修复》，北京：科学出版社，2018年。

4. 陈林，王斌主编：《纯林生态修复的理论与实践》，北京：中国林业出版社，2018年。

5. ［加］埃里克·西格思：《绿色设计与可持续发展经典译丛——设计自然：人、自然过程和生态修复》，赵宇，刘曦译，重庆：重庆大学出版社，2018年。

6. 李一平主编，河海大学河长制研究与培训中心组织编写：《河（湖）长制系列培训教材——水污染防治》，北京：中国水利水电出版社，2018年。

7. 河海大学河长制研究与培训中心，李轶编著：《河（湖）长制系列培训教材——水环境治理》，北京：中国水利水电出版社，2018年。

8. 金辉：《探寻雾霾之谜的重大发现》，北京：中国青年出版社，2018年。

9. 徐德兰，张择瑞：《大型水生植物对浅水湖泊生态修复效应研究——以徐州地区为例》，合肥：合肥工业大学出版社，2018年。

10. 刁春燕：《有机污染土壤植物生态修复研究》，成都：西南交通大学出版社，2018年。

11. 中国风景园林学会编：《中国风景园林学会2018年会论文集》，北京：中国建筑工业出版社，2018年。

12. 韩广轩等：《"中国海岸带研究"丛书——黄河三角洲滨海湿地演变机制与生态修复》，北京：科学出版社，2018年。

13. 党志等：《环境污染源头控制与生态修复系列丛书——石油污染修复技术：吸附去除与生物降解》，北京：科学出版社，2018年。

14. ［新加坡］彼得·程:《生态乡村学》,北京:中国建筑工业出版社,2018 年。

15. 中国绿化基金会编:《"一带一路"胡杨林生态修复计划》,北京:中国林业出版社,2018 年。

16. 陶乃兵:《环境污染控制及其修复技术研究》,北京:中国纺织出版社,2018 年。

17. 苏增建:《环境污染控制及生物修复技术研究》,西安:西安交通大学出版社,2018 年。

18. 周凯主编:《辽北沙地生态修复与开发利用》,沈阳:辽宁科学技术出版社,2018 年。

19. 张坤,张颖,李永峰主编:《市政与环境工程系列丛书——基础生态学》,哈尔滨:哈尔滨工业大学出版社,2018 年。

20. 葛秀丽等:《南四湖湿地植被及生态恢复研究》,北京:中国环境出版集团,2018 年。

21. 彭尔瑞,王春彦,尹亚敏主编:《剑湖湿地生态修复理论与技术》,昆明:云南科技出版社,2018 年。

22. 盛姣,耿春香,刘义国:《土壤生态环境分析与农业种植研究》,世界图书出版西安有限公司,2018 年。

23. 湖北省水利水电科学研究院编:《河湖保护与修复的理论与实践》,北京:中国水利水电出版社,2018 年。

24. 贾凤梅,高兴,张磊:《农村生态环境保护与治理的多层次分析》,西安:西北工业大学出版社,2018 年。

25. 住房和城乡建设部,城镇规划设计研究院主编:《全国生态修复城市修补示范案例》,北京:中国建筑工业出版社,2018 年。

26. 中国煤炭学会编著:《2016—2017 煤矿区土地复垦与生态环境修复技术发展报告》,北京:中国科学技术出版社,2018 年。

27. 刘观华,詹慧英主编:《江西鄱阳湖国家级自然保护区自然资源 2013—2014 年监测报告》,上海:复旦大学出版社,2018 年。

28. 刘观华,余定坤主编:《江西鄱阳湖国家级自然保护区自然资源 2014—2015 年监测报告》,上海:复旦大学出版社,2018 年。

29. 黄沈发等:《河口湿地溢油事故污染影响及生态环境损害评估》,北京:中国环境科学出版社,2018 年。

30. 中国－东盟环境保护合作中心编著:《中国－东盟——城市环境保护与可持续

发展》，北京：中国环境出版集团，2018年。

31.（中国）东盟环境保护合作中心编著:《日韩环境管理经验研究》，北京：中国环境科学出版集团，2018年。

32.陈亮主编:《绿色发展案例选编》，北京：中国环境科学出版集团，2018年。

33.中国科学技术协会主编，中国煤炭学会编著:《中国科协学科发展研究系列报告——2016—2017煤矿区土地复垦与生态修复学科发展报告》，北京：中国科学技术出版社，2018年。

34.左丽明，刘春原:《近岸海域碱渣排放堆填场生态环境保护与修复技术》，北京：地质出版社，2018年。

35.陈静主编:《异龙湖湖滨湿地生态系统修复集成技术应用研究》，昆明：云南科技出版社，2018年。

36.杨爱英等:《异龙湖水污染治理典型工程环境效益评价》，昆明：云南大学出版社，2018年。

37.段云霞，石岩编著:《城市黑臭水体治理实用技术及案例分析》，天津：天津大学出版社，2018年。

38.《河湖底泥生态修复与土壤资源化利用技术研究》，北京：中国建筑工业出版社，2018年。

39.李虹等:《资源型城市转型新动能——基于内生增长理论的经济发展模式与政策》，北京：商务印书馆，2018年。

40.李达威编著:《急倾斜煤层火区塌陷区综合治理与生态修复》，太原：山西人民出版社，2018年。

41.王永禄主编:《生态修复看兴国》，郑州：黄河水利出版社，2018年。

42.王永刚，张楠，孙长虹编著:《密云水库流域生态健康调查与评估》，北京：中国环境出版集团，2018年。

43.蔡进强:《小城市水生态系统建构研究与实践》，济南：山东大学出版社，2018年。

44.北京市科学技术协会主编，北京生态修复协会编著:《科学家在做什么丛书——认识生态修复》，北京：北京出版社，2018年。

45.兰思仁，董建文主编:《2017中国森林公园与森林旅游研究进展——森林公园生态修复与绿色发展》，北京：中国林业出版社，2018年。

46.盛彦清，李兆冉编著:《海岸带污染水体水质生态修复理论及工程应用》，北京：科学出版社，2018年。

47. 李亚男：《城市排污河水环境及生物修复技术》，北京：化学工业出版社，2018 年。

48. 高守荣主编：《生态建设实践——毕节试验区 30 年林业发展纪实》，北京：中国林业出版社，2018 年。

49. 全国畜牧总站编：《草原生态实用技术（2017 版）》，北京：中国农业出版社，2018 年。

50. 解莹等：《海河流域典型河流生态水文过程与生态修复研究》，北京：中国水利水电出版社，2018 年。

51. 黄智宇：《南昌大学法学文库——生态减灾的法律调整——以环境法为进路》，北京：法律出版社，2018 年。

52. 艾劲松主编：《江汉平原湿地生态气象服务探索与实践》，北京：气象出版社，2018 年。

53. 杨薇等：《湿地生态流量调控模型及效应》，北京：科学出版社，2018 年。

54. 赵陆峰，蔡飞：《东灵山草甸生态系统退化评价与植被恢复研究》，北京：中国林业出版社，2018 年。

55. 欧阳恩钱：《海涂围垦生态补偿研究：以温州为例》，北京：法律出版社，2018 年。

56. 张依章：《河流水质净化与生态修复技术原理及案例》，中国环境出版集团，2018 年。

57. 马守臣：《煤炭开采对环境的影响极其生态治理》，北京：科学出版社，2018 年。

58. 董鸣主编：《生态学研究——城市湿地生态系统生态学》，北京：科学出版社，2018 年。

59. 高守荣主编：《绿染黔西北——毕节试验区 30 年生态建设掠影》，北京：中国林业出版社，2018 年。

60. 环境保护部环境工程评估中心，水电环境研究院编：《建设项目环境影响评价生态修复技术研究与实践》，北京：中国环境出版集团，2018 年。

61. 煤炭工业技术委员会编：《平朔露天矿区绿色生态环境重构关键技术与工程实践》，北京：煤炭工业出版社，2018 年。

62. 梁斌等：《成都平原区典型重金属污染土地修复研究》，北京：科学出版社，2018 年。

63. 李裕红编著：《湿地生态系统的维护与利用》，中国环境出版集团，2018 年。

64. 王宝刚主编:《乡村社区环境规划建设技术集成》,北京:中国建筑工业出版社,2018年。

65. 〔美〕Joshua Bishop 编:《工商业活动与生态系统和生物多样性经济学》,环境保护部环境保护对外合作中心译,北京:中国环境出版集团,2018年。

66. 伍业钢,〔美〕斯慧明主编:《生态城市设计:中国新型城镇化的生态学解读》,南京:江苏凤凰科学技术出版社,2018年。

67. 荆勇等编著:《浑河中游水污染控制与水环境综合整治技术丛书——北方城市中小型河流水生态研究与修复》,北京:科学出版社,2018年。

68. 吴昊主编:《过硫酸盐在污染环境修复中的应用》,北京:中国环境出版社,2018年。

69. 张辉编著:《普通高等教育“十三五”规划教材——环境土壤学(第2版)》,北京:化学工业出版社,2018年。

70. 施维林主编:《普通高等院校环境科学与工程类系列规划教材——土壤污染与修复》,北京:中国建材工业出版社,2018年。

71. 仵彦卿编著:《土壤——地下水污染与修复》,北京:科学出版社,2018年。

72. 龚宇阳,王慧玲,郑晓笛编著:《非正规垃圾填埋场调查、评估和修复》,北京:中国环境出版集团,2018年。

73. 张倩,李孟主编:《普通高等院校环境科学与工程类系列规划教材——水环境化学》,北京:中国建材工业出版社,2018年。

74. 安志装,索琳娜,赵同科,刘亚平主编:《听专家田间讲课——农田重金属污染危害与修复技术》,北京:中国农业出版社,2018年。

75. 柳开楼,张兵,王维主编:《铅镉超富集植物繁育和稻田综合种养技术》,北京:中国农业科学技术出版社,2018年。

76. 王丹,陈晓明,刘明学:《电离辐射的植物学和微生物学效应》,北京:科学出版社,2018年。

77. 陈志良,刘晓文,黄玲:《土壤砷的地球化学行为及稳定化修复》,北京:中国环境出版集团,2018年。

78. 李红艳:《水环境中PAHs(菲)生物降解菌的筛选及降解特性的试验研究》,长春:吉林大学出版社,2018年。

79. 于秀波,张立主编:《中国沿海湿地保护绿皮书2017版》,北京:科学出版社,2018年。

80. 张秦岭等:《西北旱区生态水利学术著作丛书——丹汉江流域清洁小流域理论

与实践》，北京：科学出版社，2018 年。

81. 杨正理，张爱平：《农田面源污染全过程流域防控理论与示范研究》，北京：中国农业科学技术出版社，2018 年。

82. 杨瑞卿：《潘安湖湿地公园植物研究》，合肥：合肥工业大学出版社，2018 年。

83. 陈秋常，彭亮，汪科平主编：《水利水电工程与水文水资源利用》，天津：天津科学技术出版社，2018 年。

84. 金彦兆等：《石羊河流域水问题研究与实践》，郑州：黄河水利出版社，2018 年。

85. 张毅川，乔丽芳：《城市绿地典型下垫面的雨水特征及优化》，北京：中国农业出版社，2018 年。

86. 商崇菊等：《城市快速发展过程中的南明河水系健康管理》，北京：中国水利水电出版社，2018 年。

87. 王明旭等：《粤港澳大湾区环境保护战略研究》，北京：科学出版社，2018 年。

88. 李万寿主编：《海东市"十三五"水资源可持续利用规划》，兰州：甘肃文化出版社，2018 年。

89. 张成省，李义强，尤祥伟编著：《面向未来的海水农业》，北京：中国农业科学技术出版社，2018 年。

90. 王君：《黄河三角洲石油污染盐碱土壤生物修复的理论与实践》，徐州：中国矿业大学出版社，2018 年。

91. 刘大丽：《重金属污染生物修复机制》，北京：中国农业出版社，2018 年。

92. 汤臣栋，马强，葛振鸣编著：《迁徙鸟类的驿站》，北京：高等教育出版社，2018 年。

Table of Contents

Editor's Preface

For "Wuwei": The New Era of Ecological Civilization Construction (Xia Mingfang)

Theoretical Discussion and Special Research

How can Disaster Risk Science contribute to Sustainability?—Exploring STEM-HASS interactions for better Ecological and Community Outcomes (Helen James)

Abstract: This chapter explores the need to engage both science and social science in developing innovative and more effective early warning systems to reduce the human and societal losses from natural disasters. This is done through the context of Disaster Risk Science.

Key words: early warning systems, science and social science, SENDAI coast, landslides, earthquakes, tsunami

Post-disaster Reconstruction Planning in China: Towards a Resilience-based Approach? (Xu Jiang, Shao Yiwen)

Abstract: This article aims to report one of the first empirical studies of the resilience-mindedness of planners who directly participated in recent reconstruction planning in China. It first develops a set of resilience attributes to differentiate the three major resilience approaches through critical engagement with existing scholarship. Then, drawing on a questionnaire survey and a range of interviews with target planners, the research considers how they have understood reconstruction planning and the extent to which resilience-mindedness has been developed in the planning process. The research findings seem to suggest that planners do not explicitly apply the concept of resilience during the planning process, but there were clear signs of resilience-mindedness with variations. More specifically, there was a stronger mindedness for the attributes such as robustness and efficiency, when compared to weaker mindedness for the attributes such as diversity, redundancy, flexibility, capital building and learning. In this sense, reconstruction planning has shown more conservative concern for uncertainty, vulnerability and anxiety than a more radical focus on hope, adaptation and transformation. Nonetheless, it has gone beyond a mere engineering resilience approach and demonstrated signs of moving towards ecological and evolutionary resilience. The article also captures the strong willingness of planners to apply more transformative reconstruction planning in the future. But currently, while post-disaster reconstruction planning gains prominence in China, it may owe less to its normative merits than to its instrumental utility to important societal challenges and to the need for quick economic recovery.

Key words: post-disaster reconstruction planning, resilience-based approach, earthquake, planner

Environmental Problems, Not Environmental Problems, But Human Problems (Yasutomi Ayum)

Abstract: Environment problem is not the problem of the environment. It is the problem of the society of human being. However, when we use the word "environment problem", we tend to think it is not the problem of human being but that of environment. Confucius's concept "Zhengming" (正名) indicates this tendency. Using proper words, I try to find the way to escape from the bad dream of the so-called "economic development" and to dream the real development in China.

Key words: environmental problems, Zhengming, development

The Maladjustment and Restoration of Human Cognitive Framework and Ecological Balance (Fukao Yoko)

Abstract: In this paper I examine, through a 30-year participatory survey in Shanbei, how a natural ecosystem is affected by the mutual interaction of human society and nature. We tend to see environmental issues as simply the problems caused by natural events, but what we need to focus on more is how human beings relate to and affect the natural environment. The most interesting human activity in Shanbei is afforestation carried out as a religious function of the local temples (庙会). People plant trees and flowers as an act of service to the gods they worship. Moreover, this culturally oriented practice contributes to the restoration of the natural ecosystem as a result.

Key words: cognitive framework, ecological restoration, existing concepts, temple fair, Loess Plateau

Individual Disaster History: From *Tuixianzhai Diary* by Liu Dapeng (Xing Long)

Abstract: Previous research on the history of disasters paid too much attention to the disaster itself, but less to the people in the disaster process. There are many descriptions of disasters in *Tuixiangzhai Diary*, which can be used to describe the "daily disasters" that Liu Dapeng and his family experienced for half a century. It is of enlightening significance for broadening the study of history of disasters from the perspectives of individual and family and taking "people" as the principal part. Faced with disasters, different social groups and individuals will have different perceptions and responses. The history of disasters with people as the principal part and from the prospectives of individual and family can not only enhance the historical consciousness of "compassionate understanding", but also highlight that the original meaning of people-centred history. Combining the history of disasters with disaster as the principal part and the history of disasters with people as the principal part can further promotes the study of history of disasters in China.

Key words: *Tuixiangzhai Diary*, the History of Disasters, Individual

The Land of Joy and Sorrow: A Historical Investigation of Dongting Lake Since the Qing Dynasty (Liu Zhigang)

Abstract: Since the Qing dynasty, with the intensification of sediment deposition, large-scale lake reclamation has emerged in the Dongting Lake area. Lake reclamation has promoted social and economic development, making it an abundant place, lake reclamation has also exacerbated the loss of floods, but it is worth noting that from the frequency of floods, the saying "the more reclamation, the more severe the flood" is inaccurate. In view of the advantages and disadvantages of lake reclamation and changes in the local situation, the government since the Qing dynasty has gone through a process of change in mudflat governance from encouraging reclamation to prohibiting the destruction of privately-built embankment, to prohibiting reclamation and restricting privately-built embankment, to government's reclamation and Recruiting renters, and then to taking into account both flood storage and reclamation, since then, it has gradually embarked on the road of cross-regional and scientific governance. These measures all show the powerful self-adaptation ability of traditional China in regional social governance.

Key words: the Dongting Lake, sediment deposition, lake reclamation

A Review of Environment and Ecological Destruction in Dianchi Lake (Zhou Qiong)

Abstract: The pollution and the destruction of the ecological environment of Dianchi Lake started from the agricultural development and irrigation of farmland in Yuan Dynasty. From the Ming and Qing Dynasties to the Republic of China, its environment continued to be destroyed, and soil erosion, floods and droughts occurred frequently. In the 1950s and 1970s, large-scale agricultural reclamation and land reclamation campaigns were carried out in the Dianchi Lake Basin. As a result, its wetlands disappeared and water areas shrank further, and the introduction of exotic fish led to the reduction and even extinction of native fish in Dianchi Lake. After the 1980s, with the development of market economy and urbanization, pollution caused by industry, agriculture and living increased a lot. The cyanobacteria and blooms frequently erupt in Dianchi Lake and its water quality dropped to Criteria V, and local aquatic organisms decreased or even became extinct. After entering the 21st century, Dianchi has entered the stage of ecological management and ecological restoration, but its effect is limited, and its environment governance still has a long way to go.

Key words: Dianchi Lake, pollution, eutrophication, water bloom, blue-green algae

Running Water in the Desert—An Analysis of Floods in the Hexi Corridor During the Republic of China from the Perspective of Social History of Disasters (Zhang Jingping)

Abstract: Some local documents on the archives of the Republic of China preserves some information about flood disasters in the Hexi Corridor, thus demonstrating some representative social phenomena caused by flood disasters in this typical area. This paper combs three reports of the concealment of flood-eroded land, "Engineering" floods caused by one-sided pursuit of irrigation benefits, and local society's competition for new wetlands after flood, pointing out that under natural conditions and traditional technical conditions, floods damage and gains are irrelevant to the overall social environment in the arid area, and the cost of floods control is too high, so local communities can choose to endure floods damage, but the unexpected gains of floods will be difficult to maintain. In the overall social background of drought and water shortage, the actual damage of floods cannot be fully highlighted.

Key words: the Hexi corridor, Republic of China, flood, Regional society

Study on the Great Flood and Relief in Haihe River Basin in 1956—Focus on Hebei Daily Report (Lv Zhiru)

Abstract: In 1956, the first catastrophic flood occurred in Haihe River Basin since the founding of the People's Republic of China. After the disaster happened, Hebei Daily carried out a large number of continuous reports on flood disaster, government action, flood relief and production self rescue, which showed the concern of the party and government for the people in the disaster area, the importance of disaster relief work and the situation of assisting production self rescue. Through these reports, we can not only understand the disaster situation of Haihe River Basin, but also recognize the strong mobilization and coordination ability of the people's Government in disaster relief after the founding of new China. At the same time, the newspaper media also played an important role in the transmission of flood information and the promotion of disaster relief measures, which played a role in stabilizing the people's hearts, enhancing confidence and transmitting the superiority of the system, and enhanced the people's sense of identity with the people's government from one side.

Key words: Haihe River Basin, major flood, disaster relief, Hebei Daily

The Spatial Accumulation and Spatial Spillover Effect of Haze Pollution in Beijing-Tianjin-Hebei (Liu Chao, Chen Zhiguo, Li Yiwan)

Abstract: This paper takes 13 prefecture-level cities in the Beijing-Tianjin-Hebei as the research object, and uses the concentration of $PM_{2.5}$ as a measure of haze pollution. The $PM_{2.5}$ concentration in the Beijing-Tianjin-Hebei was analyzed by spatial correlation analysis and the influence factors of haze were analyzed by establishing a Spatial Panel Durbin Model. The global spatial correlation analysis shows that there is significant spatial autocorrelation between the smog pollution in Beijing-Tianjin-Hebei, and the spatial correlation analysis shows that there is spatial heterogeneity between the smog pollution in Beijing-Tianjin-Hebei which shows spatial distribution characteristics is high-high aggregation and low-low aggregation. The regression results of the spatial panel Durbin model show that the haze pollution in Beijing-Tianjin-Hebei has obvious spatial spillover effect. The industrial structure and population size have obvious positive correlation with haze pollution, which is not conducive to the treatment of smog in this area and surrounding areas. FDI on haze pollution is not in line with the "Pollution Asylum Hypothesis"; there is an inverted U-shaped curve relationship between economic development and haze pollution, in line with the EKC hypothesis.

Key words: Beijing-Tianjin-Hebei haze pollution, Spatial Panel Dubin model, Spatial accumulation effect, Spatial spillover effect, Environmental Kuznets curve

Round Table Forum: Theory and Practice of Lake Wetland Ecological Restoration

Eutrophication Echanism and Ecological Restoration Strategy of Baiyangdian Lake

(Liang Shuxuan, Feng Zikang, Liu Qiong)

Evolution and Future Prospect of Reed in Baiyangdian

(Xie Jixing)

Assessment Technology of Spatial Pattern of Plant Diversity in Lakeside Zone

(Su Ming, Zhang Leping, Zhang Zhiguo)

Classification Technology and Application of Lakeside Zone Type Based on Spatial Analysis

(Zhang Leping, Zhang Zhiguo)

Ecological Restoration Project With One Stroke and More—Asaza Project and New Public Utilities in Xiapu, Japan

(Iijima Hiroshi)

Ecological Restoration of Lakes and Wetland—Progress and Prospects

(Feng chunting, Chen Yan, Wang Wei)

Disasters Memory

Research on Wetland Ecology and Ecological Restoration—Interview with Mr. Lu Jianjian

(Lu Jianjian et al.)

Disaster Relief Files and Documents of PianCheng County, Hebei, Shandong and

The Research of Dynamic